Kostenlos mobil weiterlesen! So einfach geht's:

1. Kostenlose App installieren

2. Zuletzt gelesene Buchseite scannen

3. Ein Viertel des Buchs ab gescannter Seite mobil weiterlesen

4. Bequem zurück zum Buch durch Druck-Seitenzahlen in der App

Hier geht's zur kostenlosen App:
www.papego.de
Erhältlich für Apple iOS und Android.
Papego ist ein Angebot der Briends GmbH, Hamburg
www.papego.de

Dr. Kerstin Hoffmann

Web oder stirb!

Erfolgreiche Unternehmenskommunikation
in Zeiten des digitalen Wandels

2., vollständig überarbeitete Auflage

Haufe Group
Freiburg · München · Stuttgart

Bibliografische Information der Deutschen Nationalbibliothek

Die Deutsche Nationalbibliothek verzeichnet diese Publikation in der Deutschen Nationalbibliografie; detaillierte bibliografische Daten sind im Internet über http://dnb.dnb.de abrufbar.

Print:	ISBN 978-3-648-12389-8	Bestell-Nr. 10114-0002
ePub:	ISBN 978-3-648-12390-4	Bestell-Nr. 10114-0101
ePDF:	ISBN 978-3-648-12391-1	Bestell-Nr. 10114-0151

Dr. Kerstin Hoffmann
Web oder stirb!
2. Auflage, April 2019

© 2019 Haufe-Lexware GmbH & Co. KG, Freiburg
www.haufe.de
info@haufe.de

Produktmanagement: Judith Banse
Lektorat: Peter Böke
Satz: Olga Amann

Inhaltsverzeichnis

Vorwort zur Neuauflage 2019

Die deutschen Verbraucher sind längst im Internet angekommen, viele deutsche Unternehmen aber noch immer nicht so richtig. Mobile Endgeräte, Sprachassistenten, multimediale Inhalte gehören zum Alltag der Bevölkerung in fast allen Altersgruppen. Die Unternehmenskommunikation trägt dem häufig zu wenig Rechnung. So lässt sich die Lage kurz zusammenfassen. Fast vier Jahre nach dem ersten Erscheinen dieses Buchs hat sich vieles geändert, *zu vieles* aber eben nach wie vor nicht. Sehr viele Firmen beginnen gerade erst damit, wirklich ernsthaft über Contentstrategien und Content-Marketing nachzudenken. Digitalisierung ist allgegenwärtig, aber die internen Prozesse in der Kommunikation hinken oft gewaltig hinterher. Künstliche Intelligenz eröffnet Möglichkeiten, die aber vielfach gar nicht genutzt oder noch nicht einmal in ihren Auswirkungen verstanden werden.

Aber es gibt auch viel Hoffnung: Entscheider in Unternehmen und in der Unternehmenskommunikation kommen gar nicht mehr umhin, sich mit den schnellen Entwicklungen der digitalen Welt auseinanderzusetzen. Viele von ihnen haben mittlerweile im Privatleben genügend eigene Erfahrungen gesammelt. Social Media werden nicht mehr pauschal als Unsinn oder Spielerei abgetan. Viele Firmen beginnen nun endlich damit, wirklich ernsthaft über Contentstrategien und Content-Marketing nachzudenken. Die Erkenntnis, welche Rolle die Mitarbeiter als Markenbotschafter spielen können und sollten, hält Einzug in immer mehr Führungsetagen. Entscheider und Kommunikationsverantwortliche sind bereit, sich auf Experimente einzulassen, starre Hierarchien aufzubrechen und neue Medien auszuprobieren. Viele Unternehmen haben sich zu wahren digitalen Meistern entwickelt und sind gute Vorbilder für viele andere, die sich gerade erst so richtig auf den Weg machen.

Damit der Schritt in eine funktionierende externe und interne Kommunikation gelingt, die den Bedürfnissen aller Beteiligter gerecht wird und zugleich mit vertretbaren Ressourcen wirkungsvoll ist, werden Informationen gebraucht. Es gilt, seriöse Angebote von unseriösen zu trennen. Es geht darum, in einer schier überwältigenden Fülle der Möglichkeiten und Angebote den Mut nicht zu verlieren, sondern Orientierung zu gewinnen. Es hilft aber auch, sich klarzumachen: Bei aller Innovation und bei aller Faszination angesichts der neuen (und manchmal gar nicht mehr ganz so neuen) Möglichkeiten läuft es doch letztlich immer wieder auf längst bekannte und längst erlernte Prinzipien hinaus. Denn wenn sich auch die Medien, die Möglichkeiten und auch das Tempo verändern, so geht es doch immer um Kommunikation zwischen Menschen, um Inhalte für Menschen.

Die Stärken, Erfahrungen und klassischen Kernkompetenzen nutzen, um auf dieser Basis funktionierende Kommunikationsstrategien im digitalen Zeitalter zu entwickeln: Darin besteht meiner Ansicht nach die große Herausforderung. Ich möchte ein wenig dazu beitragen, diese Herausforderung anzunehmen und zu meistern, Potentiale zu erkennen und zu nutzen, optimistisch und mit Experimentierfreude, aber auch mit strategischer Ausrichtung auf die jeweiligen Ziele. Das gilt für meine Arbeit, und dies ist auch meine Motivation, zu diesen Themen zu sprechen, zu bloggen und Bücher zu schreiben. Wenn es mir gelingt, mit diesem Buch einen kleinen Beitrag zu leisten, dann haben sich die Überarbeitung und Aktualisierung für die Neuauflage gelohnt.

Ihnen, den Leserinnen und Lesern wünsche ich: Lassen Sie sich nicht von der Fülle der Aufgaben entmutigen. Beginnen Sie mit einem mutigen ersten Schritt. Ich hoffe, dass Ihnen dieses Buch nicht nur Inspiration liefert, sondern auch neue eigene Ideen, wie Sie die von Ihnen verantwortete und realisierte Unternehmenskommunikation in diesen Zeiten des digitalen Wandels auf einen zeitgemäßen Stand bringen. Ich wünsche Ihnen, dass Ihre Story zu einer (nicht nur) digitalen Erfolgsgeschichte wird!

Kerstin Hoffmann, im Frühjahr 2019

Vorwort zur 1. Auflage

von Kathrin Passig

Ich habe dieses Buch nicht gelesen. Das kommt bei Vorworten und ihren Verfasserinnen vermutlich nicht so selten vor, denn schließlich muss erst mal das Buch fertig sein, dann müsste die Vorwortautorin es lesen, und dann müsste das Vorwort auch noch geschrieben werden – das alles in den fünf Minuten, die zwischen Fertigstellung der letzten drei Kapitel und Anlaufen der Druckerpressen liegen.

Sie müssen meinem Beispiel aber nicht folgen, die Lektüre lohnt sich bestimmt. Ich sage das nicht, weil ich Kerstin Hoffmanns letztes Buch gelesen hätte, das ebenfalls ungelesen in meinem Bücherregal liegt. Ich bin so zuversichtlich, weil ich seit Jahren verfolge, wie viel kluges und hilfreiches Zeug sie ins Internet hineinschreibt. Mir ist unklar, wie sie das macht; ich selbst bin dafür fast immer zu träge und belasse es dabei, »jemand müsste das alles mal verständlich, geduldig und praxisorientiert erklären« zu denken. Ziemlich oft ist dieser Jemand Kerstin Hoffmann.

Weil ich weder ein Unternehmen bin noch für eines arbeite, brauche ich eigentlich gar keine Ratschläge zum Thema Unternehmenskommunikation. Mich beeindruckt an ihren Beiträgen vor allem die Mischung aus Persönlichem und Beruflichem. Irgendwo in diesem Buch, vielleicht auch schon in seinem Vorgänger, steht vermutlich, dass Kommunikation im Netz Kommunikation zwischen Menschen ist. Sorgsam vor allem Persönlichem bereinigte Verlautbarungen von Unternehmen funktionieren dort nicht. Alle Kontakte, die ich in den sozialen Netzen zu Unternehmen habe, sind Kontakte zu Menschen. Ich schätze diese Menschen deshalb, weil sie Interessantes zu sagen haben, und nebenbei eben manchmal auch etwas über die Zeitungsredaktion, den Autohersteller oder die Universität, für die sie arbeiten. Genau diesen Sachverhalt vermittelt Kerstin Hoffmann durch ihr Verhalten im Netz: weil sie ein Mensch ist, der sich nicht nur für Unternehmenskommunikation, sondern auch für Häkeleulen, Laufstrecken und … Moment, ich merke gerade, dass mich Häkeleulen und Laufstrecken ja noch viel weniger interessieren als Unternehmenskommunikation. Aber vielleicht macht mich gerade das zur geeigneten Vorwort-Lobrednerin: Wenn es jemandem gelingt, mich über Jahre hinweg mit Beiträgen zu unterhalten und weiterzubilden, deren Themen mich überhaupt nicht interessieren, dann macht diese Person irgendetwas richtig. Und das wird sich in diesem Buch widerspiegeln.

Vielleicht täusche ich mich auch, und es steht nur Blödsinn im Buch. Das kann vorkommen, es bewegen sich ja nicht alle Menschen in allen Formaten gleich geschmeidig: Alleinunterhalter am Kneipentisch schreiben bei Facebook darüber, dass ihre Bahn schon wieder Verspätung hat, lustige Buchautoren langweilen bei Twitter, kluge Blogger reden auf Diskussionspodien dummes Zeug und umgekehrt. Das macht aber nichts, denn womöglich werden Sie dieses Buch selbst gar nicht lesen. Sie haben es aus dem guten Vorsatz heraus gekauft, sich endlich mit Unternehmenskommunikation in Zeiten des digitalen Wandels zu befassen, und jetzt liegt es mahnend auf Ihrem Schreibtisch oder neben Ihrem Bett herum.

Das ist völlig in Ordnung, Sie brauchen nicht schuldbewusst die Luft durch die Zähne zu ziehen, wenn Sie das Buch unter einem Stapel wichtiger Unterlagen für die Steuer wiederentdecken. Sie haben ein physisches Lesezeichen erworben, das Sie daran erinnert, dass Sie Kerstin Hoffmann bei Facebook oder @PR_Doktor bei Twitter folgen und ab und zu von dort einem Link zum PR-Doktor-Blog nachgehen wollten. Und falls eines Tages das Internet abbrennt, haben Sie immer noch dieses Buch.

Einleitung: Warum Sie jetzt eine neue Kommunikationsstrategie brauchen

90 Prozent der Deutschen über 14 Jahre sind mittlerweile, Stand Ende 2018, online. Tendenz weiter steigend. Je nach Altersgruppe nutzen sie täglich bis zu 353 Minuten Internetangebote. Drei Viertel der Bevölkerung sehen sich mindestens gelegentlich Videos im Internet an, 60 Prozent wöchentlich oder häufiger, 33 Prozent sogar täglich. Das ist das Ergebnis der ARD/ZDF-Onlinestudie 2018.[1] Der Anteil mobiler Nutzung von Angeboten im Web steigt täglich. Laut einer Prognose von Statista wird das Datenvolumen des weltweiten Internet-Traffics im Jahr 2021 bei 17 Exabytes pro Monat liegen. Zum Vergleich: 2014 waren es noch 2,5 Exabytes. Bis 2017 hatte sich dies bereits vervierfacht.[2] – Und wie sieht es mit der digitalen Kommunikationsstrategie in Ihrem Unternehmen aus? Tragen Sie solchen Entwicklungen Rechnung? Bieten Sie online genügend Nutzen, um die zunehmend internetaffine Bevölkerung auf Ihr Angebot zu lenken? Ist Ihre Website mobiloptimiert? Wie viele multimediale Inhalte – Video und Audio – produziert Ihr Unternehmen im Rahmen der Content-Marketing-Strategie? Haben Sie überhaupt eine solche?

»Web oder stirb!« In Abwandlung des schon klassischen Ausrufs »Wirb oder stirb!« bedeutet das: Wer heute als Unternehmen nicht weiß, wie es seine strategisch relevanten Zielgruppen über digitale Medien erreicht, wird untergehen. Wer über die obligatorische, weitgehend statische Website hinaus nicht spätestens jetzt mit den richtigen Inhalten auf den richtigen Plattformen präsentiert und sich nicht aktiv in Gespräche einschaltet, wird aus der Wahrnehmung derjenigen verschwinden, die bisher zu den Interessenten, Multiplikatoren und Kunden des eigenen Angebots zählten. Der Titel ist zugegebenermaßen ziemlich drastisch für ein Buch, das vor allem konstruktiv auf neue Wege führen will. Er signalisiert aber vor allem eines: Es ist dringend. Die Veränderung, die in sehr vielen deutschen Firmen immer noch in der Zukunft liegt, muss bald stattfinden, und die Aufgabe wird mit längerer Wartezeit nicht leichter. Dabei mangelt es keineswegs an Informationen zu Strategie, Planung und Umsetzung einer zeitgemäßen Onlinestrategie. Es gibt mittlerweile unzählige Bücher über den digitalen Wandel und dessen Auswirkungen auf die professionelle ebenso wie die zwischenmenschliche Kommunikation. Jede Google-Suche wirft unzählige mehr oder weniger wertvolle Ratgeber zu allen Teilaspekten aus. Doch wie finden Sie innerhalb dieser riesigen Fülle aus Büchern, E-Books, Blogs, Whitepapern und anderen Publikationen, in denen jeder etwas anderes empfiehlt, anmahnt oder beschwört, einen ein-

---

1   ARD/ZDF-Onlinestudie 2018: https://www.ard-zdf-onlinestudie.de
2   Datenvolumen des Internet-Traffics über mobile Endgeräte weltweit in den Jahren 2014 bis 2016 sowie eine Prognose bis 2021 (in Exabyte pro Monat): https://de.statista.com/statistik/daten/studie/172511/umfrage/prognose---entwicklung-mobiler-datenverkehr/

fachen Weg in die für Ihr Unternehmen vielleicht noch relativ neue digitale Kommunikationswelt? Wie entwickeln Sie mit vertretbarem Aufwand eine Contentstrategie, wenn Sie bisher kaum über redaktionelle Inhalte nachgedacht haben? Wie finden Sie das Kollaborationstool, das zu Ihrem Unternehmen passt, wenn Begriffe wie »Enterprise Social Network« für Sie noch völlige Fremdwörter sind? Wie finden Sie heraus, welche sozialen Netzwerke in Ihre Kommunikationsstrategie passen, wenn bisher nur das Marketing gelegentlich die eine oder andere Produktneuheit auf einer mittelmäßig gepflegten Facebook-Fanpage mit einer niedrigen dreistelligen Fanzahl gepostet hat? Wie schaffen Sie es, dabei die bewährten Methoden und Erfahrungen aus Marketing und PR nicht aus den Augen zu verlieren? Wenn die Ressourcen der Marketing- und der PR-Abteilung ohnehin schon bis zum Anschlag ausgelastet sind und es keine unternehmensweite Regelung zum Umgang mit Inhalten über alle Medien hinweg gibt: Wie sollen Sie Zeit und Mittel finden, um überhaupt nur die Grundlagen für eine wirkungsvolle Strategie zu erarbeiten – geschweige denn, sie zu dauerhaftem Erfolg zu führen?

Die Antwort lautet: Jeder einzelne Schritt hin zu einer digitalen Kommunikationsstrategie, die diesen Namen wirklich verdient hat, ist besser, als angesichts der Fülle der Informationen und der Vielzahl der Aufgaben entmutigt im Nichtstun zu verharren. Sie müssen nicht alles auf einmal bewältigen. Entscheidend ist, dass Sie so bald wie möglich starten; am besten sofort. Sie Schritt für Schritt auf diesem Weg zu begleiten, das ist mein vorrangiges Ziel mit diesem Buch; so wie es auch das Ziel meiner Arbeit mit und in zahlreichen Unternehmen ist. Ich möchte Sie inspirieren. Ich möchte Ihnen eine motivierende Vorstellung davon geben, wie es Ihnen, Ihrer Organisation, Ihrem Team gelingt, sich unter diesen rasant wandelnden Bedingungen neu aufzustellen. Ich möchte Ihnen eine klare Struktur liefern, um die dringend erforderlichen Veränderungen erfolgreich umzusetzen. Ich möchte Ihnen zeigen, was im Großen dahintersteht und wo Sie im Detail ansetzen können. Wenn mir das auch nur ansatzweise gelingt, dann hat dieses Buch seinen Zweck erfüllt.

Doch ist die Lage wirklich so prekär? Sind wir nicht alle längst im Internetzeitalter angekommen? Hat nicht mittlerweile jedes kleinere Unternehmen eine eigene Website? Bestellen wir nicht längst alle bei Onlineversendern und tauschen uns in sozialen Netzwerken aus? Über kaum ein Thema wird derzeit so viel diskutiert. Aber was deutsche Unternehmen – und keineswegs nur den Mittelstand – betrifft: Es gibt zwar mittlerweile etliche Vorbilder und digitale Kommunikationsmeister in fast allen Branchen und in nahezu jeder Unternehmensgröße. Da ist der Hersteller hochpreisiger Investitionsgüter im B2B-Bereich, der erkannt hat, dass es sich lohnt, in einem Onlinemagazin mit unterhaltenden Inhalten weit mehr als nur die direkte Zielgruppe der eigenen Käufer zu adressieren. Da ist der Versandriese, der die Bedeutung von gutvernetzten Markenbotschaftern (nicht nur) im *Employer Branding* erkannt hat. Da ist die Inhaberin einer kleinen Kaffeerösterei, die neben der Betreuung des lokalen Cafés einen gut funktionierenden Online-Shop auf die Beine gestellt hat und persönlich auf alle Bewertungen in Google My Business antwortet.

Doch da sind auf der anderen Seite unzählige Unternehmen, die bis heute keinerlei Monitoring in sozialen Netzwerken betreiben, von aktiver Beteiligung ganz zu schweigen; für deren Entscheider Instagram ein Teenie- und Mode-Phänomen ist und ein Blog eine Art privates Tagebuch; deren Kommunikationsfachleuten ausdrücklich untersagt ist, sich für die Firma in sozialen Netzwerken zu zeigen; die Projekte mit E-Mails und lokal gespeicherten Excel-Files managen und deren Compliance-Regeln aus dem vorigen Jahrtausend Messenger- und Social-Media-Nutzung während der Arbeit nicht zulassen. Sie halten mit der internationalen Entwicklung nicht Schritt. Irgendwie scheint allein das Adjektiv »digital« die aktuellen, unsere gesamte Gesellschaft transformierenden Entwicklungen immer noch in die Nerd- und Geek-Ecke zu rücken. Tatsächlich aber findet der Wandel eben nicht im Digitalen statt, sondern das Digitale verändert so ziemlich alles.

Deutschland gehört laut einer aktuellen Studie weltweit immer noch zu den Technologieführern. Die Zahl der digitalen Meister auch in Sachen Kommunikation steigt, vor allem in technikaffinen Branchen. Doch wie lange dies noch so bleibt, kann wohl niemand voraussagen. Zudem möchte ich stark bezweifeln, dass dies durchgehend für alle Branchen gilt. In der Kommunikation jedenfalls kann Deutschland meiner Beobachtung nach die Technologieführerschaft nicht beanspruchen. Deutsche Firmen, zumal der deutsche Mittelstand, aber auch große Konzerne, verweigern sich der Veränderung in der externen und internen Kommunikation weiterhin in einem Ausmaß, dass – wenn es so bleibt – sie endgültig den Anschluss verlieren werden; von den steigenden Kosten für unnötigen Kommunikations- und Abstimmungsaufwand einmal ganz abgesehen. Dabei war bereits vor mehreren Jahren der weitaus überwiegende Teil der Mittelständler in Deutschland überzeugt, dass ihr Unternehmen in Sachen »digital« ganz vorne mitspielt. Leider jedoch fühlt sich das Management dafür meistens gar nicht zuständig, sondern hält den digitalen Wandel meiner Erfahrung nach immer noch überwiegend für ein IT-Thema.[3] Fortschritt in der IT, selbst wenn er vorhanden ist, bedeutet jedoch noch lange keine Digitalisierung aller Prozesse oder gar ein grundlegendes Verständnis im Unternehmen, was die digitale Transformation wirklich bedeutet. Bezogen auf meinen Fachbereich, die Unternehmenskommunikation, haben sehr viele Firmen, und dazu gehören auch Marktführer und selbst Technologieunternehmen, nicht annähernd verinnerlicht, wie integrierte Kommunikation in digitalen Zeiten funktioniert. Andere sind in Teilbereichen gut aufgestellt, könnten sich aber durchaus noch verbessern. Nur wenige nehmen in allen Aspekten eine Vor-

---

3   Digitale Transformation und ihre Auswirkung auf die Führung im Mittelstand, https://www.presseportal.de/pm/108219/2929138/intersearch_executive_consultants_gmbh_co_kg/

reiterfunktion ein und könnten die anderen mitziehen. Aber offenbar funktioniert diese Vorbildfunktion allenfalls dort, wo ein umkämpfter Markt dafür sorgt, dass der Wettbewerb gar nicht anders kann als mitzuziehen.

Daher klafft die Schere zwischen den digitalen Meistern und denjenigen, die vielfach noch gar nicht wissen, wie sehr sie längst hinterherhinken, immer weiter auseinander. Dies hat sich seit der ersten Auflage dieses Buchs eher verstärkt als abgeschwächt, wenngleich zum Glück etliche Firmen mittlerweile aufgeholt haben. Verbesserungsbedarf gibt es aber fast überall. Daher möchte ich noch einmal fundiert in den gesamten Themenkomplex einführen. Ich habe dafür auch gesichtet und geordnet, was andere in diesem gesamten riesigen Bereich zu sagen haben. Vor allem aber will ich auf diese Weise Unternehmern und Kommunikationsverantwortlichen den *State of the Art* in der Kommunikation aufzeigen und sie dabei unterstützen, für sich und ihr Unternehmen eine sinnvolle Strategie zu entwickeln.

Unternehmerisch denken in spannenden Zeiten

Doch zunächst noch einmal von vorn: Worum geht es eigentlich? – Wir leben und arbeiten in sehr spannenden Zeiten. Die digitale Transformation der gesamten Gesellschaft ist im vollen Gange. Ob es nun eine Revolution ist oder eine rasant fortschreitende Evolution: Sämtliche Begleiterscheinungen eines grundsätzlichen gesellschaftlichen Wandels treten in einer Geschwindigkeit und in einer Dichte auf, wie es das vielleicht nie zuvor in der Geschichte gegeben hat. Medial befinden wir uns mitten im größten Paradigmenwechsel seit der Erfindung des Buchdrucks – oder auch gerade erst an dessen Anfang; das wird man wohl erst irgendwann viel später im Rückblick bestimmen können.

Daraus folgt die Notwendigkeit, uns mit den derzeitigen rasanten Veränderungen auseinanderzusetzen, unsere Konsequenzen daraus zu ziehen sowie Strategien für das sinnvolle Handeln im eigenen Unternehmen und für die eigene Person zu entwickeln. Die Unternehmenskommunikation in diesen Zeiten des digitalen Wandels ist also das Thema dieses Buchs.

Meine These lautet: Unternehmen, die jetzt nicht sehr schnell und gründlich im digitalen Wandel auch in der Kommunikation inklusive der internen (Projekt-)Abstimmung den Anschluss finden, werden in wenigen Jahren weg vom Fenster sein. »Web oder stirb«: Wer nicht online sichtbar ist, wer nicht an Gesprächen teilnimmt, wer sich nicht dort aufhält, wo die eigenen Kunden längst sind, wird untergehen; als Unternehmen im B2B-Bereich ebenso wie in Consumerbranchen. Dies gilt auch, aber nicht nur für die Kommunikation. Denn egal, wie kompetent oder wenig kompetent der und die Einzelne sich derzeit schon im Web bewegt: Der digitalen Transformation sind wir alle unterworfen, und in diesen Zeiten haben sich Konsumenten- und Entscheiderverhalten längst grundlegend verändert.

Der Kunde von heute ist immer schwieriger zu erreichen. In Zeiten der medialen Überflutung ist er es gewohnt, Informationen in Sekundenbruchteilen via Google zu erhalten. Er prüft vor jedem Kauf zahlreiche Quellen, indem er sein Netzwerk zurate zieht. Andererseits muss er sich in immer mehr Informationen orientieren und das Relevante vom Unwichtigen trennen.

Wie wahrscheinlich ist es da, dass er Ihre digitalen Informationen gerade in dem Moment findet, in dem er Ihr Produkt oder Ihre Dienstleistung braucht? – Tatsächlich können Sie eine Menge dafür tun, dass dies gelingt: Indem Sie ihm genau das bieten, was ihn interessiert: hochwertige, interessante Inhalte, die ihn weiterbringen und zugleich davon überzeugen, dass Sie der richtige Anbieter sind. Sie müssen nur dafür sorgen, dass er diese auch findet. Das Internet und speziell soziale Netzwerke bieten dafür großartige Möglichkeiten, vorausgesetzt, Sie wissen, wie Sie diese nutzen.

Doch was ist, wenn Ihr Mitbewerber bereits das ganze Instrumentarium nutzt, während Sie im Analogen oder allenfalls in einer Onlinestrategie von vor fünf Jahren steckengeblieben sind? Viele Unternehmen im deutschen Mittelstand verschlafen den digitalen Wandel. Bei den Großen sieht es häufig nicht viel besser aus – aber sie kompensieren wenigstens mit viel Geld oder ruhen sich immer noch auf vergangenen Erfolgen aus. Die »Kleinen« behaupten oft, sie könnten nichts dafür, weil sie nicht über diese riesigen Etats verfügen. Tatsächlich könnte man Ergebnisse, für die ein Global Player siebenstellige Summen verbrennt, mit wenigen Tagen im Monat sogar besser hinbekommen, wenn man es fundiert anfasst.

Was bringt Ihnen dieses Buch?

Das Buch liefert einen systematischen Einstieg in eine neue digitale Kommunikationsstrategie. Es zeigt Ihnen auf, wie integrierte Kommunikationsstrategien im digitalen Zeitalter funktionieren (müssen), und führt Sie auf Wegen zu der Kommunikation, die genau zu Ihrem Unternehmen passen. Es liefert Orientierung und Überblick über die verschiedenen Teilbereiche. Es liefert viele Schnittstellen zur weiteren Vertiefung angrenzender Themengebiete. Dazu erhalten Sie zahlreiche Checklisten und klar gegliederte Anregungen für den Umgang mit den einzelnen Problemstellungen.

Denn wenn Sie sich heute über ein Thema wie etwa die Erfolgsfaktoren für Unternehmenskommunikation in digitalen Zeiten informieren wollen, haben Sie nie das Problem, dass Sie zu wenig Informationen darüber fänden. Was wir wirklich brauchen, sind nicht *mehr* Informationen, sondern *die richtigen*; und das in möglichst kurzer Zeit, denn wir haben ja noch anderes zu tun. Wir brauchen Lotsen, die uns helfen, diese für uns passenden Informationen zu finden. Jemanden, der das Gefundene einordnet, in seiner Relevanz bewertet und uns sagt, wie seriös und aktuell es tatsächlich ist – und wie wir es anwenden. Woher wissen Sie, mit welchen Aspekten Sie sich in welcher Reihenfolge befassen sollten, um Ziele zu erreichen? Welche Themen können Sie ohne großen Schaden vernachlässigen, falls die Zeit nicht für alles reicht? Welche Fehler haben andere schon gemacht, so dass Sie daraus lernen können? Wie übertragen Sie schließlich all dieses neue, erst grob dann fein gesiebte Wissen auf Ihre eigene Unternehmens- oder Beratungspraxis?

Es versteht sich daher von selbst, dass dieser Band weder erschöpfend alle Bereiche abhandeln noch überhaupt im riesigen Themengebiet der Unternehmenskommunikation sämtliche Aspekte komplett ausführen kann. Vielmehr soll er in vier klar gegliederten Teilen einen umfassenden Überblick über alles liefern, was Sie an Wissen, Handwerkszeug und Orientierung brauchen, um im digitalen Wandel zu bestehen.

Im **ersten Teil** geht es um den Status der Unternehmenskommunikation in digitalen Zeiten: Wie sieht es in deutschen Unternehmen aus – und wie sollte es aussehen, um erfolgreich zu sein? Was läuft oft falsch? Wo liegen die häufigsten Hinderungsgründe für zeitgemäßes Marketing und PR in neuen Medien? Was können Unternehmen tun, damit sich nachhaltig etwas ändert? Warum muss man das alles heute überhaupt noch so ausdrücklich und ausführlich sagen, obgleich doch eigentlich die professionelle Unternehmenskommunikation längst im digitalen Zeitalter angekommen sein sollte?

Im **zweiten Teil** sehen Sie, warum der Schritt zu einer zeitgemäßen Kommunikationsstrategie selbst für Einsteiger mit noch relativ geringer Erfahrung in der digitalen Kommunikation mit Wissen und Erfahrungen aus Strategie, Marketing und PR viel kleiner ist als gedacht. Sie schärfen Ihren Blick für scheinbar neue Phänomene, die in Wirklichkeit schon immer so oder so ähnlich funktioniert haben. Dadurch gelingt der Transfer von der digitalen in die klassische Welt – und zurück!

Der **dritte Teil** greift die Erkenntnisse aus den beiden vorherigen Teilen auf und zeigt die entscheidenden Grundlagen für eine erfolgreiche Kommunikationsstrategie auf. Er führt durch den Erkenntnisprozess, den Sie im eigenen Unternehmen durchlaufen, mit allen Bestandteilen. Denn ohne ein Bewusstsein für die eigene Identität und die des eigenen Umfelds, ohne ein funktionierendes Fremdbild und ohne die richtigen Strukturen können selbst die besten Marketingprofis und Strategen nichts bewirken.

Der **vierte Teil** befasst sich mit der praktischen Umsetzung dessen, was erfolgreiche Kommunikation (und erfolgreich heißt auch *Conversion*, also: verkaufen!) im digitalen Wandel braucht: die richtigen Inhalte in den richtigen Medien für die richtigen Empfänger. Hier geht es insbesondere um die Themen Contentstrategie und Content-Marketing. Zudem werden in diesem Teil die wichtigsten Erfolgsfaktoren nachhaltiger, dauerhafter Kommunikation (nicht nur) in digitalen Medien ausführlich beschrieben.

Sie erfahren, wie Sie es schaffen, auf Dauer am Ball zu bleiben und die ausgefeilten Konzepte nachhaltig umzusetzen.

Für wen ist dieses Buch?

Jedes Unternehmen, das am Markt aktiv ist, hat Zielgruppen, die es erreichen will und muss. Jeder Unternehmer und jeder im Unternehmen, der erfolgreiche Kommunikation in diesen Zeiten des digitalen Wandels realisieren will, muss sich mit den Themen befassen, die in diesem Buch behandelt werden. Angesprochen werden jedoch vor allem diejenigen Entscheider und Fachleute, deren Unternehmen noch nicht über eine umfassende digitale Kommunikationsstrategie, ein ausgefeiltes System der internen Kollaboration mit digitalen Mitteln sowie eine umfassende Content-(Marketing-)Strategie verfügen. Die in diesem Buch vorgestellte Systematik soll beim Einstieg und bei der Erarbeitung helfen. Es richtet sich an vier Hauptzielgruppen.[4]

- **Unternehmenschefs und Entscheider in Unternehmen**
  Große Veränderungen in der Kommunikationsstrategie funktionieren nur dann, wenn die Führungsebene die Entscheidungen befürwortet und die Umsetzung aktiv unterstützt. Das gilt auch für mittelständische Unternehmer, für die dieses Buch viele Tipps und praktischen Rat bereithält.
- **Mitarbeiter in Unternehmen in den Bereichen Kommunikation, PR, Marketing, Werbung, Vertrieb**
  Sie alle tragen die veränderte Kommunikation in der digitalen Welt mit, und sie brauchen dazu das nötige Wissen ebenso wie die Überzeugung, dass Veränderungen erforderlich sind. Das Buch soll ihnen, wenn nötig, auch Handwerkszeug und Argumentationshilfen gegenüber der Unternehmensleitung liefern.
- **Einzelunternehmer und Freiberufler**
  Sie sind meist allein verantwortlich für ihre Werbung und PR, und ein Gutteil der Auftragsgewinnung findet über ihre persönliche Vernetzung statt. Sie müssen es schaffen, in einer sich schnell wandelnden Welt ihre Netzwerke im Digitalen abzubilden, zu verstärken und zu ergänzen.
- **Kommunikationsprofis in Agenturen bzw. Einzelberater**
  … vor allem wenn sie eigenen Nachholbedarf im digitalen Bereich sehen. Sind sie bereits als digital erfahren etabliert, erhalten sie hier mehr Bewusstsein für und Informationen über die klassischen Kernkompetenzen, die ihre Arbeit erfolgreicher machen. Dies ist für die eigene Bekanntheit ebenso entscheidend wie als Argumentations- und Formulierungshilfe den Kunden gegenüber.

---

4   Die weibliche Form ist selbstverständlich hier und an allen anderen Stellen immer mit gemeint.

Die Tipps und Ratschläge in diesem Buch sind allgemeiner Natur. Für die Anwendung und Übertragung auf Ihren individuellen Fall sind Sie allein verantwortlich. Es gelten dabei uneingeschränkt die Regeln des gesunden Menschenverstandes.

Fachbegriffe aus der digitalen Welt

Mit dem digitalen Wandel und den sozialen Netzwerken hat sich der ohnehin schon recht spezielle und von zahlreichen Anglizismen geprägte Kommunikations- und Marketingwortschatz noch einmal erheblich erweitert. Bitte lassen Sie sich nicht davon irritieren, wenn Ihnen eine neue Vokabel begegnet, die Sie noch nicht kennen. Auf der Website zum Buch (https://www.web-oder-stirb.de) finden Sie ein Glossar mit den wichtigsten Begriffen. Ganz abgesehen davon steht Ihnen heute, wie keinem Leser in irgendeiner vorhergehenden Epoche, die ganze Enzyklopädie des Internets mit Suchmaschinen, Wikipedia und vielen weiteren Glossaren zur Verfügung. Nutzen Sie sie!

Weiterführende Literatur

Dieses Buch ist zu großen Teilen nicht mein Verdienst allein. Im Gegenteil: Ich bewege mich in einem sehr aktiven Netzwerk fachlich sehr versierter und erfahrener Menschen, aus dem ständig neue Impulse kommen und ohne das ich gar nicht auf die Idee gekommen wäre, über das Thema Kommunikation im digitalen Wandel zu schreiben. Auf eine Stunde, in der ich für dieses Buch geschrieben habe, kamen viele Stunden, Tage sogar, in denen ich gelesen, zugehört und zugeschaut habe. Mein Fachgebiet ist die Kommunikation. Aber um zu beschreiben, was sich verändert hat, und um Handlungsbedarf zu definieren, muss ich viele verschiedene benachbarte und verwandte Gebiete anreißen, in denen andere aus meinem Umfeld weit beschlagener sind als ich. Ich will mir gar nicht erst anmaßen zu behaupten, dass ich mich in allem, was im weitesten Sinne mit dem Bereich digitaler Wandel und Internet zu tun hat, in der Tiefe auskenne. In bestimmten Gebieten, etwa Suchmaschinenoptimierung, Technik und Gestaltung, Kollaboration und interne Kommunikation, hole ich mir in meiner Arbeit die Unterstützung von Spezialisten hinzu. Daher beziehe ich die angrenzenden und für mein Fachgebiet relevanten Gebiete und verwandten Teilbereiche überblicksartig mit ein, ordne sie in ihrer Bedeutung zu und verweise dann für die tiefergehende Beschäftigung auf weiterführende Literatur. Ausgewählte Lesetipps finden Sie zudem jeweils in einem Info-Kasten. Diese beziehen sich auch und gerade auf solche Themen, die den Rahmen dieses Buches sprengen würden oder die andere bereits umfangreich und aktuell aufbereitet haben.

Die Website zum Buch

Zu diesem Buch gibt es als zusätzlichen Service eine Website, die Auszüge aus dem Buch enthält, sowie ein Glossar und das komplette Literaturverzeichnis. Alle Lesetipps aus dem Buch sind hier zusammengestellt und mit Hyperlinks versehen. So können Sie ohne Umwege auf die empfohlenen Blogbeiträge zugreifen.

Zudem finden Sie hier Kontaktmöglichkeiten zu mir sowie Verweise auf meine Präsenzen in den sozialen Netzwerken. Hier geht es zur Website: https://www.web-oder-stirb.de

1 Web oder stirb – Anforderungen an die Kommunikation in digitalen Zeiten

Geht es den deutschen Unternehmen, die immer noch über keine nennenswerte digitale Kommunikationsstrategie verfügen, einfach zu gut? Hoffen die Entscheider, dass sich irgendwie von selbst etwas ändert, so dass sie nicht auf die aktuellen Entwicklungen reagieren, geschweige denn initiativ werden müssen? Oder stecken sie schlicht den Kopf in den Sand, weil sie gar nicht wissen, wo sie anfangen sollen, und ihnen Zeit sowie personelle Ressourcen fehlen, um die Unternehmenskommunikation komplett auf neue Füße zu stellen? Wahrscheinlich ist es von allem etwas. Veränderungen erzeugen immer Ängste und Bedenken, und Menschen ändern nur dann etwas, wenn sie darin einen großen Nutzen erkennen oder andernfalls Nachteile befürchten. Solange jedoch die Auswirkungen einer ausbleibenden Veränderung eher abstrakt sind, der Aufwand den gefühlten Nutzen übersteigt oder die Furcht vor Fehlern überwiegt, ändert sich nichts. Dies gilt nicht nur, aber eben auch für die Unternehmenskommunikation. Das Problem ist eben nur: Der Nachholbedarf steigt stetig weiter, und der Abstand zu den Vorreitern, womöglich auch in der eigenen Branche, ist irgendwann nicht mehr einzuholen.

Nehmen wir einmal das Beispiel Website: Jeder, der schon einmal einen kompletten Relaunch mitgemacht hat, weiß, was dies für ein Unternehmen im laufenden Betrieb für einen Kraftakt darstellt und wie lange es dauern kann, bis alles umgesetzt ist; von den Kosten einmal ganz zu schweigen. Dabei ist, außer in Ausnahmefällen, das Konzept des großen Relaunchs alle paar Jahre längst überholt. Zeitgemäß ist es, eine Webpräsenz kontinuierlich weiterzuentwickeln und an sich verändernde Anforderungen anzupassen. Nur so sind Suchmaschinenrelevanz, Usability und Design auf Dauer im Sinne der eigenen Kommunikationsziele aufrechtzuerhalten. Darauf muss eine Website, inklusive des dahinterliegenden Content-Management-Systems aber ausgelegt sein. Ist jedoch die Website so hoffnungslos überaltert, dass jede Überarbeitung nur Flickwerk wäre, muss zunächst ein Relaunch erfolgen. Erfolgt dieser nach der alten Vorgehensweise, liegen die Inhalte anschließend wieder einige Jahre herum, bis sie nicht mehr dem aktuellen Standard entsprechen, und es wird wieder ein – wahrscheinlich zunächst einmal mehrfach aufgeschobener – Kraftakt fällig. Wer solche Taktiken in verschiedenen Unternehmensbereichen verfolgt, hat erfahrungsgemäß immer mindestens an einer, meistens an mehreren Stellen eine große Baustelle. Da fällt es natürlich schwer, jemals genügend freie Kapazitäten für die Weiterentwicklung oder auch nur die strategische Reflexion freizusetzen. Die Folge: Nichts ist wirklich jemals ganz zeitgemäß, und es ist so gut wie unmöglich, auf aktuelle Veränderungen flexibel oder überhaupt auch nur zeitnah zu reagieren. Zwischen die Eckpfeiler der starren Konzepte in oftmals auch noch strengen Hierarchien lassen sich Neuerungen schwer pressen. Wenn dann irgendetwas passiert, sei es eine Kommunikationskrise oder auch nur ein kleinerer Zwischenfall, etwa eine plötzlich entdeckte Vielzahl von negativen Bewertungen in einem noch nicht einmal selbst angelegten Google-My-Business-Eintrag, fehlen Standards zum Umgang damit. Für eine Einzelmaßnahme muss schnell einmal das Rad neu erfunden werden; etwas eigentlich gar nicht übermäßig Aufwendiges gerät zum Kraftakt, ohne aber Lerneffekte oder Weiterentwicklung für die Gesamtstrategie mit sich zu bringen. Danach sind alle Beteiligten erst einmal überarbeitet und frustriert und noch weniger motiviert, sich des großen Ganzen einmal grundsätzlich anzunehmen. Beim nächsten Mal wird es schon gutgehen, und bis wieder etwas passiert, kann man sich getrost erst einmal auf dem Gefühl ausruhen, wenigstens irgendetwas getan zu haben.

Das eigentlich Erstaunliche bei der ganzen Angelegenheit liegt für mich jedoch in einer offensichtlichen Diskrepanz zwischen eigenem Erleben und unternehmerischem Handeln. Eben die Entscheider, die der Ansicht sind, ihr Unternehmen bräuchte keine Kommunikation in sozialen Netzwerken, und die nicht einmal wissen, wie denn anderswo im Netz über sie gesprochen wird, sind in ihrem eigenen Konsumenten- und Entscheiderverhalten längst in der Gegenwart angekommen. Wenn sie Reisen buchen, lesen sie vorher Online-Bewertungen. Sie bestellen bei Amazon. Sie nutzen Spracherkennung und virtuelle Assistenten. Sie tragen zum Sport eine Smartwatch. WhatsApp ist ihr Haupt-Austauschkanal für Familie, Freundeskreis, Vereine oder die Schule der Kinder. Wenn sie eine Anleitung für das Kochen oder Heimwerken brauchen, dann ist YouTube ihre erste Anlaufstelle. Sie navigieren mit Google Maps. Auch im professionellen Bereich greifen sie auf das kollektive Wissen zurück, das im Web vorhanden ist: etwa um sich über künftige Bewerber schlau zu machen oder unabhängige Meinungen zu möglichen Lieferanten einzuholen. Warum erfolgt keine Übertragung auf die eigene Unternehmenskommunikation? Warum versetzen sich viele dieser Entscheider nicht wenigstens einmal für fünf Minuten in die Rolle ihrer Kunden, Interessenten und Multiplikatoren, um zu erkennen, wo die Defizite ihrer eigenen Kommunikation liegen?

Meine Vermutung: Oft bezieht sich der vermutete Schmerz auf ein erst noch bevorstehendes Ereignis. Dadurch ist er abstrakt und weit weniger fühlbar als die unmittelbare Anstrengung, die erforderlich wäre, um etwas zu ändern. Hinzu kommt die Unsicherheit, die die Veränderung mit sich zu bringen scheint. Denn in der Tat geht es offenbar vielen deutschen Unternehmen so gut, dass sie selbst deutliche Reibungsverluste und massive Rückständigkeit locker wegstecken. Es besteht also keine unmittelbare Not, die dazu führen würde, sich bestimmten Erkenntnissen und Entwicklungen zu öffnen. Aber: Es geht eben immer nur so lange gut, bis es nicht mehr gut geht, und dann ist es leider oft zu spät. Dies gilt auch für die Digitalisierung der internen und externen Kommunikation in deutschen Unternehmen. Hinzu kommt, dass die Kostenrechnungen oft Milchmädchenrechnungen sind. Wenn beispielsweise in einem Unternehmen sämtliche interne Kommunikation weiterhin per E-Mail abgewickelt wird und selbst das Projektmanagement darüber erfolgt, dann ist dies nicht mehr zeitgemäß, um es gelinde auszudrücken. Abgesehen von den Nachteilen nicht-monetärer Art, etwa im fehlenden Austausch, entsteht auf diese Weise ein immenser Reibungsverlust, der aber nicht beziffert wird, weil Prozesskosten unbeachtet bleiben. Wenn der Geschäftsführer eines Unternehmens, um eine bestimmte Information wieder hervorzuholen, minutenlang in seinem Posteingang oder in irgendwelchen Ordnern auf dem Server suchen oder herumtelefonieren muss, dann summiert sich das schon in relativ kurzer Zeit zu Beträgen, die weit höher sind als die Einführung einer durchdachten und auch auf seine Bedürfnisse abgestimmten Kollaborationslösung. Gleiches gilt für die unsäglichen E-Mail-Dialoge, die oft das einzige Tool für die Organisation von Teams sind und im Projektmanagement sowie der internen Abstimmung in vielen Unternehmen nach wie vor eine sehr große Rolle spielen. Doch die Kosten für deren Entwicklung und Implementierung stehen schwarz auf weiß in einem Angebot; die vertane Arbeitszeit des Vorstands rechnet jedoch niemand je zusammen. Wer aber solche internen Prozesskosten und Reibungsverluste nicht in der Rechnung berücksichtigt, verkennt die tatsächliche Lage und führt falsche Berechnungen ins Feld, um den Stillstand zu rechtfertigen.

Nicht nur die Kommunikation, unsere Wahrnehmung, unser Alltag haben sich in einer Weise verändert, wie wir es oft gar nicht mehr bewusst registrieren, weil es sukzessive geschieht, allerdings in viel schnellerem Tempo als jede andere Veränderung zuvor. Das Internet der Dinge ist keine Utopie mehr, sondern längst Realität. Künstliche Intelligenz und Machine Learning sind längst Teil unseres Alltags, ob uns dies nun immer bewusst ist oder nicht. Unsere Lebens-, Wahrnehmungs- und Rezeptionsgewohnheiten haben sich also gewandelt. Was bedeutet das nun für unser Thema Medien und Kommunikation?

Wir befinden uns im größten medialen Wandel seit Erfindung des Buchdrucks.

Kein Unternehmen und erst recht kein Kommunikationsprofi, niemand der Inhalte an Empfänger bringen, der Reichweite oder Sichtbarkeit erzeugen will oder muss, kann es sich leisten, auf die eigene Präsenz und viel mehr noch auf aktiven Austausch im Internet und in sozialen Netzwerken zu verzichten. Niemand kann mehr die Verfügbarkeit seiner Inhalte mittels mobiler Geräte vernachlässigen. Mit dem Internet hat sich in der Unternehmenskommunikation alles verändert, und es verändert sich weiter. *Mobile* stellt in diesen Zeiten gerade erst Gelerntes noch einmal auf den Kopf.

Alles ist verändert? Fast alles. Vieles. Einiges aber eben auch nicht. Denn die grundsätzlichen Mechanismen – wie zwischenmenschliche Kommunikation funktioniert, wie Kaufentscheidungen fallen, wie man Zielgruppen anspricht – sind in gewisser Weise gleichgeblieben, auch wenn sich Medien und Taktung gewandelt haben. Vieles scheint zunächst einfacher geworden: Botschaften verbreiten sich schneller. Netzwerke, Communitys bilden sich um Ideen, Marken und Produkte. Selbst kleine Firmen können es mit der richtigen Kommunikationsstrategie schaffen, in den Suchmaschinenergebnissen ganz vorne zu landen und damit Käufer zu aktivieren, die noch vor wenigen Jahren niemals von ihrem Angebot erfahren hätten. Social Ads haben die klassische Werbung in vielen Bereichen zu großen Teilen abgelöst. Kleine Unternehmen, die sich früher eine größere Anzeige in der Lokalzeitung nicht leisten konnten, erreichen nun per Google Ads für kleinere dreistellige Beträge im Monat ganz gezielt die passenden Interessenten. Consumermarken werden zu Publishern und Storytellern.

Doch auch wenn die Kundengewinnung mit digitalen Mitteln so viel einfacher wäre – und ob das so ist, werden wir im Folgenden noch genauer diskutieren: In der Unternehmenskommunikation gibt es auf dem Weg zu mehr Umsatz und mehr Gewinn so gut wie keine Abkürzungen. Wenn sich Konzepte, Strategien und Maßnahmen auf Internet und soziale Netzwerke ausweiten, dann bedeutet dies keineswegs, dass es insgesamt billiger würde, mit weniger Anstrengung verbunden wäre oder dass sich ein mühsam erkämpfter Erfolg nun ganz von selbst einstellen würde. Es bedeutet vielmehr: Es gibt neue Medien, Werkzeuge und Plattformen, die in Betracht zu ziehen und innerhalb des Kommunikationsmixes einzuplanen sind. Das heißt aber zugleich: Wer diese Kanäle bespielen und die Empfänger in ihrem veränderten Nutzerverhalten bedienen will, braucht dafür Budgets, finanzielle und vor allem zeitliche beziehungsweise personelle. Dies müssen nicht unbedingt immer zusätzliche Ressourcen sein, aber es erfordert zumindest Aufwand, die vorhandenen Budgets umzuschichten.

Das traditionelle Sender-Empfänger-Prinzip hat allerdings in den meisten Fällen ausgedient. Die One-to-many-Kommunikation (einer sendet, viele empfangen) ist einem ständigen Austausch gewichen. Menschen, Käufer, Konsumenten, B2B-Entscheider erwarten von Unternehmen nicht mehr Botschaften, sondern erstens Antworten auf konkrete Fragen und zweitens Interesse an ihnen selbst. Sie tauschen sich untereinander aus, und man kann ihnen nur schwer etwas vormachen oder sie sogar belügen. Denn relevant für das öffentliche Bild eines Unternehmens ist nicht mehr hauptsächlich dessen eigene Website, sondern das, was andere im Netz sagen, etwa in Bewertungsportalen. Andererseits ist es mit künstlicher Intelligenz mittlerweile möglich, ein Bild in der Öffentlichkeit gezielt zu beeinflussen und falsche Informationen nach vorne zu bringen. Das bedeutet auch: Wer über die technologischen Kapazitäten verfügt, hat möglicherweise bald die Meinungs- und Informationshoheit über bestimmte Themen in seiner Hand.[5] Dies ist eine schlechte Nachricht erst recht für diejenigen, die schon jetzt nicht mehr die Informationshoheit wenigstens über den eigenen Markennamen besitzen. Reaktionszeiten haben sich immens verkürzt, und auch das wirkt sich auf

---

5   Vgl. Liebich, Dirk: Künstliche Intelligenz und Machine Learning in Kommunikation, Marketing und Vertrieb, https://www.kerstin-hoffmann.de/pr-doktor/kuenstliche-intelligenz-machine-learning-marketing-kommunikation/

die personellen und finanziellen Ressourcen aus, die Unternehmen aufwenden müssen, um Schritt zu halten. Wenn beispielsweise eine Service-Hotline viele Stunden oder sogar Tage braucht, um auf eine Beschwerde oder Frage zu antworten, verbreitet sich die Unzufriedenheit der Kunden hierüber leider noch viel schneller als es irgendwelche Werbebotschaften täten. Unerwünschte Entwicklungen und Diskussionen rund um die eigene Marke erkennt nur derjenige rechtzeitig, der ein solides Monitoring etabliert hat und zugleich über genügend Manpower verfügt, um die erhobenen Daten ständig auszuwerten. Die Unternehmenskommunikation des 21. Jahrhunderts ist kein Acht- und auch kein Vierzehnstunden-Job mit festen Bürozeiten mehr, sondern eine neue Art des Austauschs, der sich fast rund um die Uhr fortsetzt.

Wir brauchen in der Unternehmenskommunikation in Deutschland einen radikalen Schnitt. Eine Neubewertung. Einen Neustart.

1.1 Contentstrategien und Content-Marketing: Inhalte entscheiden über die Relevanz

Ob ein Inhalt relevant ist oder nicht, entscheidet immer der User, und er hat immer weniger Zeit für diese Selektion. Sichtbarkeit, Relevanz und Reichweite sind heute ohne Inhalte, die für eine jeweils definierte Usergruppe einen erkennbaren Wert besitzen, nicht mehr zu erreichen. Daher braucht heute eigentlich jedes Unternehmen in der digitalen Kommunikation eine Contentstrategie: Es geht darum, Empfehler, Fans und letztlich Kunden über interessante, unterhaltsame, nützliche Inhalte zu erreichen und zu gewinnen. Wenn Sie damit Umsätze generieren, also etwa Produkte verkaufen, nennt man das Content-Marketing. Doch ob ein Angebot, ein Text, ein Video, ein Bild überhaupt bis zum gewünschten Nutzer gelangt und so überhaupt erst einmal in die engere Auswahl, darüber entscheidet eine ganze Reihe von Faktoren, weit über den eigentlichen Nutzen des Inhaltes hinaus: Wo und wie wird etwas präsentiert, in welcher Form, wie gut ist es auf verschiedenen Endgeräten verfügbar, wie gut lässt sich der Nutzen auf den ersten Blick erkennen?

Begriffsklärung !

Die **Contentstrategie** umfasst die strategische Erarbeitung sowie Konzeption, Planung und das Controlling aller Inhalte insbesondere – aber nicht nur – im Internet, auf eigenen Webseiten sowie in sozialen Netzwerken.
Die **Content-Marketing-Strategie** organisiert und beschreibt die Umsetzung in den Medien mit Bezug auf die zuvor definierten strategischen, Umsatz- und Kommunikationsziele.
Content bezeichnet alle multimedialen Inhalte (Text, Bild, Video, Audio).

Content-Marketing ist nicht nur eines *der* Schlagworte der vergangenen ein oder zwei Jahre. Es ist zugleich eines der am meisten missverstandenen Konzepte. Oft wird es als Label für halbherzige, häufig rein werbliche Aktionen verwendet, die mit interessanten Inhalten kaum etwas zu tun haben. Etliche vielversprechende Ansätze sind zudem längst im Ansatz wieder versiegt. Daher soll es in diesem Buch auch darum gehen, wie Unternehmen jenseits von Schlagworten erfolgversprechende Content-Marketing-Strategien zum einen auf die Straße bringen, zum anderen und vor allem aber dort halten und dafür sorgen, dass sie sich weiterverbreiten – und zwar im Sinne der zuvor definierten Kommunikationsziele.

> Content muss für die Empfänger relevant sein und einen erkennbaren Wert besitzen. Inhalte müssen dort erscheinen und sich verbreiten, wo die Empfänger sich aufhalten. Sie sollen zu den eigentlichen Zielen des Absenders beitragen. Sie sollen Reputation und letztlich Conversion, sprich: Gewinn erzeugen.

Content-Marketing hat wenig mit der Verbreitung vorwiegend werblicher Inhalte zu tun. Werbung ist kein Content-Marketing. Allerdings, und hierauf wird im Folgenden noch näher einzugehen sein, ergibt es auch keinen Sinn, die verschiedenen Disziplinen der Unternehmenskommunikation voneinander abgetrennt zu betrachten und zu betreiben. In digitalen Zeiten funktioniert Kommunikation am besten, wenn sie integriert und ganzheitlich betrachtet wird. Das Silo-Denken, das in vielen Unternehmen weiterhin vorherrscht, verbraucht unnötige Ressourcen und verringert die Wirksamkeit. Zudem werden auf diese Weise wertvolle Inhalte nicht genutzt oder nicht wirkungsvoll eingesetzt.

Jede Veränderung in Unternehmen bedeutet zumindest zu Beginn mehr Investitionen. Das gilt für den Fuhrpark oder die IT genauso wie für eine Veränderung der Personalstrategie und ebenso natürlich auch für die Unternehmenskommunikation. In den seltensten Fällen werden jedoch in Unternehmen auf Dauer die Budgets erhöht oder mehrere zusätzliche Mitarbeiter eingestellt, um den veränderten Kommunikationsaufwand zu bewältigen. Daher ist es eine Aufgabe der zu erarbeitenden Kommunikationsstrategie, vorhandene Ressourcen neu zu verteilen. Das ist zum einen eine strategische Herausforderung, weil es neue Fähigkeiten, neues Wissen und auch neue Technologien erfordert. Zum anderen wird die menschliche Komponente in der Organisation oft unterschätzt. Selbst wenn die Unternehmensleitung den medialen Wandel im Unternehmen voll und ganz mitträgt, was durchaus nicht immer der Fall ist: Jeder, der sich schon einmal mit Change-Prozessen befasst hat, weiß, welche Ängste und Widerstände seitens der Mitarbeiter ein solcher massiver Wandel zwangsläufig hervorrufen muss. Da werden alteingefahrene Strukturen noch einmal zementiert. Unlust, sich Neues anzueignen, treibt die bizarrsten Blüten hervor. Rollen und Aufgaben werden nachgerade verzweifelt verteidigt, weil Menschen um ihre Position, um ihre Entscheidungsrechte oder gar um ihren Job fürchten. Mit anderen Worten: Bevor überhaupt ein einziger Twitter-Account eingerichtet, bevor das erste Posting auf der neuen Facebook-Seite veröffentlicht, bevor ein Monitoring-Tool oder eine Kollaborationsplattform implementiert ist, stellt der mediale Wandel im Unternehmen eine immense interne Kommunikationsaufgabe dar.

Wer einen Wandel in der Kommunikation herbeiführen will, muss die Ängste und Bedürfnisse kennen, die bei den Beteiligten in jedem Change-Prozess auftreten.

1.2   Fachkenntnisse: Jeder muss von jedem lernen

Kommunikation in digitalen Zeiten stellt große Herausforderungen an das Zusammenspiel der verschiedenen Fachrichtungen. Zum einen werden Inhalte zunehmend multimedial aufbereitet – nicht nur die eigenen, sondern auch etwa der *User-Generated Content* aus der Community. Reine Textstücke, nur durch gelegentliche Bilder aufgelockert, können wertvoller Bestandteil etwa eines Ratgebermagazins sein, bilden aber allein noch keinen digitalfähigen Content. Die verschiedenen Abläufe im Planungs-, Veröffentlichungs- und Controllingprozess sowie im Austausch mit der Community verlaufen meistens nicht mehr chronologisch – beispielsweise zuerst Recherche, dann Schreiben, dann Satz und Produktion, dann Publikation –, sondern synchron, und für alle Schritte braucht man Toolkenntnisse und technisches Verständnis. Selbstverständlich ist es ganz unmöglich, sich in allem und in jedem Detail auszukennen. Doch auch dort, wo Arbeitsschritte nacheinander und von verschiedenen Personen ausgeführt werden, braucht jeder Beteiligte weitreichende Einsicht in das, was die anderen tun, damit das Ganze funktioniert. Keine eigenen Inhalte ohne Keyword-Analyse, keine Suchmaschinenoptimierung ohne Google Webmaster Tools, kein Community Management ohne Monitoring, keine Inhalte ohne Überlegungen zur multimedialen Form sowie zur Usability – um nur einige Beispiele zu nennen. Jedes Medium und jede Form stellen andere gestalterische Anforderungen. Inhalte müssen für verschiedene Plattformen unterschiedlich aufbereitet werden, und die Publikationswege sind nicht nur jeweils anders, sie müssen darüber hinaus aufeinander abgestimmt sein. Teilstrategien erfordern erhebliche Kenntnisse über technische Funktionen, die Art und Weise der Interaktion sowie das Zusammenspiel verschiedener Medien.

Eine weitere Herausforderung besteht darin, all dies auch über verschiedene Abteilungen hinweg zu koordinieren, aus denen Input in den unterschiedlichsten Formen kommt – beziehungsweise kommen *sollte*. Das erfordert Strukturen in der internen Kommunikation, in denen alle voneinander lernen und das jeweilige Fachwissen für das größere Ganze perfekt verzahnen.

1.3   Unternehmensstrukturen: Alte Konflikte in neuen Medien?

Seit jeher lässt sich in vielen Unternehmen beobachten, dass Unternehmenskommunikation vor allem als externe Kommunikation verstanden wird und der Blick vor allem auf direkte Interessenten und Kunden, allenfalls noch auf Multiplikatoren und Meinungsbildner fällt. Darüber wird die interne Nutzenargumentation mit Blick auf die Bedürfnisse der Stakeholder in der eigenen Organisation nicht selten vernachlässigt. Es gerät aus dem Blick, dass eine Kommunikationsstrategie nur dann erfolgreich sein kann, wenn es gelingt, alle daran mittelbar und unmittelbar Beteiligten mitzunehmen. In vielen Unternehmen beobachtet man dann statt konstruktiver interner Kommunikation vor allem Kontroversen und mehr oder weniger verdeckte Grabenkämpfe zwischen verschiedenen Abteilungen. Da streitet sich Forschung & Entwicklung mit dem Vertrieb. Das Marketing tut nicht das, was die PR will, und die PR sendet irgendetwas aus, das wiederum aus Sicht des Vertriebs nicht im Geringsten mit dem Verkaufsalltag in der Firma zu tun hat. Solche Ausprägungen sind natürlich nicht überall gleich stark, aber sie sind auch keineswegs *die* seltenen Ausnahmen, als die sie oft dargestellt werden. Solche Verhaltensweisen verbrauchen nicht nur wertvolle Ressourcen, indem sie Reibungsverlust erzeugen. Sie sind oft deutliche Zeichen dafür, dass es kein gemeinsames Verständnis einer konstruktiven Unternehmenskultur der gegenseitigen Unterstützung und Rückendeckung gibt. Zudem können sich innere Konflikte in einer Firma schnell auch auf die Reputation nach außen auswirken, weil heutzutage jeder Mitarbeiter eine potentielle Schnittstelle in die Öffentlichkeit oder in Teilöffentlichkeiten darstellt. So dringen Missstände schnell nach außen, und es gibt kaum noch Möglichkeiten, Konflikte dauerhaft geheimzuhalten.

Denn Menschen reden nun einmal untereinander, erst recht dann, wenn sie mit etwas unzufrieden sind. Blieb der Flurfunk früher im Wesentlichen auf das Firmengebäude selbst und das nahe Umfeld der unmittelbar Beteiligten beschränkt, ist heute der virtuelle Flurfunk hinzugekommen. Da findet die Begegnung mit der Außenwelt viel schneller statt als in der physischen Welt. Zudem: Was einmal irgendwo schriftlich festgehalten und dann geteilt wurde, ist viel schwerer aus der Welt zu schaffen als eine mündliche Bemerkung zwischen Teeküche und Besprechungsraum, selbst dann, wenn es ebenso beiläufig gemeint war. Social-Media-Guidelines, obgleich sie heutzutage für jedes Unternehmen unabdingbar sind, helfen da nur begrenzt weiter. Denn zwar erzeugen sie bei den Mitarbeitern mehr Sensibilität. Das eigentliche Bewusstsein für den digitalen Wandel zu schaffen muss jedoch auf einer anderen Ebene geschehen, und dies ist immer eine Frage der Unternehmenskultur und auch der gelebten Fehlerkultur.

In einem Unternehmen, das im digitalen Wandel Bestand haben will, müssen Prozesse und Abläufe von allen Beteiligten verstanden und mitgetragen werden. Dabei geht es noch nicht einmal primär um die Vermeidung potentiell öffentlichkeitswirksamen Fehlverhaltens. Zugegeben, es gibt seit Jahren immer einmal wieder Meldungen von Mitarbeitern, denen wegen negativer Äußerungen, etwa auf Facebook, über ihre Arbeitgeber oder Vorgesetzten gekündigt wurde. Aber diese Einzelfälle lassen sich eher vernachlässigen gegenüber der Menge weniger spektakulärer Informationen, die doch mit der Zeit ein immer detaillierteres Bild nach außen tragen, ohne dass dabei gleich abmahnfähige Sachverhalte vorlägen beziehungsweise ohne dass der betroffene Arbeitgeber überhaupt davon erfährt. Nicht alles kann man mit Regeln kontrollieren. Da ist es sicherer und letztlich einfacher, an den internen Kommunikationsstrukturen etwas zu ändern – und damit sind wir wieder bei der Anforderung, zuerst innen aufzuräumen, ehe man nach außen geht. Nach außen gehen aber müssen Unternehmen heute, wenn sie nicht den Anschluss verpassen wollen.

Dazu brauchen sie vernünftige Konzepte zur Neuausrichtung in der Kommunikationsstrategie inklusive der Neuverteilung der Budgets, veränderten Aufgabenbeschreibungen und der Identifikation von Weiterbildungsbedarf. Sie brauchen eine konsequente Strategie und fähige Mitarbeiter, die motiviert sind, diese Strategie auf Dauer zu realisieren. Wer die Chancen erkennt und nutzt, der wird sich ziemlich schnell von allen denjenigen absetzen, die im Analogen oder in veralteten Onlinestrategien steckengeblieben sind. Wie schon gesagt: Die Schere klafft immer weiter auseinander. Sorgen Sie jetzt dafür, dass Sie sich auf der richtigen Seite dieser Schere befinden.

1.4   *Stakeholder-Relations:* Verlieren Sie gerade den Anschluss an Ihre Zielgruppen?

Die vielbeschworene Reichweite ist zwar als solche noch gar kein aussagefähiger KPI, weil er allein nichts darüber aussagt, wie gut die strategisch relevanten Zielgruppen erreicht werden. Jedoch: Wer eine Stimme in der öffentlichen Diskussion und bei seinen relevanten Stakeholdern haben will, muss heute im Internet nicht nur präsent, sondern auch aktiv im Dialog sein. Der mediale Wandel bedingt zugleich einen dramatischen Wandel in der Medienrezeption. Die digitalen Medien und die dazugehörigen Algorithmen greifen in einem Ausmaß in die menschliche Kommunikation ein, wie es vielen überhaupt nicht bewusst ist. Dies zeigt sich unter anderem darin, dass die Menschen mehr und mehr ihre »Verlautbarungsgläubigkeit« ablegen. Als das Fernsehen drei Programme und der politische Kommentator der einflussreichen Tageszeitung das letzte Wort hatten, galt das gesprochene und gesendete Wort bei den Empfängern noch etwas. Der Tagesschau-Sprecher oder der Kolumnist waren moralische und meinungsbildende Instanzen in einem Ausmaß, wie wir es uns heute immer weniger vorstellen können: weil wir uns alle zunehmend daran gewöhnen, dass wir Veröffentlichungen in Echtzeit hinterfragen, kommentieren und unsere eigene Meinung öffentlich dem entgegensetzen können, was andere uns weiszumachen versuchen.

Andererseits gewinnen die Meinungen und das Vorbild sogenannter Influencer an Bedeutung. Ein Instagram- oder YouTube-Star mit einer großen Community kann mit einem Posting solche Personengruppen erreichen, bei denen klassische Werbung längst nicht mehr wirkungsvoll ist.

Interessanterweise übertragen sich die veränderten Mechanismen auch auf diejenigen, die nach eigenem Bekunden soziale Netzwerke nicht oder wenig nutzen. Dies liegt auch daran, dass meist unter sozialen Netzwerken immer noch Facebook, Instagram oder Twitter verstanden wird. Dabei sind selbstorganisierte Mikronetzwerke, etwa WhatsApp-Gruppen, mittlerweile so im Alltag angekommen, dass selbst wenig digitalaffine Menschen sich dem kaum noch entziehen können. In bestimmten Bereichen des Alltags bleiben diejenigen, die sich der Messenger-Kommunikation verweigern, mehr und mehr außen vor. Der mediale Wandel zieht also einen viel größeren gesamtgesellschaftlichen Wandel nach sich, und die Veränderungen in der Gesellschaft wirken sich wiederum auf die Medien aus. Für die Kommunikationspraxis in Unternehmen hat das sehr weitreichende Folgen. Wer nicht aktiv am allgemeinen Dialog teilnimmt, wer nicht versteht, wie Menschen sich heute austauschen und sich ihre Meinung bilden, verliert schlicht den Anschluss an seine gesamten Stakeholder. Im schlimmsten Fall setzt er zum einen weiterhin auf die zunehmend anachronistisch anmutende reine One-to-many-Kommunikation. Zum anderen versäumt er wahrzunehmen, ob und wie andere über sein Unternehmen reden. Unter Umständen investiert er weiterhin hohe Summen und jede Menge personelle Ressourcen in Formen von Werbung und PR, die zunehmend wirkungslos bleiben. Vielleicht erzielt er aber sogar das Gegenteil der gewünschten Werbe- und Reputationseffekte.

Die Ausgaben für die klassische Marktforschung stagnieren (nicht nur) in Deutschland. Das mag vor allem daran liegen, dass soziale Netzwerke eben neue Möglichkeiten der Marktforschung bieten, die sich von den klassischen Methoden unterscheiden und oft mit weniger Kosten verlässliche Ergebnisse hervorbringen. Unternehmen können heute selbst zeitnah sehr detailliert sowohl qualifizierte als auch quantifizierte Informationen über ihre Kunden, den Wettbewerb und den Gesamtmarkt erhalten. Doch dafür müssen sie Systeme und Mechanismen etablieren, die ihnen erlauben, etwa soziale Signale auszuwerten. Diejenigen jedoch, die sich der webbasierten Marktforschung weiterhin entziehen, verlieren sehr schnell den Anschluss an den Markt. Denn Käuferverhalten ist heute sehr viel schwieriger prognostizierbar als noch vor wenigen Jahren. Ohne Marktforschung kommt Kommunikation heute so wenig aus wie früher. Wer nicht selbst fundierte Kenntnisse in Evaluation und Auswertung mitbringt, sollte sich unbedingt zu Beginn eines neuen Strategieprozesses entsprechende professionelle Unterstützung sichern.

Engagement im Web also allein aus Marketing- oder gar nur aus Vertriebssicht im Sinne von »Botschaften aussenden« zu betrachten, greift viel zu kurz. Andererseits sind die Auswirkungen sämtlicher Entwicklungen auf Absatz, Umsatz und Gewinn immens.

Das Engagement im Web allein aus Marketing- oder gar nur aus Vertriebssicht im Sinne von »Botschaften aussenden« zu betrachten, greift viel zu kurz.

»[Im Jahr 2018] sind 63,3 Millionen Menschen in der deutschsprachigen Bevölkerung ab 14 Jahren online, dies entspricht einem Anteil von 90,3 Prozent. Die Steigerung liegt bei 0,9 Millionen bzw. 1,4 Prozent gegenüber dem Vorjahr. Besonders deutlich ist die Zahl der Menschen gestiegen, die das Internet täglich nutzen, das Plus liegt hier bei 3,8 Millionen. Seit 2015 hat sich dieser Personenkreis um knapp 10 Millionen Menschen, von 44,5 auf 54,0 Millionen, erhöht und liegt aktuell bei 77 Prozent. Zum Medienkonsum wird das Internet von 39 Prozent täglich genutzt. Der Rest verteilt sich auf die Individual-Kommunikation wie zum Beispiel dem Schreiben von Nachrichten mit Messenger-Diensten sowie das Surfen, Shoppen, Suchen und Spielen. Auch die tägliche Nutzungszeit im Internet steigt weiter. Sie liegt jetzt bei 196 Minuten (3:16 Stunden), das sind im Vergleich zum Vorjahr 47 Minuten mehr.«[6]

Das ist das Ergebnis der ARD/ZDF-Onlinestudie 2018. Signifikant ist dabei auch der Anstieg bei der Nutzung von Video-Angeboten.[7] Das bedeutet, dass die Verbraucher längst dort angekommen sind, wo sich viele Unternehmen weiterhin schwertun. 90 Prozent der Deutschen sind mittlerweile online. Seit dem ersten Erscheinen dieses Buchs hat sich also viel geändert. Legten Studien etwa die der EU-Statistikbehörde Eurostat[8] vor ziemlich genau vier Jahren noch nahe, dass die Deutschen insgesamt nicht besonders internetaffin seien, sind sie nun wirklich online angekommen. Die Ausrede, dass Menschen – Privatleute wie Entscheider – ohnehin andere als die digitalen Wege für Recherche, Entscheidungsfindung und Kauf oder Buchung nach wie vor bevorzugten, zieht also nicht mehr. Tatsächlich werden heute oftmals andere Argumente für fehlende zeitliche und finanzielle Investitionen in zeitgemäße Online-Medien angeführt. Insgesamt ist meiner Erfahrung nach die Argumentation aber diffuser geworden. Gerade im Mittelstand und dort in den Branchen, denen es nach wie vor sehr gut geht, schmettern Entscheider die berechtigten Forderungen ihrer Kommunikationsfachleute einfach ab. Oftmals werden schlicht fehlende Ressourcen angeführt. Die Wirksamkeit bestimmter Maßnahmen wird ohne irgendeine Datenlage bezweifelt. Es wird etwa behauptet, meist ohne jeden Beleg, dass Erfolge nicht messbar wären;

---

6 https://www.ard-zdf-onlinestudie.de

7 https://www.ard-zdf-onlinestudie.de/ardzdf-onlinestudie-2018/onlinevideo/

8 Vgl. Brandt, Mathias: Internet für viele Deutsche tatsächlich Neuland, in: statista, 10.10.2014, https://de.statista.com/infografik/2811/internetkenntnisse-in-europa/

dass soziale Netzwerke a) ein Jugendphänomen wären oder b) Jugendliche soziale Netzwerke wie Facebook immer weniger nutzten.

Wenn sich Unternehmer und Kommunikationsentscheider der Einbindung digitaler Medien in ihre Gesamtkommunikation verweigern, dann verkennen sie vor allem dies: Digitale Kommunikation umfasst einen generellen Wandel in den Strukturen. Dabei wird jedoch häufig vor allem auf die Kommunikation nach außen geschaut, und dort auch meistens nur auf Teilbereiche, in der Regel auf solche, die kurz- bis mittelfristig Umsatz bringen sollen. Selbst diejenigen Entscheider, die vorgeblich bereit sind, ihre Kommunikation im Digitalen zu verändern, versuchen das meistens überwiegend in Bezug auf Marketing und PR.

Was dabei, wie oben bereits angesprochen, oft unter den Tisch fällt, ist die interne Kommunikation. Bei den hier betroffenen Stakeholdern muss jedoch der Wandel zuerst ansetzen, sonst ist selbst eine aufwendig geplante und realisierte externe Kommunikation eine leere Hülle, die irgendwann in sich zusammenfallen muss. Mehr noch: Schon der Planungs- und Organisationsaufwand einer digitalen Werbung und PR, der keine zeitgemäße Kollaboration zugrunde liegt, ist überdurchschnittlich hoch. Erstens werden Unternehmen, die nur über unzureichende digitale Prozesse – zu denen eben auch die interne Kommunikation gehört – schlicht und einfach zu langsam, und zwar in jeder Hinsicht, nicht nur in Bezug auf Zusammenarbeit, Austausch und Projektmanagement.

Lieferzeiträume und Erwartungen an Reaktionszeiten haben sich weiter dramatisch verkürzt. Nicht der Anbieter entscheidet mehr, wo und wie der Kunde Kontakt aufnimmt, sondern der Kunde erwartet Erreichbarkeit dort, wo er sich aufhält – etwa auf Facebook oder Twitter. In dem Maße, in dem Online-Riesen wie Amazon oder große Reiseportale für immer komfortablere Nutzeroberflächen sorgen, steigen die Erwartungen an die Usability aller anderen Online-Angebote ebenfalls. Solange sich ein Unternehmen in einem Anbieter-Markt befindet, wird dieses Problem nicht so offensichtlich. In dem Moment jedoch, in dem sich mehrere Anbieter um denselben Kunden bemühen, gewinnt oft derjenige, der den einfachsten Zugang anbietet und die beste Vergleichbarkeit suggeriert. Der *Zero Moment of Truth*[9] beschreibt den Moment, in dem Kaufentscheidungen viel früher als zu analogen Zeiten getroffen werden: unterwegs, nach einer Recherche auf dem Smartphone; über Empfehlungen aus sozialen Netzwerken; aufgrund von Bewertungen auf Online-Einkaufsplattformen; zwischendurch, mobil und ohne vorhergehende Begegnung mit den betreffenden Marken oder einem ausführlichen Produktvergleich in irgendwelchen Ladengeschäften. Wer sich also beispielsweise als ein regional aufgestellter Dienstleister oder Handwerker, Arzt oder Ein-

---

9   Weiterführende Informationen zum *Zero Moment of Truth* hat Google auf einer eigenen Seite zusammengestellt: https://www.thinkwithgoogle.com/marketing-resources/micro-moments/zero-moment-truth/

zelhändler gegen den Wettbewerb durchsetzen will, aber nicht einmal weiß, dass er einen Google-My-Business-Eintrag mit zahlreichen schlechten Bewertungen hat, muss sich über ausbleibende Kunden nicht wundern. Deswegen besteht dringender Handlungsbedarf für Unternehmen. Betrachten wir daher, über die reine Kommunikation hinaus, den Aspekt der Geschäftsmodelle und Prozesse in digitalen Zeiten.

1.5   Geschäftsmodelle: Stimmt Ihre Unternehmensstrategie noch?

Der mediale Wandel wirkt sich keineswegs allein auf die zwischenmenschliche Kommunikation und die Kommunikation zwischen Unternehmen und Stakeholdern aus. Er hat weitreichende Auswirkungen auch auf Geschäftsmodelle. *Social Eusiness* ist ein Thema, dem sich heute kein Unternehmen mehr verweigern kann und das weit über irgendwelche Präsenzen in sozialen Netzwerken hinausgeht, wobei man sich nicht auf den Begriff selbst einschießen, sondern betrachten sollte, was dahintersteht, wie Stefan Pfeiffer erläutert:

> »Social Business ist und bleibt ein Kunstbegriff, den viele nicht verstehen [...]. Bei »unserem« Social Business geht es um das Nutzen von Verhaltensweisen und Technologien, wie wir sie aus dem sozialen Netz kennen, im Geschäftsumfeld. Es geht nicht nur darum, über soziale Kanäle wie Twitter oder Facebook mit dem eigenen Ökosystem zu kommunizieren. Das ist zu kurz gesprungen.
> Es geht darum, erwähnte Verhaltensweisen (zum Beispiel Teilen von Informationen – Sharen) und Technologien (zum Beispiel das Verwenden von Blogs oder Communities) im Geschäftskontext im Unternehmen hinter dem berühmten Firewall, in der Zusammenarbeit mit Geschäftspartnern in geschützten und gesicherten Umgebungen (zum Beispiel beim gemeinsamen Projektmanagement), im Dialog mit Kunden (zum Beispiel in Online Communities von Anwendervereinigungen) oder in der Gewinnung von Neukunden (zum Beispiel durch Neugierig-Machen von Interessenten über Social Media) einzusetzen.«[10]

Strategisches und betriebswirtschaftliches Umdenken ist also ein Teil des Paradigmenwechsels. Das zeigt sich auch in Bezug auf Kommunikationsthemen.

Banken, die eigene Geschäftsbereiche für die Schulung in digitalen Themen aufbauen;[11] Trainingsinstitute, die ihrem Portfolio aus Präsenzseminaren kosten-

10   StefanPfeiffer.Blog: Das Ende von Social Business ... wie wir es kennen, in: Digital Naiv, 17. Dezember 2014, https://digitalnaiv.com/2014/12/17/de-das-ende-von-social-business-wie-wir-es-kennen/
11   Vgl. Beilharz, Felix: Social Media Marketing im B2B (O‹Reilly 2014), S. 65.

pflichtige Webinare hinzufügen; IT-Dienstleister, die ihre Technik auf cloudbasierte Dienste umgestellt haben; Büroausstatter, die ihren Hauptumsatz über Webshops generieren; Versicherungen, die über das Onlinegeschäft die meisten Abschlüsse generieren: Die Liste von Beispielen für völlig neue oder stark veränderte Geschäftsmodelle ließe sich beliebig fortsetzen. Oder denken Sie allein nur einmal daran, wie sich Stellenausschreibung, Bewerbung und generell Mitarbeiterfindung gewandelt haben. Das fängt bei Onlineanzeigen an und hört beim Upload von Bewerbungsunterlagen auf einer eigens eingerichteten Recruiting-Website des Arbeitgebers nicht auf. Bewerbergespräche finden per Skype statt. Zusammenarbeit und Projektmanagement in Firmen haben sich ebenso verändert wie Beschaffungsprozesse, beispielsweise in der Bereitstellung und Nutzung von Onlineshops. Selbst Produktentwicklung funktioniert vielfach heute anders, wie Felix Beilharz beschreibt:

> »Auch das Produktportfolio kann durch Social Media beeinflusst werden – Crowdsourcing ist hier ein bekanntes Schlagwort. Statt Produkte im Labor bzw. am Zeichentisch zu entwickeln und dann auf Marktfähigkeit zu testen, können zukünftige Kunden direkten Einfluss auf die Produkterstellung nehmen oder zumindest Ideen für Neuprodukte oder Produktverbesserungen liefern. Hierfür existieren spezielle Plattformen, auf denen Unternehmen Probleme ausschreiben und interessierte Hobby- und auch Profi-Tüftler Lösungsansätze einreichen können. Unternehmen gelangen so kostengünstig an Lösungsvorschläge, die Ideengeber verdienen im Falle der Umsetzung an den Einsparungen oder Umsätzen.«[12]

Doch die oben genannten Beispiele sind alles mehr oder weniger zusätzliche Verdienst- und Vertriebsmodelle, die von der Digitalisierung profitieren. Andererseits sind ganze Geschäftszweige wie etwa die Banken in ihrer Existenz bedroht. »Banken, wie wir sie kennen, wird es in zehn Jahren nicht mehr geben.«, meinte Thomas Jorberg, Vorstandssprecher der GLS Bank, bereits 2015 in einem Positionspapier. Die Digitalisierung sei mit einer der Gründe für diese Entwicklung.[13] Darauf, dass gerade viele Banken, so ist meine Meinung, die Entwicklung schlichtweg lange verschlafen haben und dies der Grund ist, warum reine Online-Banken seit Jahren an Zuwachs gewinnen, geht er allerdings allenfalls am Rande ein. Drei Jahre später ist die Zahl der Filialen von Genossenschaftsbanken und Sparkassen gerade auf dem Land noch weiter zurückgegangen.[14]

---

12 Ebd., S. 59.

13 Jorberg, Thomas: Banken, wie wir sie kennen, wird es in 10 Jahren nicht mehr geben, in: IT Finanzmagazin, https://www.it-finanzmagazin.de/banken-wie-wir-sie-kennen-wird-es-in-10-jahren-nicht-mehr-geben-9382/

14 Vgl. »Das leise Sterben der Volks- und Raiffeisenbanken«, WirtschaftsWoche, https://www.wiwo.de/unternehmen/banken/weniger-als-tausend-das-leise-sterben-der-volks-und-raiffeisenbanken/23156814.html

Möglicherweise ist der erste Schritt in soziale Netzwerke viel kleiner als angenommen.

Für die Unternehmensstrategie ist der Wandel also in vielerlei Hinsicht von Bedeutung. Auch abgesehen von den Bereichen der Kommunikation (etwa Marketing, PR, Werbung, Mediaplanung) sind nahezu alle Unternehmensbereiche betroffen Daher lohnt sich auch in einem scheinbar Social-Media-feindlichen Unternehmenskonstrukt die Analyse, inwieweit in anderen als den Kommunikationsdisziplinen längst digitale (Teil-)Strategien implementiert sind. Eine solche Betrachtung könnte zu dem überraschenden Schluss führen, dass der erste Schritt in soziale Netzwerke in Wirklichkeit viel kleiner ist als angenommen.

Andererseits könnten sich bisher führende Firmen, wenn sie den Schritt in eine integrierte Digitalstrategie nicht vollziehen, so plötzlich im Abseits befinden, wie es mit früheren, eher evolutionären Entwicklungen nicht denkbar war, meint Matthias Ehrlich, Präsident des Bundesverbands Digitale Wirtschaft (BVDW):

> »Vor allem, wenn man bedenkt, dass die Digitalisierung häufig mit Disruptionen einhergeht, die Produkte und Dienstleistungen, ja ganze Märkte von heute auf morgen teilweise oder auch komplett umkrempeln und ablösen können. Die Musikindustrie ist das beste Beispiel dafür. Digitalisierung muss Teil der Unternehmensstrategie sein. Wer Digitalisierung nicht frühzeitig als grundlegenden erfolgskritischen Wettbewerbsfaktor begreift und die Chancer darin nicht sieht – und zwar nicht nur im originären Wertschöpfungsprozess, sondern über alle Unternehmensbereiche und -prozesse hinweg –, setzt die Zukunftsfähigkeit seines Unternehmens aufs Spiel. Das gilt für Großkonzerne genauso wie für mittlere und kleine Unternehmen.«[15]

Die Brisanz dieser Aussage hat sich in der Zwischenzeit nicht abgemildert, sondern sogar weiter verstärkt. Marktforschung und Marktbeobachtung mit den Mitteln des Internets sind nicht nur eine Image- und Marketingfrage. Disposition, Vertriebsprognosen, Konkurrenzbeoachtung, die Einschätzung von kurzfristigen Entwicklungen und langfristigen Tendenz: Für die Unternehmensstrategie ist ein solides Monitoring mindestens ebenso erfolgsentscheidend wie für die Unternehmenskommunikation. Allerdings haben selbst heute noch manche Einsteiger oft seltsame Vorstellungen von den Schwerpunkten einer erfolgreichen Social-Media-Strategie.

---

15   Ehrlich, Matthias: »In Zukunft ist mobil das Synonym für digital«, in: acquisa, 6. November 2014, https://www.haufe.de/marketing-vertrieb/online-marketing/in-zukunft-ist-mobil-das-synonym-fuer-digital_132_279934.html

1.6   Kommunikationswege: Das häufigste Missverständnis

Es ist eines der häufigsten Missverständnisse über Social Media überhaupt: Dass die Aktivitäten eines Unternehmens im Internet im Wesentlichen aus dem bestünden, was es beispielsweise auf der eigenen Website und in sozialen Netzwerken selbst verteilt. Eine eigene Facebook-Seite eröffnen, Links twittern, ein Unternehmensprofil bei XING oder LinkedIn einrichten: Wird im Führungskreis darüber gesprochen, eine digitale Strategie zu erarbeiten, denken die meisten sofort an derartige eigene Aktivitäten. Doch in einer digitalen Kommunikationsstrategie geht es keinesfalls hauptsächlich um das, was Sie selbst streuen. Zumindest ist das nicht der erste Schritt. Gewiss bildet hochwertiger Content den Schlüssel zu Sichtbarkeit, Reputation, Leads und letztlich Kunden. Doch wären Sie der alleinige Weiterverteiler Ihrer Inhalte und würden nur Sie auf Ihrer eigenen Facebook-Seite zu Ihren eigenen Beiträgen etwa im Onlinemagazin oder im Newsbereich Ihrer Website verlinken, stünden Sie von Anfang an auf verlorenem Posten.

Entscheidend für den Kommunikations- und damit auch für den unternehmerischen Erfolg ist die Frage, wie und wie viel andere über Sie sprechen.

Lange bevor Sie darüber nachdenken, ob Sie besser eine Facebook-Fanpage bespielen oder sich auf Instagram engagieren, sollten Sie überlegen, wie Sie andere dazu motivieren, in *deren eigenen* Kanälen auf Sie aufmerksam zu machen. Dem muss eine umfangreiche Analyse vorausgehen. Auf die Spitze getrieben kann eine erste Social-Media-Strategie theoretisch ohne einen einzigen eigenen Account im Social Web funktionieren. Dass eine solche Vorgehensweise weder realistisch noch sinnvoll ist, versteht sich aber wohl von selbst. Wer sich mit anderen austauschen will, muss seinerseits persönlich präsent sein. Aber dieser gedankliche Dreh verdeutlicht, dass die meisten Unternehmen es zunächst von der falschen Seite angehen. Sie gehen immer noch von der alten Denkweise aus, nach der der Sender im Zentrum steht und für ein möglichst hohes Grundrauschen sorgt, das idealerweise von möglichst vielen empfangen wird. Dieses Modell funktioniert heute nicht mehr.

Zudem geht es nicht allein darum, dass Unternehmen selbst Inhalte produzieren und diese verteilen beziehungsweise verteilen lassen. Mindestens von ebenso großer Bedeutung ist der sogenannte *User-generated Content*, der sich um eine Marke entwickelt beziehungsweise entwickeln sollte. Geschichten kann man nicht mehr allein erzählen, wenn eine Community um eine Marke herum entstehen soll. Die Stakeholder müssen sich aktiv einbringen, damit es wirklich eine aktive Community ist. Das reicht vom kurzen Kommentar unter einem Facebook-Posting, der sich zur Diskussion weiterentwickelt, bis zu längeren Texten, Fotos, Videos. Dabei ist der Begriff »Community« für viele Menschen offenbar ein Synonym für eine eingeschworene Fangemeinde, die sich etwa um eine große, schicke Consumermarke gruppiert. Jede Marke, jedes

Unternehmen, das in irgendeiner Weise vernetzt ist, hat aber so etwas wie eine Community. Das sind nicht nur Fans, es können auch Kritiker sein. Es sind alle diejenigen, die sich in irgendeiner Weise an das betreffende Unternehmen, an die Marke, an den betreffenden Sender gebunden fühlen und sich auf ihn beziehen.

1.7   Akquisestrategie: Kundengewinnung in digitalen Zeiten

Der Kunde, der Konsument ebenso wie der B2B-Entscheider, von heute ist kritisch, wählerisch und zugleich andererseits immer schwerer zu erreichen sowie an eine Marke zu binden, je mehr das Grundrauschen zunimmt. Das Internet ist seine bevorzugte Informationsquelle, und das geht weit über die Nutzung von Google und anderen Suchmaschinen hinaus. Bewertungsplattformen, Kundenbewertungen in Onlineshops, Referenzen und Empfehlungen: Wer Entscheidungen über private Einkäufe ebenso wie über große Budgets in Unternehmen trifft, zieht zunächst ein riesiges Netzwerk zurate. Über die Kontakte von Kontakten von Kontakten ist hier für jedes Produkt, für jede Dienstleistung ein riesiger Pool mit Anwendererfahrung und Qualitätsprüfung in Sekundenschnelle verfügbar. Der Käufer oder Auftraggeber kommt mit einem Angebot in dem Moment in Kontakt, in dem er es benötigt, und wenn ihm genügend verlässliche Referenzen vorliegen, wird er nicht lange weitersuchen, um noch endlos zu vergleichen. Das haben ja viele andere bereits für ihn erledigt.

Für Sie als Anbieter bedeutet es: Wenn Sie es schaffen, im sogenannten *Zero Moment of Truth*[16] auf die passende Art und Weise mit den richtigen Botschaften ins Bewusstsein Ihres zukünftigen Auftraggebers zu treten, ist die Wahrscheinlichkeit groß, dass Sie ihn als Interessenten gewinnen. Doch dafür müssen Sie bereits lange vorgearbeitet haben. Sie müssen ihn zudem weiter an sich binden und überzeugen, bis er auf seiner eigenen *Customer Journey* so weit ist zu kaufen. Denn wie wahrscheinlich ist es, dass Sie einen potentiellen Kunden, der zuvor noch nie mit Ihnen Kontakt hatte, genau in dem Moment ansprechen, in dem er Ihr Produkt braucht?

> Wenn Sie es schaffen, im sogenannten Zero Moment of Truth mit den richtigen Botschaften ins Bewusstsein Ihres zukünftigen Auftraggebers zu treten, hat er schon so gut wie bei Ihnen gekauft.

Der klassische Vertrieb löst dieses Problem seit jeher mit seiner typischer Vorgehensweise: Er identifiziert eine möglichst große Zahl möglichst vielversprechender Leads und spricht diese in regelmäßigen Abständen an. Über genaue Qualifizierung versucht er, mit vertretbarem Aufwand den Augenblick zu treffen, der für eine Kaufentschei-

---

16   Vgl. https: https://www.thinkwithgoogle.com/marketing-resources/micro-moments/zero-moment-truth/

dung zu seinen Gunsten am besten ausfällt. Gute Vertriebler profitieren jedoch auch vom vertrauensvollen persönlichen Kontakt zu ihren Interessenten und Kunden. Stimmt die persönliche Chemie, steigt die Wahrscheinlichkeit, dass der Käufer von selbst anruft, wenn er etwas braucht, statt jedes Mal erneut Angebote von verschiedenen Wettbewerbern einzuholen. Mit dieser Art des persönlichen Kontaktes sind wir schon relativ nah an Mechanismen, wie sie auch in sozialen Netzwerken hervorragend funktionieren.

Das Gleiche gilt für das **klassische Empfehlungsmarketing**, übertragen auf das Web: Auch hier läuft es, vereinfacht ausgedrückt, über die persönliche Bindung an Vertrauenspersonen, die im Moment des Bedarfs und auf Nachfrage ein Angebot empfehlen. **Genau solche loyalen Empfehler zu gewinnen ist eines der Ziele von Unternehmenspräsenzen im Internet und der dafür entwickelten Contentstrategien.** Zudem erhalten die möglichen direkten Käufer hochwertige, interessante Inhalte, die sie unmittelbar weiterbringen. Im Bedarfsfall sind sie dann bereits überzeugt, dass der Urheber dieser Inhalte auch der richtige Anbieter im entsprechenden Segment ist.

> Der Kunde des digitalen Zeitalters bleibt kritisch. Wenn er irgendeine Empfehlung bekommt, erwartet er, dass die hohen Ansprüche, denen der Anbieter gerecht werden soll, sich auf allen Ebenen widerspiegeln.

Nehmen wir einmal ein praktisches Beispiel aus dem Alltag: Sie brauchen für eine bestimmte Problemstellung einen Rechtsanwalt. Sie fragen in Ihrem Netzwerk herum. Ein Mensch, den Sie persönlich kennen, empfiehlt Ihnen einen Anwalt, dem er selbst vertraut. Jetzt gibt es zwei Möglichkeiten: Entweder Ihr Geschäftspartner nennt Ihnen Namen und Ort eines Anwaltes. Was tun Sie dann? Genau: Der nächste Schritt führt Sie zu Google. Werden Sie dort nicht auf Anhieb fündig, ist die Wahrscheinlichkeit groß, dass Sie keine erheblichen Mühen auf sich nehmen, um den gesuchten Anwalt doch noch aufzuspüren. Ihre längst ausgebildete Internet-Intuition signalisiert Ihnen vielmehr bewusst oder unbewusst: »Wer hier schon unsichtbar ist, kann nicht so gut/so relevant/so etabliert sein wie der juristische Berater, den ich mir vorstelle.« Dabei wäre der Genannte vielleicht genau der Richtige für Sie. Trotzdem überzeugt er Sie bereits vor dem allerersten Kontakt vom Gegenteil. Gleiches gilt, wenn Sie bei der ersten Suche auf einen Drittanbieter-Eintrag stoßen, etwa einen Google-Maps-Eintrag, der nicht richtig gepflegt ist oder in dem sogar die negativen Bewertungen überwiegen. Unter Umständen weiß die betreffende Kanzlei noch nicht einmal, dass sie hier vertreten ist und hat daher auch keine Möglichkeit, einem schlechten Eindruck entge-genzuwirken.[17]

> Ist der aufgeklärte, kritische Kunde nicht auf Anhieb überzeugt, recherchiert er solange weiter, bis er das Optimum gefunden zu haben meint.

Etwas Ähnliches passiert, wenn Ihnen der Empfehler eine Internetadresse nennt, unter der Sie den gesuchten Anwalt finden. Höchstwahrscheinlich entscheidet näm-lich der allererste Eindruck darüber, ob Sie überhaupt in Betracht ziehen, ihn zu kon-taktieren, und zwar ganz unabhängig davon, wie gut der Rechtsberater tatsächlich ist. Erfüllt die Seite Ihre Erwartungen? Ist sie modern genug? Sieht sie hinreichend profes-sionell aus? Präsentiert sich die Kanzlei so, wie Sie sich Ihre Berater wünschen? Oder ist es umgekehrt? Haben Sie einen günstigen kleinen Anbieter erwartet und die Web-site signalisiert mit jedem Pixel: Etabliert, teuer, groß … – also nicht das, was Sie sich wünschen und was Ihr Bekannter Ihnen in Aussicht gestellt hat? Ein einziges Detail, ein flüchtiger Eindruck, der nicht stimmt, und schon sind Sie, der potentielle Mandant, wieder verschwunden. Sie haben ja genügend weitere Möglichkeiten, selbst weiterzu-suchen und andere zu fragen. Ihr erweitertes Netzwerk ist schließlich nur ein paar Klicks entfernt.

Ist der aufgeklärte, kritische Kunde nicht auf Anhieb überzeugt, recherchiert er solange weiter, bis er das Optimum gefunden zu haben meint. Ein objektives Optimum gibt es übrigens nicht, sondern es geht immer um angenommene Qualität. Allein des-wegen ist es ein Qualitätsanbieter sich selbst schuldig, sich sichtbar zu machen und sein eigenes Angebot gut darzustellen. Ansonsten überlässt er denjen gen das Feld, die besser in der Eigenwerbung als im eigentlichen Fach sind. Wie in alten Zeiten ist jedoch auch hier die Qualität der eigentlichen Leistung die beste Werbung, also der beste Garant dafür, dass andere das Produkt oder die Dienstleistung weiterempfeh-len. Der Kunde in digitalen Zeiten sagt es nämlich gerne weiter, wenn er zufrieden ist. Wie der klassische Kunde kommt er aber nicht immer ganz von selbst auf diese Idee. Auch das gehört also in eine umfassende Strategie der digitalen Kommunikation: zufriedene Bestandskunden als aktive Empfehler zu gewinnen und auf diese Weise die eigene Reputation und Reichweite zu steigern.

---

17   »Entgegenwirken« bedeutet an dieser Stelle übrigens selbstverständlich *nicht*, auf Bewertungen Einfluss zu nehmen oder positive Bewertungen gezielt zu lancieren. Es reicht oft schon, überhaupt Kunden, Man-danten oder Patienten auf die Möglichkeit der Bewertung aufmerksam zu machen. Wer unzufrieden ist, kommentiert oder bewertet meist deutlich bereitwilliger und ohne jede Aufforderung als ein zufriedener Kunde.

1.8   *Mobile:* Ist das Smartphone auch nur eine Übergangstechnologie?

Seit vielen Jahren lese ich in Prognosen zu den wichtigsten Entwicklungen der kommenden Zeit, dass die Zukunft »mobil« sei. Das stimmt auch immer, einfach weil die Nutzung mobiler Endgeräte stetig zunimmt und mit ihr die technischen Möglichkeiten der Geräte und der darauf abgestimmten Software und Plattformen. Doch letztendlich verändern sich nicht nur das Marketing und solche inhaltlichen Bereiche wie die Informationsrecherche, sondern die gesamte Computernutzung wird eine andere sein. Es ist dann nicht einmal mehr das Smartphone, das den Desktop ersetzt, aber immer noch per Browser und Apps auf das Internet zugreift. Das ist nur ein Aspekt von *mobile*, und höchstwahrscheinlich sogar einer, der irgendwann selbst an Bedeutung verlieren wird. Mit dem Internet der Dinge werden mobile Daten in allen Lebensbereichen mitbestimmend. BVDW-Präsident Matthias Ehrlich stellte bereits 2014 fest:

> »Entwicklungen wie das Internet der Dinge mit Wearables, d. h. internetfähigen Geräten wie Brillen, Armbanduhren, Kontaktlinsen etc., die direkt am Körper getragen werden, werden das Internet immer und überall verfügbar machen. Moderne Mähdrescher fahren heute mit der Rechnerleistung von acht Hochleistungscomputern an Bord und mobil vernetzt über die Felder. Mit dieser Ubiquität des Internets müssen Unternehmen lernen umzugehen. Dabei liegen die Schwierigkeiten weniger im Bereich der technologischen Vernetzung selbst. Viele Unternehmen stehen vor der Herausforderung, dass die mit der Vernetzung und Automatisierung verbundenen neuen Abläufe häufig Abteilungs- und Unternehmensgrenzen überschreiten sowie unterschiedliche Datenquellen nutzen, was so gut wie immer Prozessanpassungen und Weiterentwicklungen der Unternehmensstrukturen erfordert.«[18]

Heute ist der klassische Smartphone-Screen in vielen Bereichen bereits anderen Geräten gewichen. Sprachgesteuerte Assistenten wie Cortana, Siri, Alexa machen einen Blick auf den Monitor zumindest teilweise überflüssig. Augmented Reality verwandelt die Wahrnehmung unserer Realität. Virtual Reality verwandelt unser wahrgenommenes Umfeld. Was heute noch vergleichsweise künstlich und gerätebasiert wahrgenommen wird, wird schon bald nahtlos mit unserer direkten Wahrnehmung verschmelzen. Wir befinden uns gerade erst am Anfang von bahnbrechenden Entwicklungen, und es wird immer schwieriger, eine Kommunikationsstrategie dauerhaft auf eine bestimmte Anwendung oder Technologie auszurichten.

---

18   Ehrlich, Matthias: »In Zukunft ist mobil das Synonym für digital«, in: acquisa, 6. November 2014, https://www.haufe.de/marketing-vertrieb/online-marketing/in-zukunft-ist-mobil-das-synonym-fuer-digital_132_279934.html

1.9 Digitale Transformation: Der Wandel ist der neue Zustand

Wo die Reise hingeht, wie das Internet und wie soziale Netzwerke in einigen Jahren aussehen werden: Das kann niemand genau vorhersagen. Besonders deutlich wird mir das immer dann, wenn ich einen Vortrag über digitale Kommunikation, den ich erst wenige Wochen zuvor gehalten habe, für eine kommende Veranstaltung aufbereite. Zwar stimmen viele grundlegende Prinzipien größtenteils noch mit dem überein, was ich schön früher gesagt habe. Details jedoch verändern sich ständig. Was gestern funktioniert hat, geht heute schon ganz anders und wird morgen wieder neuen Regeln folgen. Die Suchmaschinenoptimierung etwa stößt mit jedem Google-Update einerseits an neue Grenzen und entdeckt andererseits neue Möglichkeiten. Dies ist übrigens einer der Gründe, warum dieses Buch keine Schritt-für-Schritt-Anleitungen oder technische Erläuterungen zu einzelnen Angeboten und Plattformen enthält. Bücher sind kein Medium mehr, um aktuelle Entwicklungen abzubilden, sondern um Grundlagen und Prinzipien zu vermitteln.

Ein anderes Beispiel, das zusehends an Brisanz gewinnt, ist die seit Jahren sinkende organische Reichweite von Facebook-Fanpages.[19] Hier haben Firmen oft jahrelang erheblich investiert, und plötzlich sieht ohne bezahlte Anzeigen kaum ein Fan noch irgendwelche Updates. Selbst mit bezahlter Promotion ist es fraglich, ob sich ein Unternehmen mit seinem Angebot noch durchsetzt. Was über einen langen Zeitraum »kostenlos« war (in Anführungsstrichen, weil jede Social-Media-Aktivität beträchtliche Kosten erzeugt, auch wenn die Plattformnutzung gratis ist), erfordert plötzlich erhebliche zusätzliche Budgets. Fachleute erstaunt das nicht. Denn erstens ist Facebook ein Unternehmen mit der Absicht, Gewinn zu erzielen. Zum anderen muss ein soziales Netzwerk, das auf Dauer für die Nutzer interessant bleiben will, dafür sorgen, dass nicht übermäßig viel Werbliches in die Timeline gespült wird. Andererseits gibt es andere Möglichkeiten, für Sichtbarkeit und Reichweite zu sorgen. Viele Unternehmen entdecken mehr und mehr die Möglichkeiten von Facebook-Gruppen, nicht nur in der Kommunikation mit Konsumenten.[20]

Prognosen über die weitere Entwicklung der sozialen Netzwerke gibt es indes viele. Eine mögliche Zukunft des sozialen Netzwerkens könnte in kleineren, deutlich stärker selektierten Gruppen liegen. Große Plattformen wie Facebook könnten in ihrer jetzigen Form – trotz sorgfältiger Selektion, wie im vorigen Absatz beschrieben – bald schon der Vergangenheit angehören:

---

19 Vgl. allfacebook.de: Auswertung: Organische Reichweite bei deutschen Facebook-Seiten bricht massiv ein, https://allfacebook.de/zahlen_fakten/organische-reichweite-bricht-ein
20 Vgl. Wie man Facebook-Gruppen erfolgreich in der B2B-Kommunikation einsetzt, https://www.kerstin-hoffmann.de/pr-doktor/facebook-gruppen-b2b-kommunikation/

»Die erste Social-Media-Generation propagierte die »soziale Vernetzung«, aber die nächste Generation von Internetnutzern, aufgewachsen mit permanenten Online-Verbindungen, wird sich die Flüchtigkeit von Inhalten und die Tendenz, sich im Digitalen zu kleineren Gruppierungen zusammenzuschließen, zu eigen machen. Diese Internetnutzer werden die großen sozialen Netzwerke verlassen und zu eher verstreuten mobilen Dörfern abwandern. Sie werden sich einem kleinen Kreis enger Freunde auf Instagram anschließen, sich mit einer Handvoll Follower auf Pinterest zusammentun, mit einer Freundin oder einem Mitschüler auf WhatsApp oder Snapchat Nachrichten austauschen oder die Anmeldungen eines Arbeitskollegen auf Foursquare verfolgen. Oder sie konstruieren die kommenden Internetplattformen und Apps, die es noch nicht gibt.

Jede dieser Internetplattformen wird ihre Nutzer haben, aber die jeweilige Nutzergemeinschaft wird anhand der Lebensqualität und nicht nach bloßen Zahlen beurteilt werden. Das große Datenaufkommen der *Big Data* wird nicht so viel Bedeutung haben wie kleinteilige Beziehungen. Medien und Inhalte werden weniger fragmentiert und zentralisiert sein, sondern nativer werden und angepasst an die einkanaligen Nischen-Apps, in denen sie erscheinen, sowie an die mobilen Nutzergruppen, auf die sie abzielen.

Sogar Facebook, die Großmarktkette der sozialen Vernetzung, hat die Problematik der Übersättigung mit Inhalten sowie die Tendenz zur Zerstreuung und zu mobilen Nutzergruppen (mobile tribes) erkannt.«[21]

Während also dennoch viele Experten versuchen, möglichst genaue Vorhersagen zur Entwicklung des Webs zu machen, scheint es mir so, als ob Entscheider nicht nur im Mittelstand nach wie vor darauf warten, dass sich im Digitalen endlich einmal ein stabiler Zustand manifestiert. Es scheint so, als würden sie erwarten, dass sich irgendwann ein Status etabliert hat, um dann erst zu überlegen, was zu tun ist. Dabei bestünde der erste Schritt in der Tat in der Erkenntnis, dass der Wandel der neue Zustand ist. Es ist also völlig vergebens, irgendeinen *Status Quo* abwarten zu wollen.

---

21   Beck, Matthew Bryan: The Future of Social Media Is Mobile Tribes, https://readwrite.com/2014/04/18/social-media-future-mobile-tribes
Originaltext: »The first generation of social media touted »networking«, but the next generation, raised in always-on connectivity, will embrace ephemerality and digital tribalism. Those users will abandon the major social networks and migrate to more granular mobile villages with simpler ecosystems. They will follow a small circle of close friends on Instagram, pin with a small handful of followers on Pinterest, message with a girlfriend or schoolmate on WhatsApp or Snapchat, or follow a co-worker‹s check-ins on Foursquare. Or, they will build the next platforms and apps that don‹t exist yet.
Every platform will be socialized, but every user base will be judged on quality of life, not sheer numbers. Big data will not matter as much as small relationships. Media and content will become less fragmented and centralized, more native and branded to the single-channel niche apps they appear in and the mobile tribes they appeal to.
Even Facebook, the big-box chain of social networking, realizes its problem of content oversaturation and the trend towards granularity and mobile tribes.« (Übersetzung aus dem Englischen von Peter Sass).

Das wäre übrigens ungefähr genauso, als wollte man mit dem Kauf eines Computers oder eines Smartphones so lange zögern, bis das ultimative Modell im Handel ist, das für die nächsten fünf Jahre ausreicht: Nur noch Weihnachten ausharren, danach werden die gleichen Modelle günstiger. Noch die nächste Messe, da gibt es garantiert Neuigkeiten. Hat nicht Apple in zwei Wochen eine Pressekonferenz, auf der ein neues iPad vorgestellt wird …?

Genauso sieht es in vielen Unternehmen in Bezug auf die digitale Kommunikation aus: »Lieber erst schauen, was der Wettbewerb vorlegt …« – »Nach der nächsten Messe haben wir endlich mehr Zeit …« – »Soll nicht Facebook in nächster Zeit sowieso ein neues Design bekommen, und wir lernen es besser danach gleich richtig …« – und so weiter und so fort. Auf diese Weise erreichen Sie in beiden Fällen nur eines: Sie warten zu lange, während Ihnen die Zeit davonläuft und Sie immer mehr den Anschluss verlieren, bis es zu spät ist; bis Sie Entwicklungen ausgesetzt sind, die andere aktiv mitbestimmen – und von denen Sie erst viel zu spät erfahren, weil Sie nicht einmal ein rudimentäres Monitoring etabliert haben.

Der beste Zeitpunkt, in den digitalen Wandel einzusteigen, ist schon seit längerer Zeit: allerspätestens jetzt. Noch haben Sie alle Chancen, sich am Markt und im Wettbewerb zu behaupten. Wenn Sie jetzt durchstarten, schaffen Sie es höchstwahrscheinlich sogar, etliche Mitbewerber abzuhängen. Denn ziemlich sicher haben viele Ihrer Wettbewerber es noch lange nicht verstanden und zeigen sich weiterhin ähnlich zögerlich, wie Sie es bisher waren.

1.10 *Big Data*: Ein Schlagwort wird dem Phänomen nicht gerecht

Big Data heißt eines *der* Schlagwörter in diesen digitalen Zeiten, aber wenn man genauer nachfragt, weiß fast niemand, was damit eigentlich gemeint ist beziehungsweise, was man damit anfangen soll. Zunächst einmal ist festzuhalten, dass fast alle Prozesse mittlerweile Unmengen von Daten produzieren. Softwarebestückte Geräte hinterlassen ebenso digitale Spuren wie jede unserer Aktivitäten in sozialen Netzwerken, Bestellvorgänge, Kartenzahlungen, Buchungen … Man könnte die Liste unendlich fortsetzen.

Ganz abgesehen von den immer größeren Speichervolumina, die benötigt werden: Die große Herausforderung besteht darin, diese Daten auszuwerten und zu nutzen. Je größer die Datenmengen werden, desto schwieriger gestaltet sich die Selektion zwischen wichtig und unwichtig. Tatsächlich haben nach wie vor die meisten Unternehmen überhaupt keine adäquaten Werkzeuge, um die erhobenen Daten für ihre Prozesse zu verwerten. Jeder Bereich pflegt sein eigenes Daten-Silo, ohne dass

Verbindungen untereinander bestünden. Das ist insofern fatal, als beispielsweise Entwicklungen und Käuferverhalten immer schwieriger voraussagbar sind und Märkte in allen Branchen immer volatiler werden. Unternehmen müssen viel kurzfristiger disponieren und viel schneller reagieren. Das können sie aber nur, wenn sie über relevante Informationen verfügen und zwar auf eine Weise, dass sich daraus Handlungsansätze ableiten lassen. Ich kann und will hier nicht in die Tiefen der Vertriebsplanung und der Prognosen einsteigen, sondern auch hier wieder auf den Bereich der Unternehmenskommunikation zurückkommen. In einer großen Zahl deutscher Unternehmen gibt es nach wie vor kein wirklich funktionierendes zentrales CRM-System, das alle verfügbaren Daten zusammenführt und es den verschiedenen Unternehmensbereichen erlaubt, sie für ihre eigenen Zwecke ebenso auszuwerten wie anzureichern. Besonders Letzteres ist nicht banal, denn bei jeglicher Datenspeicherung ist eine Vielzahl gesetzlicher Vorgaben zu beachten. Jede Datenbank ist also ein Balanceakt zwischen wirklich aussagekräftigen Kundenprofilen und solchen Profilen, die mit Informationen angereichert sind, die eine Firma gar nicht speichern darf – etwa persönliche Informationen über die Funktionsträger. Mit dem Inkrafttreten der Europäischen Datenschutz-Grundverordnung (DSGVO), beziehungsweise dem Ende der Übergangsfrist 2018, hat das Thema Datenschutz, Speicherung und Verwertung von Kundendaten noch einmal an Brisanz gewonnen.

Doch es fallen ja nicht nur beim direkten Kundenkontakt Daten an, die wertvolle Details für die Betrachtung von und zum weiteren Umgang mit den eigenen Kernzielgruppen liefern. Die Auswertung sozialer Signale sollte heute Bestandteil jeder Kommunikationsstrategie sein. Dazu gehören beispielsweise die Zugriffszahlen auf die unternehmenseigene Website, die bevorzugten Suchbegriffe, über die neue Besucher kommen, oder die Verteilung der Facebook-Fans einer Unternehmens-Fanpage. Marktforschung zum einen und Monitoring sowie Erfolgsmessung der eigenen Maßnahmen auf der anderen Seite: Viele Firmen arbeiten hier nach wie vor mit Vermutungen oder sind gleich in reinem Aktionismus unterwegs, ohne diesen mit Zahlen und qualitativen Bewertungen untermauern zu können. Tatsächlich gehören an den Beginn jeder Kommunikationsstrategie die Festlegung der KPI, eine Bestandsaufnahme sowie ein Konzept für die quantitative und qualitative Überwachung sowie Auswertung.

Marketingaktionen, die nicht auf einer sorgfältigen Evaluation beruhen, kosten viel Geld und bringen meistens wenig *Return on Investment – oder wenn, sind es allenfalls Zufallstreffer.* Es ist nicht so, dass es keine Tools und keine Dienstleister dafür gäbe. Doch selbst große Kommunikationsabteilungen verfügen oft nicht über das nötige Know-how, um die Spreu vom Weizen zu trennen. Da werden dann, wenn schon überhaupt endlich gemessen wird, Unsummen in schön aussehende Statistiken investiert. Da gibt es dann umfangreiche Auswertungen, die aus beliebigen Parametern hübsche Tortendiagramme zaubern. Doch echte Aussagekraft in Bezug auf den Erfolg der bisherigen und die Planung der weiteren Kommunikation ist da häufig Fehlanzeige.

Nach wie vor werden relevante Daten im Marketing viel zu selten systematisch zusammengeführt, und auch hier hat sich in den letzten Jahren wenig geändert. Mit der steigenden Zahl an möglichen Quellen und den gewachsenen Anforderungen an den Datenschutz scheint es mir, als hätte sich in vielen Unternehmen eher Rück- als Fortschritt eingestellt.

>>Zwar hat ein Großteil der befragten Marketer (79 Prozent) das Potential erkannt, doch es werden bei weitem nicht alle technischen Möglichkeiten ausgenutzt. Nur die Hälfte (52 Prozent) erstellt beispielsweise Kunden- und Datenprofile, um die Kundenbindung zu stärken. Zu viele zapfen außerdem nur einzelne Datenquellen an, anstatt mehrere Quellen heranzuziehen und die Erkenntnisse zu verknüpfen. 72 Prozent nutzen ausschließlich die Daten aus ihren CRM-Systemen, nicht einmal die Hälfte (44 Prozent) zieht Informationen aus Hotline-Gesprächen hinzu. Noch weniger kümmern sich um Social-Media-Kanäle (35 Prozent) oder das Warenwirtschaftssystem (28 Prozent). Mehr oder weniger ausgeblendet werden schließlich Location-Based-Services (15 Prozent) und Bewertungsplattformen (11 Prozent). […] Über die Hälfte der Befragten lässt sogenannte weiche Daten für die Erstellung individueller Kundenprofile links liegen. Darunter fallen beispielsweise Meinungen aus öffentlichen Foren oder Produktbewertungen. Informationen aus den Social Media wie Like-Angaben (12 Prozent), Posts (12 Prozent), Gruppenmitgliedschaften (8 Prozent) oder Freundeslisten (1 Prozent) bleiben weitgehend unberücksichtigt.<< [22]

Dabei können Daten ja weit mehr leisten als nur Aussagen über Konsumenten treffen. >>Wer an Daten spart, spart an Kommunikation, Fortschritt und Wachstum<<, meint der Rechtsanwalt Niko Härting anhand der aktuellen Datenschutz-Diskussion:

>>Ob Krebsregister, digitale Bibliotheken oder Klimadaten: Im Zeichen von *Big Data* ist es gerade die Datenfülle, die Chancen für Innovation, Fortschritt und Wachstum bietet. Ein Krebsregister darf nicht >>sparsam<< sein, wenn es um Daten geht. Im Gegenteil: Je größer die Datenbestände, desto verlässlicher das Register. Dasselbe gilt für intelligente Stromzähler und die Telematik: Je mehr Fahrzeug- und Standortdaten erfasst und verarbeitet werden, desto präziser wird die Verkehrssteuerung.<< [23]

---

22   Haufe Online Redaktion: Marketer bleiben bei Datennutzung weit hinter den Möglichkeiten, https://www.haufe.de/marketing-vertrieb/crm/big-data-marketer-bleiben-hinter-moeglichkeiten-zurueck_124_283432.html

23   Härting, Niko: Wer an Daten spart, spart an Kommunikation, Fortschritt und Wachstum, https://www.cr-online.de/blog/2014/01/28/wer-an-daten-spart-spart-an-kommunikation-fortschritt-und-wachstum/

1.11   Algorithmen: Entscheiden Maschinen über unser Leben?

Die Rechenformeln zur Auswertung der erhobenen Daten werden immer intelligenter. Per Wahrscheinlichkeitsrechnung sorgen sie für personalisierte Werbung ebenso wie sie neue technische Abläufe ermöglichen. Jeder, der schon einmal in sozialen Netzwerken unterwegs war, kennt den scheinbaren Spuk, dass ihm plötzlich Anzeigen aus ganz anderen Zusammenhängen angezeigt werden, und nicht jedem ist immer klar, welche Spuren er wo hinterlässt.

Ähnliches gilt für die Google-Algorithmen. Wer genügend in Google-Anzeigen investiert, schafft es unter bestimmten Umständen und oft sogar mit überschaubaren Kosten, die auch für kleine und mittlere Unternehmen tragbar sind, in der Sichtbarkeit ganz nach vorne. Doch darüber, welche Ergebnisse in der organischen Suche weit oben angezeigt werden, entscheiden unter anderem viele qualitative Kriterien. Die Suchmaschine wird also immer präziser so programmiert, dass sie – vereinfacht formuliert – »denkt« und selektiert wie ein Mensch und die für den spezifischen Suchenden interessantesten Ergebnisse auswirft. Dazu berücksichtigt Google nach Möglichkeit, für welche Seiten und Themen sich ein User zuvor bereits interessiert hat. Die Suchmaschine bewertet die Qualität jeder von ihr erfassten Website. Daher funktionieren Tricks aus den Anfangszeiten der Suchmaschinenoptimierung nicht mehr, wie etwa das Vollstopfen einer Seite mit immer demselben Stichwort. Google erkennt nicht nur, ob ein Begriff zu einem Thema auf der Seite und der Webpräsenz insgesamt passt. Es stellt auch fest, ob der Text in seiner Form und Wortwahl dem entspricht, was für einen Menschen gut lesbar ist, oder ob er eher darauf ausgelegt ist, Suchmaschinen anzulocken. Die Algorithmen können sogar ermitteln, ob etwa ein Artikel von Fachleuten geschrieben wurde, ob dieser sprachlich hochwertig ist, ob er sich in einem thematisch fokussierten Umfeld befindet. Google prüft die Vertrauenswürdigkeit einer Seite etwa in Bezug auf die Dateneingabe. Per Algorithmus wird nicht nur geprüft, wer auf eine Seite verweist und wer sie besucht, sondern auch, wie lange Besucher dort verweilen. Zu viel Werbung kann ebenfalls schädlich sein, weil sie den Lesefluss behindert. Ging es früher in der SEO darum, möglichst viele Links anzuhäufen, so befördert Google nunmehr Websites, die unter dem Verdacht stehen, solche Links unnatürlich erworben zu haben, ins digitale Abseits. Je mehr die Algorithmen von Google sich weiterentwickeln, desto weniger gelingt es, sie auszutricksen. Der einzig wirkungsvolle Weg, auf Dauer in Suchmaschinen gut dazustehen, scheint daher derjenige zu sein, den die Vertreter inhaltlich und formal hochwertiger Contentstrategien schon propagiert haben: Nutzwertige Inhalte für echte Leser zu schreiben. Voraussetzung ist allerdings zugleich, dass die Seite weitere technische und strukturelle Anforderungen erfüllt.

Auf das Thema Suchmaschinenoptimierung werde ich später noch einmal eingehen. An dieser Stelle ging es mir vor allem darum zu zeigen, wie weit Maschinen längst darin sind, menschliche Denk- und Entscheidungsprozesse nachzuahmen und zu beeinflussen. Wer aber entscheidet, was ich sehe und was nicht, der beeinflusst damit auch die Art und Weise, wie ich die Welt betrachte. Mein eigenes Suchverhalten und meine Interaktionen befeuern Algorithmen, die wiederum dafür sorgen, mit wem ich in Zukunft interagiere, was ich kaufe und so weiter und so fort.

1.12   Nachholbedarf: In jeder Branche gibt es schon digitale Meister

Wenn wir hier die These vertreten und aus vielen verschiedenen Perspektiven betrachten, dass in großen Teilen der deutschen Wirtschaft ein enormer Nachholbedarf besteht, muss zugleich eines klar sein: In jeder Branche gibt es bereits digitale Meister. Das »Internet der Dinge« ist nur ein Aspekt davon, aber ein wichtiger. International gibt es in allen Branchen bereits seit Jahren etliche digitale Meister, wie eine Studie von MIT Sloan/Cap Gemini[24] beweist. Naturgemäß liegt der Hightech-Bereich hier vorne, wird aber dicht gefolgt von den Banken. Weit abgeschlagen dagegen liegt die Industrie, die zusammen mit Pharma den größten Rückstand in Bezug auf digitale Meisterschaft aufweist, und dies hat sich auch bis 2018 nicht wesentlich geändert. Wenn aber viele rückständig sind, heißt das andererseits, dass ihnen die Vorreiter in einem Ausmaß davonziehen, das irgendwann nur noch schwer oder gar nicht einzuholen ist.

Doch selbst wenn nur ein Teil der anderen Anbieter in Ihrer Branche bereits auf dem Weg zur digitalen Meisterschaft ist: Gerade diese sind es, an denen sich die Rückständigeren orientieren sollten. Sie setzen den Maßstab, und sie behalten den Anschluss an internationale Entwicklungen. Wenn Sie selbst sich noch im Anfängerbereich bewegen, dann ist spätestens jetzt der Zeitpunkt gekommen, um aktiv zu werden. Das bringt zweifellos Investitionen mit sich, in allen Unternehmensbereichen. Ich muss diesen großen Themenbereich an dieser Stelle ansprechen, kann ihn aber nur annähernd ausloten. Im Folgenden geht es daher weiterhin um die verschiedenen Bereiche und Aspekte der Unternehmenskommunikation.

Lesetipp   !

Buxmann/Schmidt: Künstliche Intelligenz: Mit Algorithmen zum wirtschaftlichen Erfolg (Springer Gabler 2018).

---

24 Fitzgerald, Michael et al.: Embracing Digital Technology, PDF, https://www.capgemini-consulting.com/resource-file-access/resource/pdf/embracing_digital_technology_a_new_strategic_imperative.pdf

1.13   Typische Vorurteile: Wer hat Angst vorm bösen Web?

»Das Internet ist nur ein Hype.«, soll der Microsoft-Gründer Bill Gates noch 1995 gesagt haben. – Wenn ich mir so anhöre, was Entscheider und Unternehmenslenker am Rande meiner Vorträge zum Thema Social Media äußern oder selbst in Agenturen häufig an Urteilen über die digitale Kommunikation kursiert, dann habe ich das beklemmende Gefühl, dass sehr viele Menschen immer noch in den Denkweisen des ausgehenden 20. Jahrhunderts steckengeblieben sind. Einige Vorurteile habe ich im vorherigen Abschnitt bereits genannt. Dazu gehört die weitverbreitete Ansicht, Angebote wie Facebook oder Instagram seien ausschließlich eine Konsumenten-Plattformen, ebenso wie die Auffassung, Facebook sei als Marketingplattform generell nicht mehr geeignet, weil die Menschen in Scharen abwanderten. Es lohne sich nicht, in Social-Media-Kommunikation zu investieren, weil die eigenen Kunden dort sowieso nicht unterwegs seien. Es sei zudem viel zu gefährlich, in sozialen Netzwerken aktiv zu sein, weil man dann die Entwicklungen nicht mehr kontrollieren könne oder sogar »Shitstorms« gegen das eigene Unternehmen losbrechen könnten. – Als könne man eine Entwicklung verhindern, kontrollieren oder gar stoppen, indem man sie schlicht ignoriert!

Doch das andere Extrem der Vorurteile, der grenzenlose Glaube an Social Media als das eine und einzige Medium, das Erfolg verspricht, ohne Geld zu kosten, ist ebenso wenig zielführend. Auf beide Extreme werde ich in weiteren Kapiteln noch näher eingehen.

1.14   Technologiefeindlichkeit: Wenn der Chef kein digitales Vorbild ist

Ein neues, integriertes Kommunikationskonzept muss und kann nur von der Unternehmensleitung in die Organisation hineingetragen werden. Obgleich sich auch die Hierarchien im digitalen Zeitalter verändern müssen: Wenn die Führungsebene nicht hinter den neuen Kommunikationsformen steht und dafür sorgt, dass die Strategie durchgezogen wird, kann und wird diese nicht wirklich funktionieren. Doch die Realität in deutschen Unternehmen sieht oft noch anders aus. Selbst wenn es Social-Media-Aktivitäten gibt, weiß der Chef auch heute noch oft kaum, was diese bedeuten. Bloggende Vorstände, twitternde CEOs? Das ist vielfach noch immer die Ausnahme. Was hat schließlich der Geschäftsführer mit der PR am Hut? Das sollen gefälligst die Mitarbeiter erledigen. Während sich die Kommunikationsverantwortlichen in neue Fachbegriffe wie *Mobile*, *Responsive* oder *Usability* einarbeiten, besitzt der Chef zwar ein Smartphone und tauscht sich mit seiner Familie per Messenger, etwa WhatsApp, aus. Doch die Übertragung auf die Bedeutung für die professionelle Kommunikation bleibt aus. Ein Umdenken würde dann auch die Erkenntnis beinhalten, wie sehr der oder die Betreffende selbst längst von digitalen Prozessen beeinflusst ist. Vor allem aber könnte so die Erkenntnis reifen, dass in den heutigen Zeiten Kommunikation auf allen Ebenen stattfindet und jeder Unternehmensmitarbeiter eine Schnittstelle in die Außenwelt ist. Dazu gehört eben auch und gerade die Chefebene. Nehmen Geschäftsleitung und Kommunikationsfachleute keine Vorbildfunktion ein und überlassen es den Mitarbeitern selbst, wie sie für das Unternehmen in sozialen Netzwerken, Mikronetzwerken via Messenger und einer Teilöffentlichkeit präsent sind, verschenke sie ein großes Potential. Wie man stattdessen Mitarbeiterinnen und Mitarbeiter als Markenbotschafter aktiviert und dies in eine Kultur der selbstbestimmten Kommunikation einbindet, habe ich in meinem Buch »Lotsen in der Informationsflut« ausgeführt.[25]

Gefahrvoll für das Image eines Unternehmens ist jedoch auch die nächste Stufe: Der Vorstand verfolgt die Präsenzen der eigenen Firma. Er entdeckt auf der Facebook-Pinnwand der Firma einen negativen Kommentar. Aber er kann die Situation weder richtig einschätzen noch weiß er, wie damit umzugehen ist. Da sieht man dann in den PR-Abteilungen unglückliche Social-Media-Manager sitzen, die gezwungenermaßen eine negative Äußerung sofort löschen müssen und das, obgleich sie wissen, dass sie damit – und nur damit – genau das auslösen, was doch der Chef vermeiden wollte: eine Negativkampagne, einen Imageschaden, eine Empörungswelle. Da ist es dann der PR-Verantwortliche, der intern irgendwie zu erklären versucht, warum es nicht gelingen kann, über alle Social-Media-Kanäle eine weichgespülte, positive One-to-many-Kommunikation zu etablieren, in der es nur Beifall, aber keinen Gegenwind gibt.

Zeitgemäße Unternehmenskommunikation und deren Verantwortliche brauchen eine Führungsebene, die hinter dem Konzept steht; die sich dafür interessiert und nicht zuletzt auch bereit ist, Budgets bereitzustellen. Eine Firmenleitung, die auch versteht, was Kennzahlen bedeuten, und die nicht bei einem negativen Kommentar gleich die Facebook-Seite schließen lassen will, weil sie neulich in einem Publikumsmedium etwas über Shitstorms gelesen hat.[26]

1.15   Parallelwelten: Influencer und andere Erscheinungen

Mitten in dieser Transformation tun sich die unterschiedlichsten Parallelwelten auf, und oft weiß die eine kaum von der anderen. Während beispielsweise Unternehmen

25   Hoffmann, Kerstin: »Lotsen in der Informationsflut. Erfolgreiche Kommunikationsstrategien mit starken Markenbotschaftern aus dem Unternehmen« (Haufe 2017).
26   Eine Einordnung des Phänomens »Shitstorm« finden Sie hier: »Shitstorm und Krisen-PR 2019: Aktuelle Fragen & Antworten aus der Beratungspraxis – ein umfassender Ratgeber«, https://www.kerstin-hoffmann.de/pr-doktor/shitstorm-krisen-pr-vorbeugung-fragen-antworten-ratgeber/

sich tapfer über ein paar hundert Abrufe ihrer Ratgeber-Videos freuen, verzeichnen jugendliche YouTuber und Instagram-Stars viele Millionen Fans ihrer für erwachsene, professionelle Begriffe inhaltlich eher banal erscheinenden Videos. Rund um diese oft noch sehr jungen sogenannten »Influencer«[27] entwickelt sich eine ganze Industrie, denn Jugendliche schauen heute oft nicht mehr fern, sondern beobachten andere Jugendliche in ihrem Alltag, interessieren sich für deren Schmink- und Schlafgewohnheiten oder sehen ihnen beim »Gamen« zu. Die Vermarktung der Influencer hat sich längst zu einem eigenen Geschäftszweig entwickelt. Wer diese Szene nicht kennt, wird regelrecht perplex sein, mit welcher kalkulierenden Geschäftsmäßigkeit die oft noch sehr jungen Leute als Werbeträger an Unternehmen vermittelt werden, die diese Altersklasse als Zielgruppe ausgemacht haben.

Die sogenannten *Digital Natives* ticken völlig anders als selbst die sehr medienaffinen Mittdreißiger bis Mittfünfziger aus meinem beruflichen Umfeld. Sehr interessant und aufschlussreich sind für mich die Diskussionen mit den Studierenden im Rahmen der Seminare über PR, digitale Kommunikation und Onlinereputation, die ich an der Heinrich-Heine-Universität Düsseldorf halte. Die jungen Leute aus verschiedenen Studienfächern, meistens Anfang bis Mitte zwanzig, sind naturgemäß sehr souverän im Umgang mit Computern, Software und Smartphone. YouTube ersetzt auch für sie das Fernsehen. Dort suchen sie sich Informationen zusammen. Einzelne von ihnen haben beispielsweise auf Instagram fünfmal so viele Follower wie ich. Andererseits sind viele von ihnen etlichen technischen Neuerungen gegenüber viel weniger aufgeschlossen als ich. Ich erinnere mich an eine Diskussion über E-Books mit einer Gruppe von sechzehn Anfangs- bis Mittzwanzigern. Während ich mein Unverständnis darüber ausdrückte, dass viele meiner Generation sich diesem Medium völlig verweigern und den Wert des gedruckten Buches hochhielten, meinte ein Student: »Für Sie ist das alles faszinierend und neu. Wir sind damit groß geworden, für uns ist das gar nichts Besonderes. Wir verbinden eher mit Büchern aus Papier ganz besondere Erlebnisse.«

Disruptionen in alle Richtungen also: Während die einen sich den neuen Medien immer noch verweigern, kehren die nächsten Generationen schon wieder zu Traditionellem zurück, aber auch das wird sich wahrscheinlich in immer kürzeren Intervallen immer wieder ändern und damit weiterhin unberechenbar bleiben.

Ebenfalls im Gespräch mit meinen Studierenden stelle ich, wenn nicht repräsentativ, so doch signifikant, immer wieder fest, dass sie sich auf Facebook eher passiv verhalten. Wenn sie dort überhaupt noch aktiv sind, organisieren sie allenfalls per Mitgliedschaft in Gruppen ihr Studium. Doch oft geschieht auch dies mehr und mehr mittels

---

27   Zum Begriff des »Influencers«, vgl. Influencer, Markenbotschafter und Lotsen in der Informationsflut – ein Update, https://www.kerstin-hoffmann.de/pr-doktor/influencer-markenbotschafter-und-lotsen-in-der-informationsflut-ein-update/

Messengern. Die meisten von ihnen sind sehr vorsichtig darin, was sie selbst im Netz veröffentlichen. Sie konsumieren eher als dass sie publizieren. Sie tauschen sich eher in kleinen, privat organisierten Netzwerken aus. Instagram, und hier ganz besonders die Stories, sind für viele jüngere Leute ein selbstverständliches Medium des Austauschs mit anderen. Tinder spielt längst eine große Rolle bei der Partnersuche. Apps wie Jodel, bei Menschen über 40 oft gar nicht bekannt, sind in einer jüngeren Zielgruppe sehr verbreitet. Sie sind aber oft manchmal geradezu ängstlich darauf bedacht, im Social Web möglichst wenig sichtbar zu sein. Twitter, das von Social-Media-Profis immer ganz selbstverständlich als eine der größten Plattformen im Web gefeiert wird, hat selbst für die sehr medienaffinen unter meinen Studierenden kaum eine Bedeutung. Ihr Verhalten, sich eher in kleinen, geschlossenen Gruppen zu organisieren, spricht für die zuvor bereits angesprochene These, dass die Entwicklung hin zu den *Tribes* geht.

Was die professionelle Unternehmenskommunikation betrifft, so sind Blogs in diesem Zusammenhang für sie oft kaum ein Begriff. Dass ich mit ihnen jeweils immer ein Projektblog live einrichte und Unternehmensblogs analysiere, führt immer noch häufig zu großen Aha-Effekten. Zwar haben sie diese Firmen-Websites oft bereits wahrgenommen oder sogar Werbung von Marken auf YouTube gesehen. Aber selbst diejenigen, zu deren Studieninhalten Marketing gehört, haben sich meistens mit dem Thema Corporate Blogs im Marketing noch nicht auseinandergesetzt. Das Potential sozialer Netzwerke etwa für das eigene Personal Branding zu erkennen ist eher eine Errungenschaft von Professionals mittleren Alters als von *Digital Natives*.

Dies zeigt meines Erachtens vor allem drei entscheidende Dinge: Zum Ersten hat das Thema Contentstrategie und damit Corporate Blogging bisher kaum Einzug in die universitäre Ausbildung genommen. Hier sind vor allem die (Fach-)Hochschulen, die längst schon eigene Studiengänge dazu eingerichtet haben, weit vorne. Zum anderen beweisen solche Rückmeldungen eben einmal mehr, dass persönliche Medienkompetenz und professionelle Kommunikation zwei völlig verschiedene Paar Schuhe sind. Zum dritten zeigt es, dass die Generation mittleren Alters nicht einfach ihre Vorstellung von zeitgemäßem Digitalverhalten auf die kommenden Jahrgänge übertragen kann, sondern dass wir aufmerksam dafür bleiben müssen, wie wir in Zukunft die gewünschten Stakeholder überhaupt erreichen und mit ihnen in Austausch treten.

Solche Beobachtungen liefern einen kleinen Ausblick darauf, auf welche Veränderungen sich die Wirtschaft einstellen muss. Je nach Zielgruppe wird es also weiter die große Herausforderung bleiben, sich die richtigen Medien anzueignen und auf den Plattformen präsent zu sein, auf denen sich die eigenen Kunden bewegen.

1.16   *Digital Natives*: »Das sollen doch die jungen Leute machen!«

Es ist eine ebenso irrige wie hartnäckige Auffassung, dass derjenige, der ein Werkzeug technisch beherrscht, damit auch automatisch in einem bestimmten Fach professionelle Ergebnisse erzielen kann. Dennoch glauben immer noch viele Entscheider und selbst Kommunikationsfachleute, sie könnten ihre Kommunikation in sozialen Netzwerken den Praktikanten und Werkstudenten überlassen.

Natürlich ist es korrekt, dass derjenige, der ein Gerät oder eine Technologie in den Funktionen bereits beherrscht, sich auch leichter damit tut, diese einzusetzen, weil keine Berührungsängste vorhanden sind. Doch das eigentliche Handwerkszeug in der Unternehmenskommunikation ist nicht die technische Peripherie, also das Smartphone, das Tablet, der internetfähige Computer oder das Tool. Das erforderliche Handwerkszeug skaliert sich vielmehr über vier Ebenen.

Die oberste und wichtigste Ebene besteht aus den Kenntnissen über die Bereiche und Mechanismen der Unternehmenskommunikation. Auf der daruntergelegenen Ebene liegen die Kenntnisse über Bereiche und Medien, in denen die professionelle Unternehmenskommunikation stattfindet, und das Wissen um deren spezifische Gesetzmäßigkeiten und Anforderungen. Die nächste Ebene umfasst das eigentliche Handwerkszeug der jeweiligen Fachleute: Texten für die verschiedenen Medien und Genres, Gestaltung; aber eben auch Kenntnisse, welche Inhalte in welchen Medien am besten funktionieren. Erst darunter liegt die Ebene der technischen Hilfsmittel, der Tools, der Hardware und der Software.

Diese unterste Ebene bildet gleichwohl oft die eigentliche Einstiegshürde für erfolgreiche Kommunikation im digitalen Zeitalter. Das Tragische daran ist die Fehleinschätzung, man könne heute noch so etwas wie »klassische« Kommunikation betreiben, die sich vom Digitalen abgrenzt. Tatsächlich aber durchdringt das Digitale jede Form der Werbung, der PR und des Marketings, der externen Kommunikation ebenso wie der Abstimmung innerhalb der Unternehmen und Teams, eben weil sich die technischen Gegebenheiten verändert haben; nicht nur diejenigen, mit denen die Zielgruppe auf Inhalte zugreift, sondern insgesamt alle Werkzeuge.

> Das Digitale durchdringt jede Form der Werbung, der PR und des Marketings, der externen Kommunikation ebenso wie der Abstimmung innerhalb der Unternehmen und Teams, weil sich die technischen Hilfsmittel verändert haben.

Wenn wir uns dieses kleine Modell der vier Ebenen vor Augen halten, dann wird schnell klar, dass die Verweigerung der Social-Media-Kommunikation durch die digitalen Spätzünder im Grunde ein Problem in den Köpfen der Anwender (oder vielmehr der

Nicht-Anwender) ist. Eben weil sie so große Berührungsängste gegenüber neuen Geräten und neuer Software haben, sind sie nicht bereit und fähig, sich in neue Kommunikationsformen und geänderte Bedürfnisse der Zielgruppen hineinzudenken. Würden sie bereitwillig diese erste Hürde meistern – und erhielten sie darin zielführende Unterstützung –, dann wären die weiteren Schritte hin zu einer zeitgemäßen Unternehmenskommunikation in einer zunehmend vom Digitalen bestimmten Welt vergleichsweise gering. Denn die allgemein menschlichen Gegebenheiten und Gesetzmäßigkeiten zumindest haben sich, abgesehen von solchen Dingen wie erhöhter Reaktionsgeschwindigkeit und flacheren Kommunikationshierarchien, nicht grundlegend geändert. Wer weiß, wie Marketing funktioniert, der ist vergleichsweise schnell in der Lage, dieses Wissen auf weitere Medien und Plattformen zu übertragen. Wer den Vertrieb beherrscht, muss umdenken, was alte Kaltakquise- und *Push*-Strategien angeht, weil diese in sozialen Netzwerken nicht oder kaum funktionieren. Um das zu begreifen und umzusetzen, brauchen die Betreffenden aber zusätzlich zu ihren Fachkenntnissen in der Unternehmenskommunikation vor allem ihren gesunden Hausverstand. Je nach persönlichem Interesse und individuellen Gegebenheiten lernt ein erfahrener Marketer oder Vertriebler in wenigen Tagen, was er braucht, um sich in die Welt des sozialen Netzwerkens einzuarbeiten und seine bisherigen Kenntnisse zu nutzen, um auch dort eine professionelle Strategie zu entwickeln. Dass dazu Einarbeitungszeit ebenso wie persönliches Engagement erforderlich ist, um sich auch weiter auf dem Laufenden zu halten, versteht sich.

Umgekehrt jedoch: Ein *Digital Native*, der daran gewöhnt ist, mit seinem Smartphone seine gesamte persönliche Kommunikation und einen Großteil seiner Freizeitgestaltung zu organisieren, mag auf der Ebene der Technologie gegenüber seinen älteren Kollegen einen Anfangsvorsprung haben. Doch bereits dort, wo es um das Handwerkszeug der Werbung, der PR, des Marketings und des Vertriebs geht, kann ein Berufsanfänger erst in Jahren lernen, was der nicht-technikaffine, aber berufserfahrene Kollege aus langer Erfahrung beherrscht. Technisch zu wissen, wie man eine Statusmeldung auf Facebook postet, heißt eben keineswegs, dass jemand in der Lage wäre, dort mit den richtigen Botschaften die gewünschten Zielgruppen anzusprechen und zu aktivieren. Es bedeutet im Zweifel noch nicht einmal, dass der- oder diejenige in der Lage wäre, orthografisch fehlerfreie Sätze zu produzieren. Ich möchte damit alle diejenigen ermutigen, die in der Technik hohe Einstiegshürden vermuten. Die Lernkurven sind in der Regel steil, und Vorkenntnisse aus privater Nutzung etwa von Messengern sind ja mittlerweile bei fast jedem vorhanden.

Wer meint, er könne den digitalen Wandel in der Kommunikation herbeiführen, indem er so lange wartet, bis die junge »Generation Smartphone« soweit ist, der wird sehr schnell den Anschluss verlieren.

Insofern sollte spätestens an diesem Punkt klar sein, dass diejenigen, die den Bereich der digitalen Kommunikation künstlich aus dem gesamten Kommunikationsmix abtrennen und ihn unerfahrenen oder gar Nicht-Fachkräften anvertrauen, grob fahrlässig handeln. Wer so agiert, braucht nach dem *Return on Investment* von Social-Media-Kommunikation gar nicht erst zu fragen. Er kann schon froh sein, wenn er nicht mittelfristig einen großen Teil seiner Ressourcen in die Schadensbegrenzung investieren muss.

Wer aber meint, er könne den digitalen Wandel in der Kommunikation herbeiführen, indem er so lange wartet, bis die junge »Generation Smartphone« soweit ist, dass sie auf allen Ebenen professionelle Unternehmenskommunikation souverän und erfahren realisiert, unterliegt einem Irrtum. Zudem impliziert dies eine willkürliche Trennlinie zwischen den Generationen: Ihr zufolge gäbe es eine junge, generell technikaffine und mit sozialen Netzwerken vertraute Generation. Dieser gegenüber stehe eine ältere Generation, der digitale Technologien generell ein Rätsel sind. Das ist meiner Beobachtung nach keineswegs so. Tendenziell lässt sich sicherlich beobachten, dass eine größere Zahl junger Menschen ganz selbstverständlich mit dieser Technik aufwächst und sie so nutzt, als wäre sie schon immer dagewesen. Doch prinzipiell hat der digitale Reifegrad der Unternehmenskommunikation viel mehr mit der Unternehmenskultur und der Innovationsfähigkeit der Entscheiderebene zu tun als mit dem Alter der Mitarbeitenden.

Dazu gehört ganz wesentlich die mangelnde Bereitschaft von Mitarbeitern, aber auch von Firmenlenkern selbst, sich mit ihrem eigenen Gesicht in die Unternehmenskommunikation und in (branchen-)relevante Diskussionen einzubringen.

1.17   Protagonisten: Wenn Mitarbeiter sich im Web nicht zeigen wollen

Wenn ich in und mit Unternehmen Kommunikationsstrategien erarbeite, sind fast alle Beteiligten inspiriert von den vielen Möglichkeiten, mit denen es gelingen kann, Sichtbarkeit und Reichweite zu erzielen. Doch wenn es darum geht, namentlich hinter Beiträgen zu stehen oder sich in Social Media für das Unternehmen zu zeigen, lässt die Begeisterung zumindest bei einem Teil der Betreffenden deutlich nach. Zwar hat sich gerade in den vergangenen zwei Jahren insgesamt ein großes Bewusstsein dafür herausgebildet, dass Mitarbeiter zu den wichtigsten Markenbotschaftern gehören. Dennoch sind in sehr vielen Firmen immer noch Vorbehalte zu spüren. Da heißt es dann: »Unser Chef versteht das nicht. Der Prokurist will nicht in der Öffentlichkeit stehen. Und die Mitarbeiter aus dem Marketing dürfen nicht ohne einzelne Freigabe pro Veröffentlichung für die Firma sprechen.« Außerdem wollen sie ihr Gesicht ohnehin nicht hinhalten: Sie seien auf Facebook »privat«, und das wollten sie »nicht mit dem Beruflichen vermischen«. Daran scheitert die beste Strategie. Das führt dann dazu, dass externe Dienstleister erfundene Mitarbeiterprofile anlegen und sich niemand so recht mit der Kommunikation im eigenen Corporate Magazin identifizieren kann.

Social Media funktionieren aber nicht allein über gesichtslose Firmenaccounts, sondern über persönliche Kontakte und über Gesichter. Menschen wollen wissen, welche anderen Menschen hinter einer Marke, einer Dienstleistung, einem Produkt stehen. Wirklich gute digitale Vernetzung läuft über Protagonisten, die sich engagieren und sich, oft über Jahre, ein persönliches Netzwerk aufgebaut haben.[28] Nicht selten sind sie auf diese Weise, weit über ihre Position im Unternehmen hinaus, selbst schon zum Meinungsbildner geworden. Ein solcher »Influencer« ist für ein Unternehmen ein echter Glücksfall. Nicht jeder Unternehmensvertreter muss gleich zum Leuchtturm werden. Doch gute Vernetzung und persönliche Präsenz gehören eben in bestimmten Positionen seit jeher dazu. Aber im Web wird das Ganze irgendwie abstrakter und dadurch für viele Menschen zugleich bedrohlicher, und das bis heute – obgleich man ja eigentlich nicht mehr von »neuen« Medien sprechen kann. Jeder kann uns sehen, auf uns zugreifen, uns kontaktieren. Mehr noch: Unsere persönlichen Daten, unsere Bewegungen – virtuell wie räumlich – sind nachvollziehbar und lassen sich aufzeichnen. Sie werden gespeichert, aggregiert, ausgewertet und zu Zwecken genutzt, die uns oft nicht annähernd transparent sind. Und das, weil wir als Person gezwungen sein sollen, für unsere Firma persönlich im Netz präsent zu sein? Ist der Preis nicht zu hoch? Kann man das von uns verlangen?

›Denn das ist ja noch nicht alles: Soziale Netzwerke sind verführerisch. Während wir anfangs noch die rein professionelle Distanz wahren, lassen wir uns immer mehr hineinziehen in persönliche Dialoge. Irgendwann ist das erste private Bild gepostet. Für das Verkaufsziel der hinter uns stehenden professionellen Einheit (Unternehmen, Publikation, Presseabteilung …) ist das meistens wunderbar: Menschen interessieren sich mehr für Persönliches als für rein Sachliches. Sie vertrauen eher dreidimensionalen Personen als zweidimensionalen Icons. Doch irgendwann haben wir dann das Gefühl, wir würden ausgenutzt, ausgesaugt, ausgewertet, transparent. Uns bleiben keine Rückzugsorte mehr.

Gleichwohl muss in Unternehmen mehr denn je die Erkenntnis reifen, dass auch Unternehmenskommunikation stets und ausschließlich zwischen Menschen stattfindet. Nicht Unternehmen kaufen, sondern Entscheider *in* Unternehmen treffen Kaufentscheidungen. Nicht eine diffuse Konsumentenschar treibt die Umsätze eines Produktes in die Höhe, sondern es sind viele einzelne Menschen, die ein Produkt kaufen, weiterempfehlen – oder eben auch ablehnen. Die Kommunikation im Web lebt vom

---

28   Dieses Phänomen hat beispielsweise Robert Basic bereits 2011 in seinem Beitrag »Der persönliche Pressesprecher« beschrieben, https://www.robertbasic.de/2011/07/der-persoenliche-pressesprecher/

Austausch zwischen Menschen, von Gesichtern, von Personen, mit denen man interagieren und sich identifizieren kann. Daher braucht die Unternehmenskommunikation im digitalen Zeitalter Köpfe, Protagonisten, Gesprächspartner.

In Unternehmen sollte mehr denn je die Erkenntnis reifen, dass auch Unternehmenskommunikation stets und ausschließlich zwischen Menschen stattfindet.

Doch Unternehmen können ihre Mitarbeiter nicht zwingen, sich digital für sie zu engagieren. Ehe Angestellte bereit sind, sich für ihren Arbeitgeber zu zeigen, müssen sich jedoch meistens zuerst die Strukturen im Unternehmen ändern, ebenso die Verantwortlichkeiten und Freigabeprozesse. Es müssen klare Absprachen herrschen. Guidelines gehören dazu. Die Führungsebene muss den Mitarbeitern vertrauen, aber ihnen zugleich auch Rückendeckung geben. Es muss die Einsicht herrschen, dass Fehler passieren werden; Fehler, die man gemeinsam ausbügelt, und für die der Chef, wie es seine Aufgabe ist, als erster geradesteht.

1.18   Transparenz: Irgendwann kommt alles heraus

In digitalen Zeiten fällt es immer schwerer, Informationen unter Verschluss zu halten oder gar zu lügen. Wer transparent kommuniziert, fährt langfristig am besten. Überall dort, wo versucht wird zu vertuschen und zu verschleiern, aktiviert das erst recht andere, genauer hinzusehen. Künstliche Intelligenz ist mehr und mehr in der Lage, das Wahre vom Falschen zu trennen und Hinweise auf Ungereimtheiten zu liefern.[29] Innerhalb von Unternehmen funktionieren Abstimmungsprozesse und Informationsaustausch am besten dann, wenn größtmögliche Transparenz herrscht. Nun ist »Transparenz« ein dehnbarer Begriff, und es wäre allzu naiv anzunehmen, dass jemals Unternehmen nach außen oder nach innen immer alle Karten auf den Tisch legen würden. Es geht zudem auch nicht darum, Firmengeheimnisse zu veröffentlichen. Doch es muss klar sein, dass der Aufwand, etwas Unangenehmes dauerhaft unter Verschluss zu halten, für jeden, der irgendwie in der Öffentlichkeit steht, kontinuierlich ansteigt.

Kommunikationskrisen entstehen fast nie allein in den Medien, und der vielbeschworene Shitstorm ist zwar ein Social-Media-Phänomen, doch seine eigentlichen Ursachen liegen in der überwiegenden Zahl der Fälle woanders: in tatsächlichen Missständen in der Unternehmenspolitik, in unternehmerischen Fehlentscheidungen oder auch in Fehleinschätzungen der Zielgruppe.

---

29 Vgl. Liebich, Dirk: Künstliche Intelligenz und Machine Learning in Kommunikation, Marketing und Vertrieb, https://www.kerstin-hoffmann.de/pr-doktor/kuenstliche-intelligenz-machine-learning-marketing-kommunikation/

Der Unterschied zu vordigitalen Zeiten liegt aber eben darin, dass sich alles viel schneller und in viel größerem Ausmaß verbreitet und dass sich ein mal Gesagtes kaum je zurückholen lässt. Dass plötzlich Dinge hinterfragt und Quellen näher betrachtet werden, an die früher niemand dachte. Dass ein Einzelfall schnell Kreise zieht und eine große Welle entsteht, die andere mit sich reißt. Schützen kann sich niemand wirklich davor. Aber zurückholen lassen sich solche Entwicklungen nicht. Also müssen wir lernen, damit zu leben.

Die *Crowd*, der themenbasierte spontane Zusammenschluss von Usern mit einem gemeinsamen Thema oder einem gemeinsamen Interesse, hat eine ganz andere Wucht und ganz andere Recherche- und Publikationsmöglichkeiten als ein einzelner Journalist. Auch hier muss man jedoch sagen, dass das Phänomen nicht komplett neu ist. Man denke nur etwa an »Der Aufmacher«[30] von Günter Wallraff, in dem er 1977 interne Praktiken der BILD-Zeitung offenlegte und damit riesige Wellen erzeugte, und weitere Enthüllungsbücher desselben Journalisten – und das lange, bevor es Social Media gab. Doch sind dies immer nur Einzelaktionen mit hohem Öffentlichkeitswert. In der heutigen Zeit ist die Wahrscheinlichkeit, dass eine Interessengruppe nachhakt, weiter recherchiert und etwas schließlich öffentlich macht, ungleich größer. Der Rat aus Kommunikationssicht kann daher nur lauten:

> Wer Missstände im eigenen Unternehmen entdeckt, sollte zügig daran arbeiten diese zu beseitigen, und bis dahin alle Aktionen vermeiden, die direkt oder indirekt dazu herausfordern nachzuhaken.

Mehr denn je brauchen Firmen ein Konzept für die Krisenkommunikation, bevor es überhaupt zur Krise kommt. Nun bedrohen Kommunikationskrisen nicht jede Branche, nicht jede Firma gleichermaßen, aber potentiell gibt es für jedes Unternehmen mögliche Szenarien. Doch gerade in sensiblen Branchen dient eine umfassende und nachhaltige Contentstrategie auch dazu, die Informationshoheit über den eigenen Namen zu erlangen und dauerhaft zu behalten. Alleine dafür lohnt es sich, Plattformen zu etablieren, die im Ernstfall bereits eine hohe Reichweite besitzen. Sie erlauben es dann, eigene Botschaften und Standpunkte deutlich sichtbar den Fremdmeinungen gegenüberzustellen.

Natürlich hat jedes Unternehmen, jede Organisation nach wie vor geheim zu haltende und wirklich sensible Informationen. Doch die Selektion dieser besonders wertvollen Güter muss immer sorgfältiger erfolgen, weil der Aufwand, sie zu schützen, beständig steigt. Bei vielen Informationen lohnt es sich daher viel mehr, sie innerhalb eines durchdachten Konzeptes kontrolliert selbst zugänglich zu machen und damit

---

30   Wallraff, Günter: Der Aufmacher: Der Mann, der bei Bild Hans Esser war (KiWi 1977).

Umstände sowie Zeitpunkt der Veröffentlichung selbst zu bestimmen. Viele Fakten, die früher sensibel und geheim waren, wird man heute nicht mehr geheim halten können. Mitarbeiter, die mitreden und selbst, etwa über soziale Netzwerke, unzählige Schnittstellen zur Öffentlichkeit bilden, müssen daher anders eingebunden und informiert werden. Nichts ist dabei schädlicher als sogenannte Salamitaktiken, also die scheibchenweise Preisgabe von Fakten immer nur so weit, wie sie bereits herausgekommen sind.

Dies alles widerspricht aber nicht dem Sinn von Geheimhaltungsvereinbarungen zwischen Unternehmen und Mitarbeitern sowie weiteren Beteiligten. Selbstverständlich gibt es nach wie vor echte Firmengeheimnisse, etwa Patente oder Prozesse sowie strategisches Wissen. Aber wenn man einmal den Aufwand betrachtet, den es kostet, etwa so etwas wie das Geheimrezept von Coca-Cola zu schützen; wenn man andererseits beobachtet, zu welchen persönlichen Opfern sogenannte Whistleblower bereit sind, um von ihnen als Missstände empfundene Zustände über die digitalen Medien an die Öffentlichkeit zu bringen: Dann wird schnell klar, dass der Aufwand, den ein Unternehmen betreiben kann, um möglichst viel geheim zu halten, begrenzt ist. Es ist daher schon allein eine Frage der Ressourcen und der Wirtschaftlichkeit, sich genau zu überlegen, was man freigibt und was man weiterhin versucht zu schützen.

Ganz und gar überholt ist jedoch das unternehmerische Paradigma, dass möglichst alles Wissen, das in der Firma existiert, als eigenes Herrschaftswissen gehortet und verschlossen bleiben soll: »Wir geben möglichst wenig von unserem Wissen und unseren Fachinformationen heraus, um die Konkurrenz nicht damit zu füttern.« Alles, was einmal gewusst ist, wird früher oder später im Internet stehen. Die Frage ist – gerade wenn es um nützliche Dinge wie Fachwissen geht – nicht mehr, *ob* etwas öffentlich wird, sondern oft nur noch, *wer* es zuerst publiziert und es damit mit seinem eigenen Namen besetzt. Natürlich kann ein Konkurrent sich in Ihrem Unternehmensblog informieren und bedienen. Natürlich wissen Sie nicht, wie viel davon im direkten Kundenkontakt von Ihrem Mitbewerber als eigene Inhalte verkauft wird. Zudem riskiert jeder, der etwas freigibt, dass andere sich daran bedienen. Doch meistens überwiegt der eigene Nutzen dennoch. Zudem braucht ein Mitbewerber keine Online-Medien, um beispielsweise über einen Dritten ein ausführliches Angebot einzuholen sowie sich bei Printmedien, etwa Produktdatenblättern oder Prospekten, zu bedienen. Doch wenn Sie es zuerst publiziert haben, kann er es zumindest nicht mehr mit dem eigenen Namen besetzen. Dann kann es auch nicht passieren, dass jemand anderes es erstmals ins Netz stellt und behauptet, es handle sich um das eigene geistige Eigentum.

Ein Berater tut sicherlich besser daran, keine Konzepte oder ähnliche Inhalte öffentlich zugänglich hochzuladen, die er genau in dieser Form an Kunden verkaufen will. Doch kann er gleichwohl sehr viel von seinem Fachwissen preisgeben, weil niemand anders damit das Gleiche anbieten kann wie er selbst. Der Wissenschaftler und Philosoph Gunter Dueck hat dies in einem Interview sehr treffend auf den Punkt gebracht:

> »Ich kenne diese Diskussion, gerade unter Beratern. Sie haben Angst, nichts mehr zu sein, wenn sie ihre Folien, ihre Methoden oder Fragebögen für Statuserhebungen freigeben. Wer wirklich exzellent ist, hat doch über dieses reine »Wissen« noch eine Profi-Version zu liefern, oder? Vieles kommt mir so wie in manchen Gaststätten vor, in denen man Dosensuppen serviert. Das Wissen um solche Rezepte wird dann lieber nicht geteilt, klar. Ich möchte mich selbst bemühen, so gut das geht und so gut ich kann, auf meinen Gebieten quasi ein Sternekoch zu werden. […] Es gibt sehr viele Berater, die mit schnellen Ratschlägen kommen und behaupten, man könne alles lernen, wenn man für 1.000 Euro einen Kurs bei ihnen belegt – in zwei Tagen oder sogar in zwei Stunden. Viele Psychologen nehmen Geld für »Tests«, die sie selbst entworfen und am besten noch rechtlich geschützt haben. Die Fragen dürfen dann nur von Lizenznehmern gestellt werden, die natürlich auch eine Prüfung gegen Geld ablegten. Da wird oft ein Kult um geheimnisvolle Methoden getrieben, die nur entsprechend Geweihten bekannt sind. Manches erinnert an die Priesterkasten, die oft nicht viel mehr wussten als normale Menschen, aber auf Lateinisch. Wer aber Können als Leistung anbietet, kann das bloße Wissen gerne freigeben. Ein Drei-Sterne-Koch gibt Ihnen gerne das Rezept, na und? Entweder Sie üben dann auch ein paar Jahre, oder Sie bezahlen ihn wie zuvor für das Essen.«[31]

Das zu verschenken, was man weiß, um das zu verkaufen, was man kann, ist eines der am besten funktionierenden Prinzipien im Content-Marketing. Wie das im Einzelnen funktioniert, erfahren Sie in meinem Buch »Prinzip kostenlos«[32].

Wenn wir uns also mit den neuen Anforderungen an Transparenz in Unternehmen abgefunden haben, die uns zu immer größerer Offenheit zwingen, lassen Sie uns jetzt betrachten, wie wir das Ganze ins Positive wenden.

31   Gunter Dueck: »Der Menschheit etwas mitteilen, damit die Welt besser wird«, PR-Doktor, 30. August 2017, https://www.kerstin-hoffmann.de/pr-doktor/wissen-teilen-interview-gunter-dueck/

32   Hoffmann: »Prinzip kostenlos« (Wiley-VCH, 2. erweiterte und aktualisierte Auflage 2017).

1.19   Kommunikationsstrategie: Die richtigen Botschaften für die richtigen Empfänger

Die richtigen Empfänger im richtigen Moment erreichen und zugleich dafür sorgen, dass sich die eigenen Botschaften verbreiten: Das gelingt nur mit relevanten, nutzwertigen Inhalten. Diese entscheiden aber nicht allein über den Erfolg. Es kommt auch auf den Kontext an, auf die Vernetzung der Protagonisten, auf die Verbindung mit anderen. Irgendwo irgendwelche Inhalte an irgendwen hinauszusenden, sei der Content noch so hochwertig, durchdacht und gut formuliert: Das reicht einfach nicht aus. Wenn Inhalte so eingesetzt werden, dass sie auf die strategischen (Verkaufs-)Ziele des Publishers einzahlen, nennt man dies Content-Marketing. Klassische Anzeigenwerbung wird immer mehr abgelöst durch *Native Advertising*. Letzteres bedeutet, dass Unternehmen sich inhaltlich in Medien positionieren, mit gesponserten Beiträgen oder sogenannten Advertorials, statt Anzeigen zu schalten oder Banner einblenden zu lassen.

Content-Marketing mit für den Leser oder Zuschauer anwendbarem Fachwissen benötigt eine Contentstrategie, also eine Strategie innerhalb der übergeordneten Kommunikationsstrategie, die sich damit befasst, welche Inhalte in welcher Form auf welche Weise an welche Zielgruppen gebracht werden sollen. Im Zentrum einer solchen Contentstrategie sollte immer die eigene Plattform stehen, beispielsweise die Unternehmenswebsite. Die eigenen Inhalte sind das Entscheidende, doch sie sollten immer dort angebunden sein, wo der Anbieter die volle Kontrolle hat. Nicht nur deswegen, weil Inhalte einen beträchtlichen Wert darstellen, den es zu sichern gilt.[33]

Letztlich wollen Unternehmen über Touchpoints im Internet, aber auch in der physischen Welt, die eigenen Wunsch-Zielgruppen zu sich leiten – zum eigenen Angebot, zum eigenen Showroom, zur Buchung einer Dienstleistung, zum Kauf … Das virtuelle Abbild der Firma ist dabei die Website, und zwar nicht nur dann, wenn dort direkt Käufe getätigt werden, etwa in einem Shop. Auch das Corporate Blog oder Corporate Magazin gehört auf unternehmenseigenen Webspace. So bauen Sie die Informationshoheit über den eigenen Namen und für branchenrelevante Begriffe auf. So stellen Sie auch sicher, dass – wenn nach Ihnen, Ihrem Unternehmen oder einem bestimmten Angebot gesucht wird – eben Ihre Domain ganz oben in den Suchmaschinen auftaucht.

Wer als Unternehmen alle Aktivitäten ausschließlich beispielsweise auf Präsenzen in sozialen Netzwerken konzentriert, geht unter Umständen ein großes Risiko ein, sowohl wirtschaftlich, als auch was die erreichte Sichtbarkeit angeht. Letztlich ist es

---

33   Vgl. Hoffmann, Kerstin: Sichern Sie Ihre digitalen Unternehmenswerte!, https://www.kerstin-hoffmann.de/pr-doktor/2013/03/06/sichern-sie-ihre-digitalen-unternehmenswerte/

immer nur geliehener Platz. Nutzungsbestimmungen können sich wandeln. Funktionen, in die man viel Zeit und oft auch Geld investiert hat, können wegfallen. Was bisher kostenfrei war, kann plötzlich viel Geld kosten. Angebote können auch komplett schließen, so wie zuletzt beispielsweise das soziale Netzwerk Google+ in seiner bisherigen Form, das einmal als Facebook-Konkurrent angetreten ist. Die eigenen Seiten in externen Angeboten sind stets fremden Einflüssen unterworfen. Dies ist allerdings keineswegs ein Argument dafür, sich aus sozialen Netzwerken herauszuhalten oder dort nicht in hochwertige Inhalte sowie in den Austausch mit der Community zu investieren. Die Unternehmenswebsite als einziger echter Touchpoint, an dem sich Anbieter und Stakeholder begegnen, hat längst ausgedient. Soziale Netzwerke sind mehr als nur »Hilfsseiten«, um auf eigene Präsenzen zu lenken.

> Die eigenen Seiten in externen Angeboten sind immer nur geliehen und daher stets fremden Einflüssen unterworfen. Dies ist jedoch kein Argument *gegen* Social-Media-Aktivitäten, sondern *für* eine eigene Plattform als zentralen Content-Hub.

Zudem nützen die besten Inhalte nichts, wenn niemand davon erfährt. Deswegen gehört zu einer Contentstrategie immer auch eine Social-Media-Strategie. Erst wenn andere beginnen, Ihre Inhalte jeweils über deren eigene Kanäle zu verbreiten, werden Sie mit Ihren Inhalten sichtbar. *Conversion* auf eigene Seiten und Angebote werden Sie jedoch nur erreichen, Gewinne nur dann erzielen, wenn es gelingt, die richtigen Empfehler zu aktivieren und darüber die richtigen weiteren Empfänger zu erreichen. Deswegen gehört zu jeder Contentstrategie eine umfassende Zielgruppenanalyse, deswegen ist Marktforschung auch hier unverzichtbar. Längst ist der direkte Austausch mit der Community ebenso wie die Auswertung sozialer Signale anhand zuvor definierter KPI ein entscheidender Teil dieser Marktforschung.

Kritiker merken oft an, Content-Marketing sei einfach nur alter Wein in neuen Schläuchen. Tatsächlich habe es schon immer gegeben, was heute neudeutsch beispielsweise mit Content-Marketing, Contentstrategie oder Storytelling bezeichnet wird; nur eben nicht in digitalen Medien. Allerdings ist das, was heute vielfach als Content-Marketing bezeichnet wird, auch einfach nur der halbherzige Versuch, alte analoge Prinzipien ohne jede Veränderung in das Digitale zu übertragen. Dann zu behaupten, dies stelle nichts Neues dar, geht also am Thema vorbei. Wir brauchen also altbewährte Kerntugenden, dürfen das klassische Handwerkszeug nicht vergessen, müssen uns aber mit neuen Technologien und Plattformen sowie deren Funktionsweisen auseinandersetzen. Wir müssen lernen, anders zu kommunizieren, ohne dabei den gesunden Menschenverstand abzulegen. Erfolgreicher Content in digitalen Zeiten erfüllt laut Michael Andrews folgende Kriterien:

»Es geht um Content:
- der von einer Marke entwickelt und »geowned« wird,

- dessen Nutzung unterhaltsam ist, weil er bedeutsam ist oder Spaß bereitet
- und auf eine langfristige Kundenbeziehung ausgelegt ist
- mit Communities von Menschen mit ähnlichen Interessen, Lebenszielen oder Motivationen,
- die von dem Content angezogen werden (aber nicht notwendigerweise »darauf angewiesen« sind),
- weil er nachhaltig und über eine lange Zeit ihre Interessen anspricht,
- ohne dabei vordergründig auf eine von der Marke erwünschte Transaktion abzuzielen
- und die Kunden einer Marke sein möchten, die ihre Werte teilt und ihre Bedürfnisse versteht,
- was wiederum ein ROI-Potential auf lange Sicht schafft – in Form wertvoller Informationen und Insights für Research und Brand Building durch Interaktion.«[34]

Wir müssen uns aber ebenso klarmachen, dass dabei weitere, ebenfalls relativ neue Aspekte ins Spiel kommen.

1.20   *Owned, Earned, Paid Media*: Nichts ist umsonst

Es sieht so aus, als wären die großen Verlierer der digitalen Kommunikation die Anzeigenabteilungen der großen Medien und überhaupt alle diejenigen, die bisher ihren Lebensunterhalt mit klassischer, bezahlter Werbung bestritten haben. Allenthalben schließen Zeitungsredaktionen, weil die bezahlte Werbung das Redaktionelle nicht mehr finanziert. Die Werbebranche ergeht sich in tapferen Beschwörungen, »warum klassische Werbung noch lange nicht am Ende ist«.[35] Dem gegenüber stehen die Vertreter eines kompletten Umdenkens, bei dem die immer noch so genannten »klassischen« Formen – wobei das Digitale ja nun wirklich nicht mehr neu ist– überhaupt keine Rolle mehr spielen. Doch oft entsteht in diesem Zusammenhang die irrige Annahme, dass neue Formen, Zielgruppen zu erreichen und für ein Unternehmen oder ein Produkt zu werben, nichts mehr kosten würden. Oder dass die Werbung komplett im Content-Marketing aufginge. Auch das ist nicht korrekt. Werbung nach wie vor ihre Berechtigung, ist aber vom Content-Marketing klar abzugrenzen. Die jeweiligen Begrifflichkeiten leisten allerdings einigen Fehlannahmen Vorschub, daher möchte

---

34   Übersetzung eines Textes von Michael Andrews, zitiert nach: Berens: Warum Content Marketing Hype, aber noch nicht Realität ist, https://stories4brands.com/2014/02/12/warum-content-marketing-hype-aber-noch-nicht-realitat-ist/

35   Vgl. Wagner, Thomas: Warum klassische Werbung noch lange nicht am Ende ist, https://www.wuv.de/medien/warum_klassische_werbung_noch_lange_nicht_am_ende_ist

ich hier kurz etwas zur Begriffsklärung und zu den dahinterstehenden Konzepten sagen.

In der (digitalen) Kommunikation unterscheiden wir im Wesentlichen zwischen *Paid Media, Earned Media* und *Owned Media*. Die Bezeichnungen gründen auf eine Publikation der Marketingabteilung von Nokia aus dem Jahr 2009.[36] Inzwischen spricht man oft allerdings statt von – wie hier verwendet – »Bought« (gekauft) auch von »Paid« (bezahlt) Media; gemeint ist aber das Gleiche. *Paid Media* bezeichnet alle diejenigen Medien- und Werbeformen, für die bezahlt wird. Dazu gehören beispielsweise Anzeigenwerbung, Schaltungen von Werbespots oder Werbebanner, aber auch *Native Advertising*. *Earned Media* sind solche Medien beziehungsweise Veröffentlichungen, die nicht im direkten Auftrag eines Unternehmens erfolgen. Dazu zählen Presseberichte, nicht bezahlte (»gesponserte«) Blogbeiträge oder eben auch kürzere Formen wie Statusmeldungen oder Tweets über eine Marke beziehungsweise Verlinkungen zu deren eigenen Inhalten. *Owned Media* schließlich umfasst den gesamten Bereich der Unternehmensinhalte, also alle Plattformen und Publikationen, die das Unternehmen selbst betreibt und mit Inhalten versieht. Dies umfasst auch die Inhalte in Profilen und Seiten auf Plattformen von Drittanbietern wie Twitter oder Facebook, soweit sie direkt vom Unternehmen betrieben und kontrolliert sind.

Was in diesem Zusammenhang entscheidend ist: Die Begriffe legen nahe, dass nur für *Paid Media* bezahlt würde. *Earned* dagegen klingt so, als würde man gratis etwas erhalten. Für »Owned« – das Eigene – schließlich muss man ja auch kein Geld bezahlen, oder? Das ist nicht so. Digitale Kommunikation auf eigenen Plattformen erzeugt lediglich anderswo Kosten als beispielsweise eine Werbekampagne. Doch selbst bei Letzterer fallen die Ausgaben nicht allein für die Anzeigenschaltung an, sondern ein großer Posten entfällt auf die Konzeption, Gestaltung, Produktion sowie auf Prozesskosten. Genauso ist es mit eigenen Medien: Publikationen erfordern entsprechende Ressourcen. Es sind Tools, Technik und kreative Arbeiten zu bezahlen. *Earned Media* schließlich, die Berichte und Verlinkungen anderer, können nur dort entstehen, wo ein Unternehmen bereits beträchtlichen Kommunikationsaufwand mit den richtigen Inhalten und erkennbarem Empfängernutzen betrieben hat.

Insofern lassen sich aus der Unterscheidung zwischen den drei Formen keine direkten Rückschlüsse auf den erforderlichen Aufwand und die damit verbundenen tatsächlichen Kosten ziehen. Diese Erkenntnis ist insofern von Bedeutung, als sie von vornherein mit dem gern häufig gehörten Vorurteil aufräumt, digitale Kommunikation wäre insgesamt vor allem kostensparend. Richtig ist: Das, was vielerorts noch als »klassi-

---

36   Vgl. Goodall, Daniel: Owned, bought and earned media, https://danielgoodall.wordpress.com/2009/03/02/ owned-bought-and-earned-media/

sche« Kommunikation angepriesen wird, verliert zunehmend an Bedeutung. Alle diesbezüglichen Untersuchungen scheinen zu belegen, dass *Earned Media* immer noch weiter an Bedeutung gewinnt.[37]

Aus der Unterscheidung zwischen *Owned*, *Earned* und *Paid* lassen sich keine direkten Rückschlüsse auf den erforderlichen Aufwand und die damit verbundenen Kosten ziehen.

Doch zunächst einmal trägt die Umstellung auf digitale Medien nicht zur Kostenreduzierung bei, sondern verlangt zumindest in der Umstellungs- und Umschichtungsphase zusätzliche Ressourcen und fordert allen Beteiligten einiges ab. Wenn diese Umstellung allerdings gelingt, dann steht mit digitaler Kommunikation mehr denn je zuvor ein sehr flexibler und sehr wirkungsvoller Werkzeugkasten zur Verfügung. Dazu muss allerdings das Handwerkszeug beherrscht sein.

1.21   Klassische Werbung: Steht sie vor dem Aus?

Jetzt könnte man anhand des zuvor Beschriebenen annehmen, dass die Werbung, die seit jeher eine eigene Disziplin war und bereits so hieß, bevor sie sich etwa vom Content-Marketing abgrenzen musste, vor dem Aus stünde. Dem ist natürlich nicht so, nur sind zu Print oder Plakaten weitere Formen hinzugekommen, beispielsweise Anzeigen in sozialen Netzwerken. Wie es in fünf, in zehn oder gar in zwanzig Jahren aussehen wird, kann natürlich niemand vorhersagen. Doch sicher ist, dass sich die verschiedenen Medien und Formen immer mehr miteinander verbinden werden und müssen. Kein Unternehmen kann mehr »nur Print« machen, und es empfiehlt sich, die verschiedenen Disziplinen miteinander zu vernetzen, statt mit dem Digitalen ein weiteres sogenanntes Silo aufzumachen. Erfolgreiche Werbe- oder Imagekampagnen sind heute bereits eng mit Contentstrategien verknüpft. Sie finden auch in sozialen Netzwerken statt. Ein gutes Beispiel dafür aus jüngerer Zeit ist etwa die sehr erfolgreiche Kampagne #weilwirdichlieben der Berliner Verkehrsbetriebe[38], die sehr stark auf User Generated Content in sozialen Netzwerken setzt, sich aber zugleich aller Mittel der klassischen Werbung bedient. Dazu gehören beispielsweise Plakate oder Fernsehspots. »Digital« bedeutet dabei eben nicht, Print einfach abzuschaffen oder keine Werbung mehr zu schalten, sondern alle Medien zu integrieren. Content-Marketing ist keine Werbung, aber man kann Content-Marketing mit klassischer Werbung unterstützen. *Native Advertising*, Facebook-Anzeigen, gesponserte Twitter-Nachrichten:

37   Diese These belegt beispielsweise eine Studie von Brandwatch, die sich mit dem Verhältnis zwischen *Earned* und *Owned Media* in den führenden deutschen Agenturen auseinandersetzt: Brandwatch Report. Update Agenturen im Social Web /2014. Wie sichtbar sind deutsche Agenturen im Social Web?, PDF, https://www.brandwatch.com/de/wp-content/uploads/2014/12/Brandwatch-Agenturreport-2014-Update.pdf
38   https://www.bvg.de/weilwirdichlieben

Alles dies zählt heute zur Werbung, und es ist in der professionellen Kommunikation unerlässlich. Als Unternehmen, zumal als größere Marke, auf jegliche Unterstützung durch Werbung zu verzichten, wäre der sichere Weg in die Unsichtbarkeit.

Doch die Werbung folgt heute eben anderen Gesetzmäßigkeiten beziehungsweise muss zusätzliche Aspekte berücksichtigen und braucht zusätzliches Handwerkszeug. Die einzelnen Bereiche rücken näher aneinander. Deswegen sind mehr denn je integrierte Strategien gefragt. Anzeigen müssen über alle Medien hinweg koordiniert werden. *Social Ads* und Banner sollten mit dem Suchmaschinen-Marketing, der Online-PR und dem *Community Building* verknüpft und mit diesem gemeinsam überwacht und in ihrem Erfolg gemessen werden. Dennoch herrscht in vielen Unternehmen immer noch ein Inseldenken der einzelnen Abteilungen vor. Da pflegt der Vertrieb seine eigenen Landingpages, als habe er mit der übergeordneten Contentstrategie gar nichts am Hut. Da sendet die Presseabteilung anspruchsvoll getextete Mitteilungen in die Welt hinaus, ohne sich über suchmaschinenoptimierte Formulierungen oder *Duplicate Content* Gedanken zu machen. Dabei ist es jedoch unverhältnismäßig teuer, Inhalte nur einmal zu verwenden, sich über deren suchmaschinentechnische Relevanz keine Gedanken zu machen und die allgemeine Sichtbarkeit völlig zu vernachlässigen. Dabei wäre es so einfach, wenn sich mit dem digitalen Wandel das Bewusstsein dafür wandeln würde, wie sehr alle Bereiche der integrierten Kommunikation voneinander abhängen – und wie einfach es wäre, effiziente Abläufe und sich selbst verstärkende Mechanismen zu schaffen, wenn alle an einem Strang zögen.

Daher kann man Kampagnen im Social Web nicht einfach an eine Digitalagentur outsourcen, ohne sie mit der integrierten Gesamtstrategie zu verknüpfen. Man kann nicht (Marken) führen, wenn man nicht alle Bereiche kennt und beurteilen kann.

Die immer engere Verbindung von *Earned*, *Owned* und *Paid Media*, die wir im vorigen Abschnitt besprochen haben, führt dazu, dass auch im Agenturbereich die Trennung zwischen PR-, Werbe- und Digitalagenturen immer weniger relevant ist. »Full Service« heißt längst zugleich auch »digital«; wie ja auch Digitalagenturen etwas von PR und Werbung verstehen müssen, um ihre Dienstleitungen anzubieten.

1.22   Suchmaschinenoptimierung: Worauf kommt es an?

»Unsere Kunden kommen nicht über Google zu uns, sondern allein durch Empfehlungen sowie über unsere eigenen Vertriebsaktivitäten.« Mit solchen und ähnlichen Argumenten verwerfen Entscheider bis heute Vorschläge für eine Content-Marketing-Strategie in Bezug auf bessere Positionierung in den Suchmaschinen. Doch stellen Sie sich bitte einmal vor, Sie würden nach dem Marktführer in einem spezialisierten Segment googeln, aber der Link zu dessen Website erscheint erst sehr weit hinten in den Suchergebnissen, oder Sie landen über ein Ergebnis auf irgendeiner anderen als der gewünschten Seite. Dies wirft kein gutes Licht auf das betreffende Unternehmen. Ganz zu schweigen davon, dass Sie auch einfach mal per Google mit relevanten Begriffen überprüfen, wer denn in diesem Bereich vorne mitspielt. Auf Seite 3 fortfolgende bei den Google-Suchergebnissen schaut kaum noch jemand. Ihre Content-Werte und alle Hinweise auf Ihr Unternehmen bleiben auf diese Weise also unentdeckt, wenn Sie nicht aktiv etwas für eine gute Platzierung tun, und dafür brauchen Sie Inhalte zu den richtigen Suchbegriffen. Wenn Sie also in Ihrer Branche vorne mitspielen wollen, bleibt Ihnen folglich gar nichts anderes übrig, als etwas für die Suchmaschinenoptimierung Ihrer Websites zu unternehmen.

Viele Unternehmen besitzen nicht einmal die Informationshoheit über den eigenen Namen.

Im Übrigen können viele Marken selbst heute noch froh sein, wenn sie lediglich daran arbeiten müssen, die Informationshoheit über relevante Themen und Fachbegriffe zu erlangen. Viele Unternehmen besitzen nicht einmal die Informationshoheit über den eigenen Namen. Bei manchem muss erst die bittere Erkenntnis reifen, dass jeder, der nach ihm googelt, erst einmal eine Reihe irrelevanter oder gar schädlicher Einträge findet. Oft erst nach einer solchen erschreckenden Erkenntnis sind Unternehmer bereit, in die Suchmaschinenoptimierung zu investieren. Drei Beispiele aus meiner eigenen Beratungserfahrung: Eine Kundin hatte sich eine mächtige Lobby zum Gegner gemacht, und diese war offenbar mit einem sehr ausdauernden, sehr gut eingeführten Wikipedia-Autor verbunden. Jedenfalls blieben alle ihre Versuche, den schädlichen, weil aus ihrer eigenen Sicht diffamierenden Wikipedia-Eintrag zu ihrer Person dauerhaft ändern zu lassen, fruchtlos. In diesem Fall waren Inhalte, etwa zu Ausbildung und Werdegang, nachweislich falsch, aber dennoch nicht aus der Welt zu schaffen. Umso wichtiger war es, mit eigenen Präsenzen und korrekten Informationen das öffentliche Bild gut sichtbar und auffindbar zu korrigieren – und nicht weit abgeschlagen hinter der Wikipedia-Fundstelle erst auf folgenden Suchmaschinen-Ergebnisseiten aufzutauchen.

Ein anderer Kunde, Geschäftsführer eines mittelständischen Unternehmens, mit dem ich bereits seit einiger Zeit arbeitete und der bisher ein Corporate Blog als zu kosten- und zeitintensiv abgelehnt hatte, kam eines Tages zu mir mit dem bestürzten Ausruf: »Ich bin jetzt mehrfach dazu angesprochen worden, dass jeder, der meinen Namen bei Google eingibt, zuerst eine Todesanzeige mit meinem Namen findet. Können wir das bitte ganz schnell bei Google entfernen lassen?« – Ich brauchte einige Zeit, um ihm zu erklären, dass man bei Suchmaschinen nicht so einfach etwas entfernen lassen kann, sondern dass diese schlicht und einfach relevante Einträge als Erstes zeigen. Ohne Zweifel war die Plattform, auf der sich die Anzeige befand, besser aufgestellt als seine eigene; allein schon deswegen, weil sie regelmäßig inhaltlich aktualisiert und ergänzt wurde. Plötzlich wandelte sich die Sichtweise dieses Kunden auf eine eigene redaktionelle Plattform, auf der sein Name und seine Kernbegriffe regelmäßig wiederkehren. Heute bloggt er gerne und häufig, und niemand anders seines Namens ist noch auf Seite eins der Google-Ergebnisse zu finden; weder in Anzeigen noch mit irgendetwas Anderem.

Das dritte Beispiel ist eines, indem sich Vorarbeit als sehr hilfreich erwies: Ein Kunde geriet unversehens in eine Kommunikationskrise, in der sehr viel über ihn berichtet wurde, aber naturgemäß nicht immer in seinem eigenen Sinne. Er hatte jedoch bereits jahrelang in die Inhalte auf seinen Seiten sowie in verschiedene Firmenaccounts in sozialen Netzwerken investiert. Jetzt reagierte er schnell, informierte umfassend im eigenen Blog und auf der Startseite der Unternehmenswebsite. Über soziale Netzwerke machte er zusätzlich auf diese Informationen aufmerksam und stellte sich kritischen Nachfragen. Auf diese Weise gelang es ihm zu erreichen, dass jeder, der in dieser Zeit nach dem Unternehmen und nach dem konkreten Anlass googelte, zunächst zu dessen eigenen Seiten gelangte. Dort konnte er im Rahmen seiner Krisenkommunikation umfassend und sachlich informieren. Nachdem die Krise ausgestanden war, lief die redaktionelle Arbeit natürlich weiter, und auf diese Weise wanderte auch auf den eigenen Seiten sowie den dazugehörigen Suchmaschinenergebnissen das eher unerfreuliche Ereignis nach hinten.

Diese drei Beispiele allein enthalten meiner Ansicht nach schon genügend Argumente, dafür zu sorgen, dass aktueller, umfassender eigener Content mit dem eigenen (Firmen-)Namen bei Google ganz oben auftaucht. Das ist zu schaffen, aber nicht an einem Tag und auch nicht mit einer einmaligen Maßnahme; schon gar nicht mit veralteten Methoden wie Linkkauf und Linktausch, die Google unter bestimmten Voraussetzungen sogar abstraft, etwa wenn die Links von schlecht bewerteten Seiten kommen, die manche Anbieter dennoch immer noch für viel Geld verkaufen.

Lange galt auch die Aussage, dass soziale Signale, also Links aus sozialen Netzwerken, die wertvollsten Links für vordere Positionen in Suchmaschinen seien. Möglicherweise ist es aber genau andersherum: Guter Content, der suchmaschinenoptimiert ist und viele Zugriffe sowie Verlinkungen erzielt, verbreitet sich auch über soziale Netzwerke besser. Die sozialen Signale wären also damit Indikatoren und nicht Ursachen der guten Positionierung. Doch ganz gleich, wie wichtig diese Links selbst für die Suchmaschinen sind: Die Verbreitung eines Inhalts entscheidet (mit) über dessen Erfolg und Auffindbarkeit. Dabei ist es auch entscheidend, wie gut er auf der Seite selbst organisiert ist. Google kann bewerten, ob Inhalte thematisch fokussiert in einem fachlichen Umfeld stehen, ob sie von Fachleuten geschrieben und für den Nutzer strukturiert zugänglich sind. Auch Mobiltauglichkeit ist ein wichtiger Faktor in der Suchmaschinenoptimierung. Der Algorithmus wird darauf trainiert, zu suchen und zu finden wie ein Mensch, und Ergebnisse zu zeigen, die für Menschen interessant und relevant sind. Da sich Menschen ärgern, wenn ihnen viel versprochen wird und dahinter keine

Qualität steckt, mag eben Google ebenfalls keine Seiten, die nur Besucher anlocken, ohne Versprechungen einzulösen. Die ausgefeilte Suchmaschinentechnik lässt sich nicht austricksen, jedenfalls nicht ohne beträchtlichen Aufwand und schon gar nicht auf Dauer.

1.23   Ausblick: Wo bleibt das Positive?

Jetzt habe ich ausführlich dargelegt, warum, wie und in welchen Aspekten gerade deutsche Unternehmen sich im digitalen Wandel vielfach immer noch schwertun. Ich habe gezeigt, welche gravierenden Folgen dies sowohl für die einzelne Firma als auch für den Standort Deutschland insgesamt haben kann. Natürlich habe ich mich der Sache dabei aus meinem eigenen Blickwinkel und dem Schwerpunkt dieses Buches angenähert: der Unternehmenskommunikation. Nun ist es aber glücklicherweise so, dass nicht alle deutschen Unternehmen und sämtliche Branchen sich der Tatsache verweigern, dass wir uns mitten in einem massiven Wandel befinden. Vielmehr gibt es zahlreiche positive Beispiele für Akteure, welche die Zeichen der Zeit erkannt haben und selbst aktiv diesen Wandel mitgestalten. Zudem ist es ja keinesfalls so, dass ich die Einzige wäre, die in dieser Hinsicht aufklären will. In meinem Umfeld gibt es eine große Zahl sehr engagierter Fachleute in Sachen Kommunikation ebenso wie Unternehmensberater, die daran arbeiten, Unternehmen im Wandel fit zu machen und leistungsfähig zu erhalten.

In den letzten Jahren ist eine ganze Reihe hervorragender Bücher zum Thema Content, Contentstrategien und Content-Marketing erschienen.[39] Dazu gehört auch das Buch »Die Content-Revolution im Unternehmen«[40] meiner Kollegen Klaus Eck und Doris Eichmeier, das immer noch ein Standardwerk ist. Für aktuelle Entwicklungen lohnt es sich mehr und mehr, digitale Publikationen im Blick zu behalten. Es besteht also berechtigte Hoffnung, dass in nächster Zeit viele Firmen das Ruder herumreißen werden, noch rechtzeitig, wie ich hoffe.

> Dieses Buch soll vor allem zeigen, wie es gelingt, die bereits vorhandene Unternehmenskommunikation ins Digitale auszuweiten und in eine neue Zeit zu überführen.

Sind Sie schon überzeugt, dass Ihr Unternehmen eine neue und umfassende digitale Kommunikationsstrategie nicht nur verdient hat, sondern sogar dringend braucht? Dann folgen Sie mir in den nächsten Kapiteln auf den Weg zu einer funktionierenden Erarbeitung einer digitalen Strategie. Doch zunächst noch einmal zusammengefasst:

---

39   Siehe auch das Literaturverzeichnis auf der Buch-Website.
40   Eichmeier/Eck: Die Content-Revolution im Unternehmen (Haufe 2014).

Was macht denn nun zeitgemäße Unternehmenskommunikation in einer zunehmend digital bestimmten Welt aus? Was verlangt sie von den Beteiligten? Welche Voraussetzungen sind zu erfüllen, damit sie gelingt?

Lesetipp

Passig, Kathrin/Lobo, Sascha: Internet. Segen oder Fluch (Rowohlt 2012).
Dueck, Gunter: Das Neue und seine Feinde (Campus 2013).

Zehn Fakten über Unternehmenskommunikation in digitalen Zeiten

Zeitgemäße Unternehmenskommunikation in einer digitalen Welt …

1. erkennt an, dass sich der Lebens- und Arbeitsalltag der Menschen durch die Veränderungen im Digitalen radikal gewandelt hat.
2. versteht neue Mechanismen sowie geändertes Nutzer-, Empfehler- und Käuferverhalten in digitalen Zeiten.
3. begreift, dass der Wandel der neue Zustand ist und dies zumindest vorerst auch so bleiben wird.
4. ist Teil der integrierten Unternehmensstrategie, die sich ebenfalls im digitalen Wandel neu ausrichten muss.
5. wird von der Unternehmensleitung (mit) getragen und bezieht alle Mitarbeiter ein.
6. verfügt über das gesamte Handwerkszeug der professionellen Kommunikation und agiert in den Online-Medien und sozialen Netzwerken mit digitalem Fachwissen und zeitgemäßen Werkzeugen.
7. nutzt alle Medien und Methoden, die für den Informationstransfer in beide Richtungen zur Verfügung stehen, zunächst dazu, Informationen über den Markt und über die Stakeholder des Unternehmens einzuholen.
8. nutzt das Potential hochwertiger Inhalte und denkt dabei vernetzt.
9. geht verantwortungsbewusst mit den eigenen Daten und den Daten anderer um, ohne in Furcht und Ablehnung zu erstarren.
10. entwickelt sich selbst weiter und bleibt auf dem neuesten technischen und fachlichen Stand.

2 Kernkompetenzen: Wie man erprobtes Wissen auf das Digitale überträgt

Ist also der Wechsel in die digitale Welt das Allheilmittel für alle empfundenen oder tatsächlichen Defizite in der Unternehmenskommunikation? Führen wir jedes Unternehmen zu neuen Erfolgen und in ein neues Zeitalter, indem wir einen Social-Media-Manager einstellen, die PR-Leute zu Contentmanagern ernennen und uns auf Blogs und soziale Netzwerke fokussieren? Sparen wir damit sogar einen großen Teil der Kosten, die bisher in Marketing und PR entstanden sind? Die Antwort lautet: Nein. Es gibt keinen Gegensatz zwischen vermeintlich herkömmlicher PR und neuer, digitaler. Es geht auch nicht darum, sogenannte klassische Methoden abzuschaffen und diese einfach durch neue Medien und Werkzeuge zu ersetzen. Die Tendenz vieler Unternehmen, wenn sie sich denn endlich zu Änderungen durchgerungen haben, in einen Social-Media-Aktionismus zu verfallen, führt auf einen Irrweg. Natürlich verlangen neue beziehungsweise bisher nicht genutzte Medien neues Wissen, aber mit Plattformwissen allein kommt man nicht weiter. Die eigentlichen Voraussetzungen für erfolgreiche Kommunikation haben sich nicht geändert, ebenso wenig wie die grundlegenden menschlichen Mechanismen, die dahinterstehen. Verändert beziehungsweise um neue Angebote erweitert haben sich die Medien. Betrachten wir daher in diesem Teil, wie erfolgreiche Werbung und PR funktionieren, indem sie das Digitale einbeziehen, es aber nicht als den eigentlichen Selbstzweck verstehen und betreiben.

> Die Voraussetzungen für erfolgreiche Kommunikation haben sich nicht geändert, ebenso wenig wie die grundlegenden menschlichen Mechanismen, die dahinterstehen. Geändert haben sich die Medien, die Werkzeuge und vor allem die Geschwindigkeit.

Integrierte Kommunikation berücksichtigt weiterhin beispielsweise die Pressearbeit, Vertrieb, Vertriebsunterstützung, Marketing, Werbung und so weiter. Aber das ist alles nichts, wenn wir es nicht mit einer integrierten digitalen Kommunikationsstrategie verbinden. Wer heute Pressearbeit macht, der muss die richtige Schreibe beherrschen, Kontakte pflegen und redaktionelle Abläufe kennen, wie vor zwanzig Jahren auch. Aber der- oder diejenige muss auch etwas von Suchmaschinenoptimierung, digitaler Kontaktpflege und Online-PR verstehen. Natürlich muss nicht jedes Unternehmen *Blogger Relations* betreiben, nicht jede Agentur diese Spezialleistung anbieten. Im Gegenteil. Aber wer PR anbietet, sollte wissen, was *Blogger Relations* sind und ob sie im Kommunikationsmix sinnvoll sind. Und, wenn ja, wo sie zu bekommen sind. Das gilt für andere Teilbereiche genauso.

Ich halte das Verständnis von »Social Media« als einem völlig eigenständigen Bereich, der PR oder Marketing gegenübergestellt ist beziehungsweise als neues eigenständiges Silo aufgebaut wird, für eine Fehlentwicklung. Andererseits kann man kommunikation in sozialen Netzwerken auch nicht »einfach mal so mitmachen«. Selbstverständlich muss es Spezialisierungen geben. Dazu gehört auch, dass in größeren Unternehmen eben Spezialisten für die Kommunikation im Web verantwortlich sind. Aber mehr denn je müssen wir in der Kommunikation vernetzt denken. Wenngleich man auch festhalten muss: Strikte Trennungen zwischen PR, Marketing, Werbung und Vertrieb in Unternehmen haben sowieso noch nie besonders gut funktioniert. Integrierte Kommunikation ist seit jeher ein hohes Ziel, aber eines, für das es sich zu kämpfen lohnt. Das gilt heute mehr denn je, denn ohne »Online« kommt heute keiner dieser Bereiche mehr aus, und wenn der eine nicht vom anderen weiß, kann das nur schiefgehen.

Unternehmenskommunikation funktioniert eben immer mit den Medien, die zur Verfügung stehen und mittels derer sie ihre Stakeholder, ihre Bezugsgruppen, erreicht. Insofern hat sich einerseits viel gewandelt. Andererseits sind die zugrunde liegenden Mechanismen gleich geblieben. Natürlich setzen wir weiter unseren gesunden Menschenverstand ein, so wie wir es immer getan haben, und wir geben ihn nicht beim Login in unser Blog oder auf einer Plattform ab. Aber wir können auch nicht die »neuen« Werkzeuge und Angebote damit abtun, dass die eigenen Zielgruppen weiterhin eher analog unterwegs seien oder zumindest nicht in sozialen Netzwerken erreichbar. Das greift zu kurz, und solche Aussagen beweisen, dass die Mechanismen und Funktionsweisen nicht verstanden sind. Vor allem aber hat eine Strategie, die auf die Technologieablehnung bestehender Stakeholder setzt, keine Perspektive. Denn selbst für den unwahrscheinlichen Fall, dass es in bestimmten Bereichen noch viele solcher Ansichten gibt: Die Vorstände von morgen oder spätestens von übermorgen sind zumindest in die derzeitige Medienwelt hineingewachsen. Sie arbeiten jetzt schon im Studium auf Kollaborations-Plattformen. Heutzutage nutzt fast jeder Mensch digitale Medien, soziale Netzwerke und Messenger – oder ist zumindest über direkte Kontakte, die diese ihrerseits nutzen, in einen größeren Zusammenhang eingebunden.

2.1   Digitales Netzwerken und Menschenverstand

Angesichts von selbstbespiegelnden, wenig nutzwertigen und oft nachgerade peinlichen Auftritten von Menschen, die wir im direkten Kontakt als vernünftige Personen kennen, möchte man schon gelegentlich einmal an deren gesundem Menschenverstand zweifeln – zumindest, sobald sie digital vermittelt agieren. So würden die wenigsten Menschen sich auf eine Veranstaltung oder eine Party begeben und, ohne sich überhaupt zu orientieren, wie die Stimmung ist, sofort losplappern. Kaum jemand, der im Web andere Leute mit Spam wie Eventeinladungen oder sonstigen *Push*-Nachrichten überzieht, würde das im physischen Kontakt ebenso penetrant tun. In sozialen Netzwerken lassen sich Menschen zuweilen zu Dingen hinreißen, die sie mit klarem Kopf im persönlichen Austausch niemals tun würden. Warum ist das so? Die Gründe sind vielfältig, aber ich will im Folgenden einige Hauptursachen für Fehlverhalten und missglückte Kommunikation aufzählen und dann auch gleich zeigen, wie man diese behebt. Dabei richtet sich auch hier der Blick vor allem darauf, wie es gelingt, eigene digitale Medienkompetenz zu erlangen, zu erweitern und für die (eigene) Unternehmenskommunikation nutzbar zu machen.

2.2   Aktionismus: »Wir machen jetzt Facebook!«

Wenn Unternehmer mit Umsätzen oder Wachstum nicht zufrieden sind, dann soll die Kommunikation es häufig beheben. Das ist nicht erst seit der Erfindung des Internets so. Gerade Einzelunternehmer und Geschäftsführer mittelständischer Unternehmen setzen sich oft willkürlich eine bestimmte Maßnahme in den Kopf, die möglichst ab spätestens übermorgen den ganz großen Verkaufserfolg bringen soll. Das erwarten sie beispielsweise deswegen, weil sie von jemandem gehört haben, der damit erfolgreich war; weil sie eine Aktion des Wettbewerbs gesehen haben; oder weil irgendjemand, der genau diese Kommunikationsdienstleistung gerne verkaufen will, es ihnen nahegelegt hat. Doch selbst in Konzernen kommt es nicht selten vor, dass irgendjemand sich irgendeine bestimmte Teilstrategie oder Maßnahme überlegt, die nunmehr umgesetzt werden soll. Da werden dann Wettbewerbe, sogenannte Pitches, ausgerufen. Berater werden um ganz konkrete Angebote für ganz bestimmte Leistungen gebeten. Es geht also bei vielen dieser Anfragen nicht um strategische Ziele und erst dann um Vorschläge für die passende Kommunikation innerhalb einer Gesamtstrategie, sondern um rein taktische Maßnahmen, für die oft noch nicht einmal KPI definiert sind.

Häufig wird ein aktionistischer Einstieg in soziale Netzwerke mit hohen Erwartungen bezüglich des daraus resultierenden kurzfristigen wirtschaftlichen Erfolgs überfrachtet: »Wir machen jetzt Facebook!« Denn sobald endlich die Erkenntnis gereift ist, dass man um Aktivitäten in sozialen Netzwerken nicht herumkommt, soll das eben jetzt sofort realisiert werden, und natürlich soll die Maßnahme auch direkt spürbare Gewinne einspielen. Da die entsprechende strategische Planung fehlt und womöglich auch keine Einsicht in die speziellen Anforderungen an die bidirektionale Kommunikation in sozialen Netzwerken vorhanden ist, läuft es meistens auf alten Wein in neuen Schläuchen hinaus: traditionelle Einbahnstraßen-Kommunikation, über neue Kanäle gepusht.

Social-Media-Kommunikation wird oft taktisch betrieben, statt strategisch geplant, und ist dann auch noch mit Erwartungen an kurzfristige Erfolge überfrachtet.

Eigentlich sollte es einleuchten, dass eine solche Vorgehensweise gar nicht funktionieren kann. Tatsächlich wird aber die fehlende oder gar negative Resonanz vielfach keineswegs als Anlass genommen, die eigene Strategie zu überdenken. Vielmehr dient der ausbleibende Erfolg solcher Maßnahmen dann oftmals als pauschaler Beweis für deren Nutzlosigkeit. Wenn aber Kommunikationsverantwortliche und Mitarbeitende von Anfang an unter kurzfristigem Erfolgsdruck stehen, dann können sie keine langfristig wirksamen Strategien planen und umsetzen. Aktionismus verbrennt Ressourcen, die mit etwas mehr Geduld und Ausdauer tatsächlich gut eingesetzt wären.

Tatsächlich gelingen aber viele Einstiege von Unternehmen in die digitale Kommunikation nur deswegen nicht gut, weil ein sehr einfacher Transfer nicht geschieht: der Wissenstransfer des bereits Gelernten, Gewussten und seit Jahren erfolgreich Praktizierten auf die selbst heute noch für viele Unternehmen neuen Medien.

2.3   Kommunikationsmix: Lasst uns nicht mehr über Social Media sprechen

Es geht hier also nicht primär um die sozialen Netzwerke als solche, nicht um einzelne Plattformen und nicht um Silobildung speziell nur für Facebook, Twitter oder Instagram. Es geht um integrierte Kommunikation. Dass es innerhalb der Unternehmenskommunikation bestimmte Fachbereiche geben muss, vor allem in größeren Unternehmen, steht außer Frage. Dennoch befinden wir uns bei der Frage der Integration der Social-Media-Kommunikation in die professionelle Unternehmenskommunikation in einer eigenartigen Zwickmühle: Wenn wir über »soziale Netzwerke« sprechen, aber in Wirklichkeit digitale Kommunikation oder, noch besser ausgedrückt, Unternehmenskommunikation in digitalen Zeiten meinen, greift genau diese Bezeichnung zu kurz.

Die verschiedenen Bereiche der Unternehmenskommunikation –Werbung, Marketing, Public Relations usw. – sind, wie bereits ausgeführt, nicht mehr abgetrennt von den Onlineaktivitäten eines Unternehmens zu sehen. Die jeweiligen Fachleute in allen Disziplinen brauchen Kenntnisse und Einblicke in digitale Medien, und sie müssen in der Lage sein, eine digitale Kommunikationsstrategie mit zu tragen und vor allem mit Inhalten zu versorgen. Geschieht dies nicht, entstehen die typischen Contentsilos[41], in denen jeder sein eigenes Süppchen kocht, Aufwand unnötig doppelt und mehrfach betrieben wird und letztlich eine Verstreuung des Contents stattfindet statt einer Bündelung. Die einzelnen Aktivitäten schwächen einander im schlimmsten Fall, statt zu einander verstärkenden Effekten beizutragen. So müssen etwa Werbekampagnen

---

41   Vgl. Eichmeier/Eck: Die Content-Revolution im Unternehmen (Haufe 2014).

heute alle Onlinemedien mit einbeziehen. Sie können nur funktionieren, wenn sie eine Community aktivieren. Werbung in digitalen Zeiten als alleinstehende Disziplin funktioniert vielfach nur noch eingeschränkt beziehungsweise nur dann, wenn sie sich wirklich an Interessen von und Nutzen für Zielgruppen orientiert.

Pressearbeit sieht in vielen Unternehmen immer noch so aus, dass die ›klassischen« Medien, etwa Zeitungs- und Zeitschriftenredaktionen, Pressemitteilungen im alten Stil erhalten, nur eben heute meistens als E-Mail verschickt. Es ist dem Engagement und der guten oder weniger guten Vernetzung des jeweils Zuständigen überlassen, inwieweit die Pressekontakte individuell gepflegt und mit jeweils passenden Inhalten versorgt werden.

Oft fast gänzlich davon abgetrennt geschieht die sogenannte »Online-Pressearbeit«, die meistens in nichts anderem besteht, als möglichst viele Online-Presseportale mit identischen Meldungen und Inhalten zu beliefern und zu befüllen. Das gibt dann später eine schöne, große Zahl von Clippings beziehungsweise Fundstellen für den Vorstand, die tatsächlich nichts anderes sind als Wiederholungen selbst eingestellter Artikel. Eigentlich wäre aber genau dieser Bereich die ideale Schnittstelle zwischen der bisherigen und der digitalen Pressearbeit. Denn nicht nur muss man längst Onlineredaktionen von Zeitungen und Zeitschriften mit einbeziehen. Auch gibt es in allen Branchen ebenso wie im Publikumsbereich längst eine ganze Reihe relevanter, allein online verfügbarer Magazine und Plattformen, die es zu berücksichtigen gilt. Pressemitteilungen für Onlinemedien müssen, abgesehen davon, dass auch hier eine genaue Recherche bezüglich der jeweiligen passenden Themen und der Ansprechpartner vorausgehen sollte, auf die Onlineverwertung zugeschnitten sein. Hier ist also bereits eine enge Zusammenarbeit des PR-Bereichs mit den Spezialisten für digitale Medien im Unternehmen erfolgreich. Zusätzlich erfolgt eine Aus- und Weiterbildung der Pressearbeiter in Sachen digitale Pressearbeit.

Dann und nur dann kann auch die nächste Hürde erfolgreich genommen werden: die Vernetzung mit digitalen Meinungsbildnern und Bloggern. Viele Unternehmen halten sich für besonders »innovativ«, weil sie die *Blogger Relations* mit in ihre Public Relations einbinden. Tatsächlich sind Blogs und Blogger keine Erscheinung der letzten erst zwei oder drei Jahre, und insofern sollte man meinen, dass PR-Fachleute in deutschen Unternehmen mittlerweile gelernt hätten, wie sie mit dieser Zielgruppe umgehen. Tatsächlich beziehen mittlerweile viele Anbieter von Presseverteilern relevante Blogs einfach mit ein und senden diesen die identischen, oft wenig interessanten, weil selbstreferentiellen Pressemitteilungen, über die auch schon früher Printredaktionen nicht gerade glücklich waren. Wer weiß, wie viel Aufwand es bedeutet, wirklich hochwertige Pressekontakte auf Dauer zu pflegen und sehr selektiv mit relevanten Informationen zu versorgen, dem sollte eigentlich bewusst sein, dass es auch in der Online-PR und in den *Blogger Relations* keine wirklichen Abkürzungen gibt. Es sollte ihm ebenso klar sein, dass man einen Blogger ebenso wenig austrickst wie einen Redakteur, indem man versucht, ihn zu irgendwelchen Berichterstattungen zu manipulieren.

Wer die einzelnen Bereiche vernetzt, statt sie isoliert zu betrachten, wird viel leichter eine durchgehende Präsenz und konstante Wahrnehmung über alle Medien erreichen.

Immerhin haben viele Firmen, ebenso Veranstalter und Messe-Gesellschaften, längst begriffen, dass sie sich selbst einen großen Gefallen tun, wenn sie Bloggern, die zu ihnen passen, einen ähnlichen Stellenwert beimessen wie den Journalisten. Doch nur wenige von ihnen verstehen es dann auch, die Blogger in ihren spezifischen Bedürfnissen anzusprechen, für Kooperationen zu gewinnen und sie mit für sie interessantem Content zu versorgen. Es gibt positive Beispiele von eigens für Blogger organisierten Events. Ebenso gelingt es einigen Veranstaltern und Firmen, Blogger mit in ihre Öffentlichkeitsarbeit einzubinden. Doch gerade in dieser sehr heterogenen Bezugsgruppe gelingt das nur über eine dauerhaft und langfristig aufgebaute Beziehungspflege, auch und gerade in sozialen Netzwerken. Seit relativ kurzer Zeit kommt zudem der noch relativ junge Bereich der sogenannten *Influencer Relations* hinzu (vgl. Kapitel 1.15). Wer die einzelnen Bereiche vernetzt, statt sie isoliert zu betrachten, wird viel leichter eine durchgehende Präsenz und konstante Wahrnehmung über alle Medien erreichen.

2.4   Kundendienst: Digitale Kommunikation ist nicht nur Marketing

An verschiedenen Stellen habe ich es bereits erwähnt, aber ich möchte es nochmals besonders hervorheben: Wer digitale Kommunikation als reines Marketingthema auf der einen Seite und wer auf der anderen Seite die Digitalstrategie insgesamt als vorrangige IT-Angelegenheit begreift, der greift viel zu kurz. Das gilt selbst dann noch, wenn man die Auswirkungen auf Prozesse oder die interne Kommunikation einmal außen vor lässt. Denn wir haben uns längst alle daran gewöhnt, dass die Wege, andere zu erreichen, sich verändert haben. Wir erwarten von allen Gesprächspartnern und damit auch von den Ansprechpartnern in Unternehmen zunehmend schnellere Reaktionen, und wir erwarten Antworten über die Kanäle, die wir dazu ausgewählt haben; etwa für Reklamationen oder Nachfragen zu Produkten. Dies führt dazu, dass zumindest in großen Consumermärkten, beispielsweise Telekommunikation oder öffentlicher Personenverkehr, der Kundendienst via soziale Netzwerke mehr und mehr zum Normalfall wird.

Doch abseits bestimmter Branchen, in denen dies buchstäblich auf der Hand liegt, werden die Einsatzmöglichkeiten von Social-Media-Kommunikation etwa für den

Kundendienst noch weitgehend verkannt, weil in diesem Zusammenhang vielfach noch immer nur an Marketing und PR gedacht wird, und das häufig in traditioneller One-to-many-Haltung. Jedes Unternehmen, das eine telefonische Hotline betreibt oder ohnehin – auf welchem Weg auch immer – relativ kurzfristig Fragen beantworten muss, sollte darüber nachdenken, dies zusätzlich über soziale Kanäle anzubieten. Zweifelsfrei erfordert dies einen anderen Betreuungs- und Beobachtungsaufwand der betreffenden Kanäle und Seiten als ein eher gelegentliches Bespielen mit Marketinginhalten. Die Tatsache, dass man Social-Media-Kanäle am besten, wenn schon nicht rund um die Uhr, zumindest an sieben Tagen in der Woche monitoren muss, lässt sich aber nicht wegreden.

Integrieren Sie alle Touchpoints im Unternehmen in die Contentstrategie und machen Sie alle Informationen für jede Form des Kundenkontaktes verfügbar. Das allerdings in einer Struktur und Aufbereitung, dass die Mitarbeiter diese Informationen auch tatsächlich verwerten und einsetzen können.

Denn digitale Kundendienstkanäle übernehmen weitere Funktionen über den direkten Service hinaus. Wer als Unternehmen, gerade in bestimmten besonders kritischen Bereichen, kein eigenes Forum anbietet, in dem Menschen gegebenenfalls Unzufriedenheit äußern können, begibt sich nicht nur der Möglichkeit, dass hier Druck abgebaut wird. Er versäumt unter Umständen auch, frühzeitig von Fehlentwicklungen zu erfahren. Denn auch ohne dass ein Unternehmen einen Kanal anbietet, muss es auf dem Laufenden bleiben, weil es nicht verhindern kann, dass andere über die eigene Marke sprechen. Sogenannte Shitstorms, die nachweisbar langfristig Schaden anrichten, sind zwar vergleichsweise immer noch selten, aber auch kleinere Empörungswellen können eskalieren, wenn das betreffende Unternehmen zu spät davon erfährt. stellen. Wer nicht auf der eigenen Facebook-Seite, wenn es denn erforderlich wird, Krisenmanagement betreibt, muss vielleicht hilflos zusehen, wie sich ein Konflikt woanders aufschaukelt. Der Beobachtungs- und Überwachungsaufwand entsteht also ohnehin. Daher sind hier dringend Investitionen erforderlich. Wo dies aber ohnehin geschieht, bedeutet es eine vergleichsweise geringe Mehrinvestition, auch mit eigenen Plattformen präsent zu sein. So landet die nächste Beschwerde dann in der Twitter-Hotline oder auf der Facebook-Fanpage, ehe überhaupt woanders gepostet wird, und das betroffene Unternehmen hat die Möglichkeit, aufgrund des (hoffentlich!) bereits bestehenden und eingeübten Konzeptes zum Krisenmanagement schnell zu handeln. Der eigentliche Aufwand besteht also darin, die Accounts, Profile oder Seiten einzurichten, zu pflegen und mit Inhalten zu bespielen. Dies wiederum kann vielen weiteren Zielen zugutekommen, wie wir zuvor bereits gesehen haben

Nun werden Hersteller oder Anbieter im Bereich hochwertiger Investitionsgüter oder beratungsintensiver Dienstleistungen in den meisten Fällen keine reine Hotline etwa via Twitter oder auf einer Facebook-Seite wie bei einem publikumsrelevanten Thema einrichten. Das lohnt sich nur unter bestimmten Umständen beziehungsweise ab einer gewissen Zahl potentieller Anfragender. Und erst dann ist auch der hohe Betreuungsaufwand vertretbar, der mit den Erwartungen an Verfügbarkeit und kurze Reaktionszeiten einhergeht. Aber es lohnt sich selbst in diesen Bereichen, die Sache einmal konzeptionell anders anzugehen und auch über weitere Kanäle, wie etwa Messenger und Chats, nachzudenken.

Manche Unternehmen allerdings müssen erst mit der Nase darauf gestoßen werden, zu welchen Aktivitäten ihre Plattformen in sozialen Netzwerken auch genutzt werden können. So ist es für immer mehr User mittlerweile gang und gäbe, eine Statusmeldung auf der Facebook-Seite des Unternehmens zu hinterlassen für den Fall, dass sie bei einem Anbieter nicht sofort jemanden erreichen oder auf eine Anfrage keine zufriedenstellende Antwort erhalten. Solche Firmen, die bereits gewohnt sind, Beschwerden einzusammeln und zu beantworten, haben häufig bereits Vorgehensmodelle, um Krisenintervention zu betreiben und allgemein adäquat zu reagieren. Wer dagegen eine Social-Media-Präsenz bisher mehr als Sende- denn als Interaktionsplattform betrieben hat, wird vielleicht von der ersten Beschwerde regelrecht überrascht. Oder er bemerkt sie erst, wenn bereits reichlich Zeit verstrichen ist, weil eine konsequente Beobachtung selbst der eigenen Plattformen bisher nicht existiert. Nicht jede Beschwerde muss gleich in eine handfeste Kommunikationskrise münden. Doch im günstigsten Fall ist sie ein Anlass dafür, innerhalb der eigenen Kommunikation neu zu überlegen, wie selbst in solchen Branchen, in denen sich die klassische Hotline nicht anbietet, Social Media anders und stärker im Dienste des Kunden eingesetzt werden.

Wer von den Bedürfnissen der Stakeholder ausgehend denkt, findet schnell heraus, was diese brauchen könnten und wie man auf der eigenen Website und auf Drittanbieter-Plattformen wie sozialen Netzwerken und Messengern gleichwohl so etwas wie Kundendienst anbieten kann. Wie dies im Einzelnen aussieht, kann sich mit der schnellen Weiterentwicklung und Veränderung der Plattformen selbst ebenso verändern wie mit den jeweils von den Usern favorisierten Angeboten. Daher können an dieser Stelle keine konkreten Empfehlungen für bestimmte Angebote ausgesprochen werden. Deswegen verweise ich an dieser Stelle auf mein eigenes Blog mit den dazugehörigen Kanälen, wie etwa meinen YouTube-Channel oder meinen Newsletter, in denen ich aktuelle Tipps und Empfehlungen liefere.

! **Lesetipp**

Abonnieren Sie für aktuelle Empfehlungen und Praxistipps (auch) für den zeitgemäßen Einsatz von sozialen Netzwerken meinen Newsletter »Erfolg für Ihre Unternehmenskommunikation«. https://www.kerstin-hoffmann.de/newsletter-kerstin/

2.5 *Employer Branding*: Markenbildung mit speziellem Fokus

»Unsere Kunden sind gar nicht auf Facebook (Instagram/Twitter …)« lautet eines der häufigsten Argumente gegen unternehmerische Aktivitäten in jeweils bestimmten sozialen Netzwerken. Ganz abgesehen davon, dass – wie wir bereits gesehen haben – diese Aussage erstens oft gar nicht stimmt und es, selbst wenn es so wäre, nicht immer nur darum gehen kann, ausschließlich die direkte Kundschaft einzeln anzusprechen: Oft wird noch ein anderer, sehr wichtiger Aspekt vernachlässigt. Es geht um das sogenannte *Employer Branding*, die öffentliche Wahrnehmung der Arbeitgebermarke. Hier ist auch Markenbildung im Spiel, jedoch für eine ganz spezielle Zielgruppe: die bereits existierenden und die potentiellen Mitarbeiter im Unternehmen. Dazu gehört also auch das *Social Recruiting*, also die Mitarbeitergewinnung über soziale Netzwerke und allgemein über digitale Medien. Wenn wir uns verdeutlichen, dass es leichter ist, ein Produkt zu verkaufen, wenn die Marke bereits aufgebaut und das Image gut ist, so leuchtet es ein, dass auch ein umfassendes *Employer Branding* dem Recruiting nützt. Dass andersherum eine gute Arbeitgeber-Darstellung wiederum dem allgemeinen Image zuträgt, versteht sich von selbst. Schon zu Vor-Internetzeiten haben manche Unternehmen gezielt Stellenanzeigen geschaltet, um zu zeigen, dass sie ihre Marktposition ausbauen. Das ist heute vielfach nicht anders.

Selbst wenn es stimmen sollte, dass in ganz bestimmten Segmenten selbst heute noch eine eher nicht-digitalaffine Käuferschaft zumindest direkt über soziale Netzwerke nicht erreichbar wäre, so kann das für Mitarbeiter und vor allem für den Fachkräftenachwuchs schon ganz anders aussehen. Universitäten und Hochschulen verfügen mittlerweile alle über Kollaborationsplattformen. Darüber hinaus tauschen sich Studierende auch untereinander in sozialen Netzwerken und selbst organisierten Mikronetzwerken in Messengern untereinander aus.

Wir befinden uns mehr denn je und im weiter steigenden Maße in einem Arbeitnehmermarkt.[42] Gerade jüngere Generationen haben ganz andere Anforderungen an ihren Arbeitsplatz, an Strukturen, Arbeitsbedingungen und Flexibilität des Arbeitens. Gerade im höher qualifizierten Bereich und erst recht in der *New Economy* gilt häufig: Fachkräfte können sich den Arbeitgeber aussuchen – nicht umgekehrt. Daher sollte bei jeglicher PR der Aspekt des *Employer Brandings* mitgedacht werden. Hat die Firma insgesamt ein gutes Image, dann trägt das der Attraktivität als Arbeitgeber immer zu. Doch davon abgesehen kann es sehr sinnvoll sein, auf bestimmten Plattformen Präsenzen und Kampagnen speziell für den Zweck des *Employer Brandings* aufzubauen und durchzuführen. Hierfür bieten sich gerade auch solche Plattformen an, deren pri-

---

42 Vgl. Betriebe suchen händeringend Fachkräfte, Spiegel online, https://www.spiegel.de/wirtschaft/soziales/arbeitsmarkt-betriebe-suchen-haenderingend-fachkraefte-a-1235685.html

märes Ziel nicht das Berufliche ist, wie eben Facebook. Denn mehr denn je werden zumindest anspruchsvolle Stellen über Netzwerke und Empfehlungen besetzt und nicht über die klassische Stellenausschreibung. Dazu tragen Empfehlungen und Ausschreibungen in sozialen Netzwerken bei. Denn nicht selten werden Stellen über Netzwerke vergeben und neue Arbeitskräfte über bereits bestehende Mitarbeiter beziehungsweise in der Community gefunden. Aber natürlich werden auch klassische Stellenausschreibungen in digitalen Medien, etwa auf LinkedIn oder XING oder in einschlägigen Stellen- und Branchenportalen immer wichtiger. Auch Twitter-Accounts und branchenspezifische Facebook-Gruppen, deren einziger Zweck darin liegt, neue Stellenangebote zu posten, nehmen kontinuierlich zu und profitieren davon, dass der Einzelne sie leicht weiterverteilen oder gezielt Einzelnen senden kann, für die seiner Ansicht nach das Angebot interessant sein könnte. Auch hier greifen also die Mechanismen der gemeinsamen Wertschöpfung in Netzwerken, so wie in vielen anderen Bereichen.

Eine immer größere Rolle spielen in diesem Zusammenhang die öffentlich online auffindbaren Bewertungen eines Arbeitgebers, beispielsweise in dem Bewertungsportal kununu. Dennoch bin ich immer wieder überrascht festzustellen, wie viele mittelständische Unternehmer gar nicht wissen, dass sie bereits auf kununu präsent und bewertet sind. Oft kommen sie dabei auch noch recht schlecht weg. Häufig ist eine solche negative Wertung aus Sicht des Unternehmens entweder gar nicht gerechtfertigt oder die einzelne Stimme gewinnt bei nur wenigen Bewertenden ein überproportional großes Gewicht, weil ausgleichende andere Stimmen fehlen. Es ist ja das grundlegende Problem aller Bewertungsplattformen, in denen jeder schreiben darf, dass trotz umfassender Qualitätskontrollsysteme nicht immer gewährleistet ist, dass die Bewertung keine Fälschung darstellt. Vor gar nicht so langer Zeit erfuhr ich vom Geschäftsführer einer Agentur, dass diese auf kununu die schlechtestmögliche Bewertung von einem ehemaligen Mitarbeiter erhalten hatte, der das Unternehmen nach den dort hinterlegten Angaben im Vorjahr verlassen hatte. Nun war aber tatsächlich im betreffenden Kalenderjahr gar kein Mitarbeiter ausgeschieden; es gab diese Person überhaupt nicht. Die Vermutung lag nahe, dass hier jemand etwas manipuliert hatte, der dieser Firma aus anderen Gründen schaden wollte.

Es wäre allerdings ein Fehlschluss, pauschal zu behaupten, dass die Möglichkeit solcher gefälschten Bewertungen die Plattformen insgesamt unglaubwürdig werden ließen. Aber jedes Unternehmen kann zumindest darauf Einfluss nehmen, wie es dort repräsentiert ist. Zum einen gibt es bei den meisten solcher Angebote die Möglichkeit, zu intervenieren und nachweislich falsche Einträge entfernen zu lassen. Oder man kann diese zumindest entsprechend kommentieren. Um das zu tun, muss aber das betroffene Unternehmen überhaupt erst einmal Kenntnis von dem Vorgang haben. Dies ist also ein weiterer Grund, unabhängig vom tatsächlichen Ausmaß der eigenen Aktivitäten, zumindest ein vernünftiges Monitoring zu betreiben. Zum anderen gibt es ja das, was ich den digitalen Menschenverstand nenne: Der User hat durchaus auf der Basis bisheriger Erfahrungen im digitalen Raum, kombiniert mit seinem gesunden Menschenverstand, die Möglichkeit, Informationen selbst im Hinblick auf ihre Relevanz einzuordnen und seinerseits zu bewerten. Kaum jemand wird einen einzelnen Eintrag als absolut aussagekräftig für beispielsweise die Qualität eines Arbeitgebers setzen. Gleichwohl macht aber ein Unternehmensprofil mit einem einzigen, dazu noch sehr schlechten Eintrag keinen guten Eindruck. Womöglich vermittelt es aber ungewollt auf diese Weise ein sehr authentisches aber keineswegs positives Bild von der digitalen Kompetenz der betreffenden Firma beziehungsweise von deren Interesse an ihrer Reputation. Andererseits sind wir mit unserem digitalen Menschenverstand meistens ebenso gut in der Lage, den gegenteiligen Fall zu erkennen und als nicht echt zu entlarven: den Fall, dass offensichtlich gezielt positive Bewertungen, wenn schon nicht manipuliert, dann doch in übertriebenem Maße gezielt gefördert wurden. Wir erkennen das mehr oder weniger unbewusst an Formulierungen, die sich nicht authentisch nach denjenigen anfühlen, die sie angeblich unabhängig verfasst haben wollen.

Was aber jedem Unternehmen freisteht und ihm in der Regel nützt, ist: sich der Präsenz auf Bewertungsportalen bewusst zu sein, sie aktiv zu pflegen und dann auch in der eigenen Kommunikation zu nutzen. Deswegen ist es in den meisten Fällen sinnvoll, die Mitarbeiter gezielt dazu zu ermuntern, hier ihre Bewertungen zu hinterlassen. Dennoch ist bei vielen Unternehmern und Personalverantwortlichen eine solche Handlungsweise nachgerade angstbesetzt. Sie befürchten, damit schlafende Hunde zu wecken: Wer sagt ihnen schließlich, wie die Bewertungen ausfallen werden, wenn jeder offen schreiben kann, was er denkt? Doch genau hier setzen die Bedenken an der falschen Stelle an. Wer nämlich auf einem Bewertungsportal massenweise schlechte Noten einfährt, hat der allerhöchsten Wahrscheinlichkeit nach unternehmerisch ganz andere Probleme als nur die des öffentlich sichtbaren Images. Darüber hinaus sollte man sich immer wieder klarmachen, dass Missstände, wenn sie nicht beseitigt werden, früher oder später in diesen immer transparenteren Zeiten ohnehin nach außen dringen. Mit anderen Worten: Massenweise schlechte Bewertungen zeigen, dass an anderer Stelle als nur in digitalen Medien dringender Handlungsbedarf besteht.

Wenn es also einerseits von steigender Bedeutung ist, Bewertungsplattformen und soziale Netzwerke in Bezug auch auf die Arbeitgebermarke und Mitarbeitergewinnung einzubeziehen, so bringt das doch andererseits weiteren Handlungsbedarf mit sich. Denn hier stellt sich dann erneut die Frage: Wem wollen Sie die Informationshoheit über den eigenen Firmennamen überlassen? Selbst wenn ein Profil auf einer Bewertungsplattform noch so gut gepflegt und befüllt ist, darf man dieser Plattform nicht die alleinige Auffindbarkeit der Firma überlassen. Solche inhaltsstarken Websites haben oft eine sehr hohe Suchmaschinenrelevanz und tauchen daher häufig ganz oben in den Ergebnissen auf, wenn jemand nach dem Namen eines Unternehmens sucht. Sie dürfen aber nicht die einzigen Ergebnisse darstellen, sondern die eigenen Unternehmensseiten müssen mindestens direkt danach erscheinen und nicht erst eine oder zwei Ergebnisseiten später. Schon allein deswegen, und hier schließt sich der Kreis wieder, weil diese Ergebnisse ja nicht nur selektiv Stellungsuchenden oder eigenen Mitarbeitern angezeigt werden, sondern auch Kunden, Interessenten und Empfehlern. Daher lohnt es sich, alle Aspekte einzeln zu bearbeiten, aber dann wieder zu einer integrierten Gesamtbetrachtung zu finden.

Auch im Recruiting zeigt sich wieder, dass gerade größere Kampagnen auf bezahlte Werbung nicht verzichten können. Werbenetzwerke wie das Google Display Netzwerk (GDN) ermöglichen es, Zielgruppen auszumachen und mit Anzeigen und Bannerwerbung anzusprechen. Auch Werbeanzeigen auf Facebook können, richtig eingesetzt und in eine Gesamtstrategie zum *Employer Branding* eingebunden, den gewünschten Erfolg, also den oder die gewünschten Mitarbeiter bringen.[43]

!   **Lesetipp**

Kriegler, Wolf Reiner: Praxishandbuch Employer Branding (Haufe 2018).

2.6   Neuorientierung: Integrierte Kommunikation in digitalen Zeiten

Wir halten also fest, dass es wenig sinnvoll ist, in reinem Aktionismus die gesamte bisherige Kommunikationsstrategie über Bord zu werfen und allein in sozialen Netzwerken die Lösung für alle Probleme zu suchen. Ebenso hat sich gezeigt, dass taktische Einzelmaßnahmen in Teilbereichen keinen dauerhaften Erfolg versprechen. Wie gelingt dann also eine digitale Kommunikationsstrategie, die erfolgreich mit der bereits existierenden Gesamtkommunikation zu einem neuen Ganzen zusammenwächst? Wie lösen Sie zudem das Problem, dass, nur weil etwas Neues hinzukommt, die Budgets und die personellen Ressourcen ja nicht einfach beliebig erweitert werden können?

Zunächst einmal muss Klarheit darüber herrschen, dass eine Neuorientierung in der Kommunikation nicht komplett kostenneutral geschehen kann. Ebenso falsch wäre die Erwartungshaltung, dass mit digitaler Kommunikation im Vergleich zur bisherigen Vorgehensweise sehr viel Geld einfach eingespart werden könnte. Die gesamte Kommunikationsstrategie muss einmal neu aufgebaut und neu strukturiert werden. Dies sollte verzahnt geschehen, indem alle Abteilungen eingebunden werden, aber

---

43   Vgl. Fedossov, Alexander: Targeting: Zielgruppen im Netz ansprechen, https://www.wollmilchsau.de/targeting-zielgruppen-im-netz-ansprechen/

zugleich in enger Anbindung an die eigentlichen Geschäftsprozesse. Prioritäten müssen neu gesetzt, Ressourcen neu verteilt werden. Unter Umständen wird es auch Personalentscheidungen geben müssen, weil die bisherigen Teamstrukturen in einer gewandelten Welt nicht mehr funktionieren. Es muss Mitarbeiterfortbildungen geben, und selbst dort, wo die meisten Aufgaben normalerweise *inhouse* erledigt werden, wird zumindest eine Zeitlang externes Fachwissen zugekauft werden müssen.

> Je größer der Nachholbedarf, je höher der Innovationsdruck im Vergleich zum Wettbewerb wächst, desto dramatischer werden irgendwann die Kosten für eine Neuorientierung in der Kommunikation steigen, bis sie irgendwann gar nicht mehr zu stemmen sein werden.

Je eher Unternehmen damit beginnen, desto mehr Zeit haben sie, die Kosten für den Aufbau einer integrierten Digitalstrategie – und damit ist keineswegs nur die unmittelbare Unternehmenskommunikation gemeint – über einen gewissen Zeitraum zu verteilen. Je größer der Nachholbedarf, je mehr der Innovationsdruck im Vergleich zum Wettbewerb steigt, desto dramatischer werden die Kosten für einen zunehmend massiven Umbruch steigen, bis sie irgendwann kaum noch oder gar nicht mehr zu stemmen sein werden. Das ist dann der Punkt, und niemand kann sagen, wann dieser eintritt, ab dem Unternehmen reihenweise untergehen werden, weil sie den Anschluss an den Wettbewerb, an die digitale Transformation, an die Zielgruppen, an die Märkte unwiederbringlich verloren haben werden. Lassen Sie es nicht so weit kommen!

2.7   Hybrid-Marketing: Von allem mindestens die Grundlagen verstehen

Digitale Kommunikation ist nichts ohne das professionelle Handwerkszeug. Aber wer heutzutage in der Kommunikation, in der PR, im Marketing arbeitet, braucht viel mehr Fachkenntnisse als nur ein bisschen Einblick in Onlineplattformen. Das gilt für alle Bereiche: Wer auf eines spezialisiert ist, muss sich in den angrenzenden Domänen trotzdem auf dem Laufenden halten. So müssen selbst diejenigen, die nicht selbst Inhalte erstellen, ein mehr als nur grundlegendes Verständnis davon besitzen, wie Contenterstellung und Verteilung sowie *Community Building* in digitalen Zeiten funktionieren. Texter brauchen ein relativ umfassendes Wissen zum Thema Suchmaschinenoptimierung. Auch diejenigen in der Kommunikationsabteilung, die selbst nicht für die operative Bespielung der Social-Media-Kanäle zuständig sind, müssen aktiv eigene Erfahrungen auf diesen Plattformen sammeln. Mit nur theoretischem Wissen kann das Zusammenspiel der verschiedenen Disziplinen nicht funktionieren

Redakteuren, Marketing- und PR-Fachleuten werden heute viel mehr technische Kenntnisse abverlangt als in vordigitalen Zeiten. Niemand kann meiner Ansicht nach heute Websites betreuen, der nicht wenigstens etwas vom Quellcode versteht. Es muss heute zudem viel mehr Software als früher beherrscht werden. Mobile Technologien verlangen den sicheren Umgang mit unterschiedlicher Hardware. Ein Marketingfachmann, der selbst noch keine Erfahrungen in sozialen Netzwerken gesammelt hat, kann sich wohl kaum wirklich in das Nutzerverhalten der Bezugsgruppen hineindenken.

Technologie macht keine Kommunikation, aber ohne Technologie »einfach Kommunikation machen«: Das ist längst nicht mehr möglich.[44]

2.8   Interne Kommunikation: Die Veränderung kommt von innen

Wer über Unternehmenskommunikation spricht, meint häufig zunächst die externe Kommunikation. Dabei beginnt die größte Herausforderung in der Veränderung der Kommunikationsstruktur von innen heraus. Wenn Unternehmen digitale (Kommunikations-)Strategien entwickeln, sind sie meistens voll und ganz auf die Außenwirkung fokussiert. Dabei muss man sich häufig zunächst die internen Strukturen anschauen: Wie funktioniert die Abstimmung? Wer ist wofür zuständig? Wie können wir Contentsilos aufbrechen, um gemeinsam die Ressourcen wirkungsvoller zu nutzen? Mit herkömmlichen, hierarchischen Strukturen und mit komplizierten Abstimmungswegen kann man keine Social-Media-Kommunikation betreiben und keiner Community innerhalb auch nur annähernd vertretbarer Reaktionszeiten gegenübertreten. Doch in dem Maße, in dem sich insgesamt Informationsbeschaffung und Reaktionszeiten verändert haben, verlangen interne Abstimmungsprozesse ohnehin dringend nach einer Neuordnung. Daher muss sowieso etwas geschehen, ganz gleich, wie schnell die Veränderungen in der Außendarstellung erreicht sein sollen. Doch im Grunde sind es auch hier klassische Kerntugenden, die dazu führen, dass der Transfer in eine neue digitale Welt gelingt.

Wer hierarchisch führt, statt seinen Mitarbeitern eigenen Gestaltungsfreiraum zu überlassen, wird niemals das wirkliche Potential des *Human Capital* in einem Unternehmen entfalten. So weit sind die Manager, Unternehmensberater und Führungstrainer in unserer Zeit längst. Gängige Führungsmodelle gehen von kooperativen, dialogischen Führungsstrukturen aus, und das tun sie natürlich nicht im luftleeren Raum. Wir befinden uns in jeder Hinsicht in Zeiten des großen Wandels. Dabei verlieren jene den Anschluss, verlieren sich solche in ihrer eigenen Komplexität, welche die internen Prozesse nicht den aktuellen Gegebenheiten anpassen.

---

44   Vgl. Miller, Jason: The New Era of the Hybrid Marketer, https://contentmarketinginstitute.com/2015/01/era-hybrid-marketer/

Beispiel E-Mail: Fast jeder kennt diese ellenlangen Betreffs (»RE: RE: AW: RE: AW: AW: RE: RE: RE:«), bei denen irgendwann immer einer aus dem Verteiler herausfällt und, unbemerkt von den anderen, nichts mehr mitbekommt. E-Mails werden immer noch häufig als *das* Medium zur internen Abstimmung in Unternehmen eingesetzt. Dabei gibt es längst viel bessere, effizientere und sicherere Lösungen. Doch bis heute werden in vielen deutschen Unternehmen Projekte mit einem Medium gemanagt und Teams mit einem Tool organisiert, das immer weniger dafür geeignet ist. E-Mails haben als solche ihre Berechtigung, auch wenn sie gerade in jüngeren Generationen immer mehr von Messengern abgelöst werden, aber sie sind nicht als komplexe Kollaborationstools geeignet.[45] Die Flut an E-Mails in den Posteingängen führt vielfach zu einer Überlastung und nicht selten dazu, dass wichtige Dinge liegenbleiben und die Arbeitseffizienz leidet.

Dabei ist es eigentlich ursprünglich die E-Mail gewesen, welche die Geschwindigkeit unserer gesamten Kommunikation erhöht hat. Noch vor wenigen Jahren war beispielsweise bei einer Angebotsanfrage eine Reaktionszeit von gut einer Woche vollkommen tolerabel. Der Kundendienst konnte sich mit der Antwort auf eine schriftliche Beschwerde bedenkenlos einige Tage Zeit lassen. Heute kommen Rückfragen mindestens am selben Tag, wenn nicht schon nach wenigen Stunden, sofern nicht gleich eine Antwort erfolgt. Das stellt Herausforderungen nicht allein an die zeitlichen Kapazitäten des Bearbeiters. Es fordert sie oder ihn auch in menschlicher und fachlicher Hinsicht heraus, und das gilt durchaus nicht nur für heikle Bereiche wie etwa den der Krisenkommunikation. Kurznachrichtendienste wie zuerst SMS, dann Messenger wie WhatsApp oder auch der Facebook-eigene Messenger haben das Tempo noch einmal angezogen – ebenso wie die Tatsache, dass mittlerweile nahezu jeder über ein Smartphone oder zumindest irgendein Mobiltelefon verfügt. Gleiches gilt ja längst für den privaten Bereich: Während es früher gang und gäbe war, bei Urlaubern auf die erste Postkarte zu warten, schauen wir heute schon auf die Uhr, wann denn wohl der Urlaubsflieger am Zielort eingetroffen ist, und wundern uns, wenn die uns Nahestehenden nicht kurz darauf eine Nachricht gesendet haben. Antwortet im Alltag jemand stundenlang nicht auf Kurznachrichten und geht auch nicht an sein Handy, beginnen wir uns Sorgen zu machen. Spätestens nach einem Tag denken wir darüber nach, die Polizei zu verständigen oder zumindest weitere eigene Nachforschungen anzustellen.

»Früher konnte ich meinen Antwortbrief auf eine unverschämte Forderung oder eine dreiste Beschwerde noch einmal eine Nacht und einen Tag liegenlassen, bevor ich ihn abgeschickt habe«, meinte kürzlich der Geschäftsführer eines großen Handwerksbetriebes zu mir. »Heute erwartet mein Gegenüber bereits kurz nach Eintreffen seiner

---

45   Vgl. Miksa, Tim: Kollaboration: Auswege aus der E-Mail-Falle, https://www.kerstin-hofmann.de/pr-doktor/
2014/09/10/e-mail-kollaboration-interne-kommunikation/

E-Mail in meinem Postfach, dass ich sein Problem löse. Wenn ich mich da im Ton vergreife, können die Folgen schnell gravierend werden. Vielleicht findet sich meine sprachliche Entgleisung sogar kurze Zeit später auf Facebook wieder.« Kommunikative Kompetenz an sich aber ist die Eigenschaft, die früher ebenso wie heute darüber entschieden hat, ob eine Replik dem Absender genützt oder geschadet hat.

Die Herausforderungen in einer neuen Welt stellen sich jedoch nicht allein in Bezug auf die eigene sprachliche Impulskontrolle. Sie sind auch beispielsweise in Sachen Informationsbeschaffung gestiegen und eben auch in der internen Abstimmung und in Freigabeprozessen. Es kann in größeren Einheiten – Unternehmen und Organisationen – nicht mehr ein Einzelner oder ein kleiner Stab den Flaschenhals für alle Inhalte und Informationen bilden, die die Organisation verlassen. Das gilt erst recht für Präsenzen in sozialen Netzwerken. Es kann nicht jede Nachricht eines Twitter-Accounts erst einen mehrstufigen Abstimmungsprozess durchlaufen, bevor sie hinausgeht. Zugleich muss jedoch klar sein, dass alles, was ein Mitarbeiter eines Unternehmens in sozialen Netzwerken sagt oder schreibt, potentiell an eine breite Öffentlichkeit gelangt und dass, wenn etwas schiefgeht, die Folgen unter Umständen gravierend sind. Daher sind Kontrollinstanzen nach wie vor wichtig. Das bedeutet zwangsläufig aber auch, dass der einzelne Mitarbeiter mehr Verantwortung dafür tragen muss, was er in welcher Form herausgibt. Es leuchtet aber wohl ebenso ein, dass man es nicht dem individuellen Ermessen und dem persönlichen Qualitätsanspruch des oder der Einzelnen überlassen kann, welche Informationen in welcher Form das Unternehmen verlassen.

> Die dezentrale Informationsausgabe stellt hohe Ansprüche daran, wie die betreffenden Inhalte innerhalb der Organisation aufbereitet, wie und wo sie den Beteiligten zum Abruf zur Verfügung gestellt werden und wie nutzwertig und aktuell sie sind.

Interne Wissenssammlungen oder Wikis sollten eigentlich längst in jedem Unternehmen unverzichtbar sein. Immer dort, wo die Qualität und die Prägung dessen, was aus einem Unternehmen nach außen dringt, allein dem Engagement und dem Gutdünken des Einzelnen überlassen bleibt, läuft in der internen Kommunikation genauso etwas falsch, wie dort, wo immer noch schmalspurige, hierarchische Freigabeprozesse das Geschehen bestimmen.

Doch wer Informationen bereitstellt, aufbereitet, organisiert, braucht dazu mehr als nur einfach eine neue Plattform. Auch an dieser Stelle ist ohne das geeignete fachspezifische Handwerkszeug alles andere nichts. Ebenso müssen solche Plattformen wirklich integriert werden. Sharepoint, Yammer, Messenger, Kollaborationstools: Ich kenne sehr viele Firmen, die mit solchen Werkzeugen sehr gut ausgestattet sind. Diese werden jedoch kaum oder wenig sinnvoll genutzt, weil nie eine grundlegende Einführung stattgefunden hat. Nur weil es neue technische Möglichkeiten gibt, hat sich

Grundlegendes nicht geändert. Das bedeutet: Neue Werkzeuge und neue Prozesse bedürfen der einführenden und der weiterführenden Begleitung ebenso wie einer kontinuierlichen Qualitätssicherung, sowohl was die technische Performance angeht als auch die Nutzung und deren Effekte auf die eigentliche Arbeit.

Doch oft werden die internen Prozesskosten bei der Kalkulation des Veränderungsaufwandes vernachlässigt. Wenn der Geschäftsführer eines Unternehmens, um eine bestimmte Information wieder hervorzuholen, minutenlang in seinem Posteingang oder in irgendwelchen Ordnern auf dem Server suchen oder herumtelefonieren muss, dann summiert sich das schon in relativ kurzer Zeit zu Beträgen, die weit größer sind als die Einführung einer durchdachten und auch auf seine Bedürfnisse abgestimmten Kollaborationslösung. Gleiches gilt für die unsäglichen E-Mail-Dialoge, die oft das einzige Tool für die Organisation von Teams sind und im Projektmanagement sowie der internen Abstimmung in vielen Unternehmen nach wie vor eine sehr große Rolle spielen. Doch die Kosten für deren Entwicklung und Implementierung stehen schwarz auf weiß in einem Angebot; die vertane Arbeitszeit des Vorstands rechnet jedoch niemand je zusammen. Wer aber solche internen Prozesskosten und Reibungsverluste nicht in der Rechnung berücksichtigt, verkennt die tatsächliche Lage und führt falsche Berechnungen ins Feld, um den Stillstand zu rechtfertigen.

> Es leuchtet wohl ein, dass man es nicht dem persönlichen Ermessen des Einzelnen überlassen kann, welche Informationen in welcher Form das Unternehmen verlassen.

Nicht nur Behörden und öffentliche Einrichtungen bremsen sich selbst immer noch aus und sorgen für zunehmende Unzufriedenheit bei allen Arbeitnehmern, indem sie versuchen, deren Gesichter aus jeglicher (virtueller) Öffentlichkeit fernzuhalten. Auch große Konzerne und selbst mittelständische Arbeitgeber versuchen oft noch, sehr weitgehend zu verbieten, dass ihre Mitarbeiter in der Öffentlichkeit als Angehörige der betreffenden Organisation sichtbar sind. Das geht dann sogar soweit, dass den Einzelnen untersagt ist, beispielsweise berufliche Profile bei XING oder LinkedIn anzulegen. Ganz abgesehen davon, dass man auf diese Weise das Potential der eigenen Belegschaft komplett ausbremst, was Interaktionen in einer modernen Welt angeht: Solche Denkmodelle basieren auf einer veralteten, fehlgeleiteten Weltsicht, die davon ausgeht, dass sich Informationen überhaupt noch unterdrücken ließen. In einer digitalen Welt ist potentiell (fast) jeder Mitarbeiter ein Botschafter des eigenen Arbeitgebers, und mehr und mehr ist jeder Einzelne öffentlich sichtbar. Wenn er diese Präsenz nicht aktiv gestaltet, dann kann es passiv geschehen und sich dem Einfluss des Betreffenden sowie dessen Arbeitgebers mehr und mehr entziehen. Gleichwohl darf die Entwicklung andererseits nicht dahin gehen, dass nunmehr jeder Einzelne – unabhängig von seinen eigenen Aufgaben – zu einer Art Pressesprecher im Kleinen für das Unternehmen wird. Daher muss es auch hier Regeln und Absprachen geben. Wenn also die Erkenntnis einmal integriert ist, dass Mitarbeiter sichtbar sind, brauchen sie bestimmte Regeln und Richtlinien darüber, wie sie in der Öffentlichkeit mit Bezug auf ihren Arbeitgeber auftreten; was sie dürfen und was nicht; wo sie nachfragen müssen und wo sie schweigen sollten. Da man auch hier die Mitarbeiter nicht einfach alleinlassen darf, braucht heute jede Firma, jede Einrichtung Social-Media-Guidelines. Abgesehen davon, dass dies noch lange nicht überall der Fall ist, muss man andererseits auch sagen: Viele dieser Regelwerke, die in den Firmen und Behörden als großer Schritt in Richtung digitale Innovation gefeiert werden, sind so allgemein gehalten und so wenig aussagekräftig, dass man sie sich eigentlich gleich sparen könnte. Sparen kann man sie sich erst recht, wenn man sie den Einzelnen einfach als Regelwerk, sogar noch auf Papier ausgedruckt, zum Lesen überreicht. Damit Regeln verinnerlicht und Richtlinien umgesetzt werden, müssen sie von den Betreffenden als sinnvoll erkannt und in Bezug zur eigenen Lebens- und Arbeitsrealität gesetzt werden. Das bedeutet: Dass es möglich wäre, in Unternehmen solche Regelwerke mit der Belegschaft gemeinsam zu erarbeiten, ist eine der schönen Utopien, die viele Berater gerne pflegen. Machbar ist dies meistens nicht. Eine Vorstellungs- und Erarbeitungsphase gehört jedoch unbedingt dazu.

Es hilft schon, wenn man solche allgemeinen Regeln in klaren Bezug zu bestehenden Systemen setzt. So kann der einzelne Mitarbeiter leichter erkennen, dass er das grundsätzliche Handwerkszeug, um seine eigene Präsenz als Angehöriger eines Unternehmens sinnvoll zu gestalten, längst besitzt. Gleiches gilt beispielsweise für die Preisgabe von Interna oder gar Unternehmensgeheimnissen. Wenn ein Regelwerk den Umgang mit sensiblen Informationen in sozialen Netzwerken wie abgekoppelt vom bisherigen Arbeitsleben behandelt, so entsteht beim einzelnen Mitarbeiter der Eindruck, er müsse auch hier besonders und vor allem ganz anders aufpassen als bisher. Das führt eher zu einem Gefühl der Überlastung oder zu der Angst, nicht mehr alles kontrollieren zu können. Tatsächlich sind die meisten unerwünschten Verhaltensweisen in digitalen Medien ganz leicht von den erwünschten zu unterscheiden. Man muss sie einfach nur daraufhin überprüfen, ob sie mit ganz normalen Geheimhaltungsvereinbarungen im Arbeitsvertrag oder einfach dem im Arbeitsleben bereits erlernten Gespür für die Vertraulichkeit bestimmter Sachverhalte betrachtet. Mit einer solchen Betrachtungsweise des längst Gewussten und Verinnerlichten als Basis fällt es deutlich leichter, Mitarbeiter in ihrer öffentlichen Präsenz im digitalen Zeitalter zu begleiten und zu unterstützen. Dies enthebt einen Arbeitgeber allerdings nicht der Notwendigkeit, bestimmte neue Aspekte zu schulen beziehungsweise schulen zu lassen und den Mitarbeitern hier technische sowie inhaltliche Unterstützung anzubieten.

2.9   Shitstorms und Kommunikationskrisen: Wie gefährlich sind sie?

In vielen Unternehmen herrscht selbst heute noch die Angst vor, sich in sozialen Medien zu engagieren, weil negative Reaktionen befürchtet werden. »Shitstorm« ist hier ein häufig gehörter Begriff. Ganz abgesehen davon, dass für die meisten Firmen die Bedrohung durch Empörungswellen in sozialen Netzwerken ungleich geringer ist als diejenige, nicht gesehen zu werden: Im Grunde sollte jedes Unternehmen schon jetzt für die Krisenkommunikation gerüstet sein. Wer nicht für eine mögliche Kommunikationskrise vorgesorgt hat, steht seit jeher ziemlich hilflos da, wenn irgendetwas passiert. Eine negative Entwicklung in der Branche, ein Gerücht über die Liquidität des Unternehmens, ein Störfall, eine Rückrufaktion: So etwas konnte immer schon passieren und medial außer Kontrolle geraten. Dazu braucht man keine sozialen Netzwerke. Insofern benötigten Firmen immer schon Konzepte für die Krisen-PR. Dazu gehören Strukturen für die schnelle Abstimmung untereinander sowie die entsprechenden Medien. Es muss klar sein, wer wofür verantwortlich ist und wer im Fall der Fälle alarmiert werden muss. Auch eine Aufstellung etwa der Pressekontakte gehört in das Konzept für den Ernstfall. Ebenso muss klar sein, wer etwa als externer Berater hinzugezogen wird.

Kommunikationskrisen entstehen in vergleichsweise wenigen Fällen ausschließlich aufgrund einer Äußerung oder Reaktion eines Unternehmens in einem sozialen Netzwerk. Meistens liegt die eigentliche Ursache in einem tatsächlichen Missstand (oder manchmal auch einem Missverständnis). Über soziale Netzwerke kann sich so etwas aber heute viel schneller verbreiten, und es kann durchaus sein, dass Kleinigkeiten plötzlich eine unvorhergesehene Eigendynamik entwickeln. Gerade deswegen: Wer Social Media meidet, um Kommunikationskrisen zu vermeiden, erfährt im Zweifelsfall viel zu spät davon, dass etwas aus dem Ruder läuft. Zudem verfügt er dann nicht über die Kanäle und die Reichweite, um adäquat selbst zu reagieren und gegebenenfalls die Dinge richtigzustellen. Wer Krisenkommunikation betreibt, muss sich in allen Medien zu Hause fühlen. Er muss aber vor allem das Handwerk selbst beherrschen. Kommunikation in sozialen Netzwerken kann und darf nicht erst in der Krise beginnen. Unternehmen, die bereits auf die schnelle und abgestimmte Reaktion im Falle einer Kommunikationskrise vorbereitet sind, über Strukturen und Fähigkeiten, haben generell bereits die Strukturen, die für schnelle, digitale Kommunikation erforderlich sind – auch außerhalb von Krisen und Problemfällen.

> **!**   **Shitstorm und Kommunikationskrise: typische Auslöser**
>
> Im Prinzip kann fast jeder Missstand, jedes Fehlverhalten und jede ungeschickte Äußerung plötzlich große, auch negative Resonanz erzeugen. Meiner Wahrnehmung nach gibt es aber drei typische Auslöser:
>
> - Selbst ausgelöst durch Aktivitäten des betreffenden Unternehmens oder eines seiner Mitarbeiter im Web. Beispiele: Eine Firma wirbt mit falschen Behauptungen für ein Produkt und ein Mitbewerber entlarvt das. Oder ein Unternehmen, das einen starken Gegner hat, etwa eine Umweltschutz-Lobby, provoziert diesen mit offensiver Kommunikation zu einer Gegenkampagne.
> - Ausgelöst durch die Reaktion eines Unternehmens auf Äußerungen im Web. Beispiel: Ein Blogger äußert sich negativ über ein Produkt, und der Hersteller geht direkt juristisch dagegen vor oder versucht die Meinungsäußerung zu unterdrücken.
> - Ausgelöst durch andere Menschen aufgrund von (empfundenen) Missständen, beispielsweise in der Unternehmenspolitik. Beispiel: Störfall, Unfall, Gefährdung, Skandal – und die Gegner nutzen das Web, um das anzuprangern und ihren Protest zu organisieren und zu verstärken.
>
> Dabei gibt es bestimmte Faktoren, die die Wahrscheinlichkeit, dass ein Shitstorm ausgelöst wird, deutlich erhöhen, wie eine gemeinsame Studie von The University of Michigan-Dearborn, Otto Beisheim School of Management, Vallendar, und Otto-Friedrich-Universität Bamberg ergeben hat:[46]
>
> - Eine große Community oder eine Interessengruppe unterstützt den Shitstorm (engl. *Collaborative Brand Attack*).
> - Eine große Zahl von Usern fühlt sich von dem betreffenden Unternehmen ausgenutzt oder instrumentalisiert.
> - Das Unternehmen reagiert unangemessen, etwa indem es versucht, negative Kommentare zu löschen oder sie einfach zu ignorieren, statt konstruktiv mit der Situation umzugehen.
> - Die Inhalte an sich laden zur Weiterverbreitung ein, weil sie emotional, lustig oder überraschend sind.
> - Ein Shitstorm kann also Teil einer größeren Kommunikations- oder Unternehmenskrise sein oder ein isoliertes Social-Media-Phänomen. Entsprechend unterschiedlich fallen auch die Folgen aus. Diese vorherzusehen und Strategien für den Umgang damit zu entwickeln, ist die Aufgabe eines Konzeptes für die Krisen-PR.

2.10   Eigene Kernkompetenzen: Wie man sie in die digitale Welt überträgt

Was sind aber nun die professionellen Kernkompetenzen aus der Unternehmenskommunikation, die auch für digitale Medien gelten? Was ist es, das erfahrene Unterneh-

---

46   Philipp A. Rauschnabel, Nadine Kammerlander, and Björn S. Ivens: «Collaborative Brand Attacks in Social Media: Exploring the Antecedents, Characteristics, and Consequences of a new Form of Brand Crises», 2016, https://www.philipprauschnabel.com/wp-content/uploads/2016/09/rauschnabel-et-al-CBA-brand-attacks-paper-JMTP.pdf

mer und Kommunikationsverantwortliche besitzen und wissen, unerfahrene *Digital Natives* aber meistens nicht? Mit welchem Startkapital an Wissen und Erfahrung begeben sie sich in die digitale Welt? Hier sind nur einige Beispiele für Kompetenzen, die in der Kommunikation in digitalen Medien unerlässlich sind. Vieles davon ist eng miteinander verknüpft, soll hier aber dennoch in Einzelaspekten betrachtet werden.

Menschenkenntnis und Urteilsvermögen

Jedes Medium hat seine eigenen Anforderungen, aber gerade in sozialen Netzwerken geht es um die Kommunikation mit anderen Menschen. Dazu gehört es, andere einschätzen zu können und sich anhand weniger Signale ein möglichst umfassendes Bild zu verschaffen. Natürlich muss die Form des Austausches anhand der spezifischen Gesetzmäßigkeiten und Funktionen einer Plattform unter Umständen neu gelernt werden. Aber die Grundlagen basieren auf Erfahrung und geschulten Sensoren. Es geht ja nicht allein um die Kommunikation in neuen Medien, sondern auch um die Zusammenarbeit mit Kollegen im Team, um den Umgang mit Kunden, die Beratungsqualität …

Führungsqualitäten

Wer über Social-Media-Kommunikation spricht, meint auch heute oft noch einfach die operative Pflege und das Bespielen der Accounts und Plattformen. Aber wer ein Kommunikationsteam in das digitale Zeitalter führen will, braucht zu den Einsichten in die digitale Welt vor allem Führungsqualitäten. Toolwissen ist heute auf fast allen Ebenen unverzichtbar. Doch wer in der Lage ist zu delegieren und Mitarbeiter eigenverantwortlich handeln zu lassen, muss nicht jedes Tool selbst bis in die Tiefen beherrschen, vorausgesetzt es gelingt ihm, die Richtigen zu finden und zu halten. *Leadership* steht hier vor den Medien.

Kommunikative Kompetenz

Auch wer selbst kein Team führt, braucht ein Gespür dafür, was er wo in welcher Form sagen beziehungsweise schreiben kann. Er oder sie muss in der Lage sein, sich auszudrücken und herüberzubringen, was er erreichen will. Zudem muss er einschätzen können, was für eine Wirkung seine Äußerungen haben könnten. Wer Kommunikation als solche beherrscht, der kann das auch in sozialen Netzwerken ziemlich schnell, sobald er sich mit den Medien und deren spezifischen Anforderungen auseinandergesetzt hat.

Netzwerkqualitäten

Wer es einmal geschafft hat, sich ein Netzwerk mit hochwertigen Kontakten aufzubauen und zu pflegen, der kann dieses über die virtuelle Welt gut ausbauen. Umgekehrt nützen soziale Netzwerke einem Nutzer wenig, dem die soziale und professionelle Kompetenz fehlt. Alle Grundregeln wertschätzender menschlicher Kommunikation gelten auch hier und erleichtern den Austausch untereinander. Bindungen, gegenseitige Unterstützung und gemeinsame Arbeit an einem größeren Ganzen sind über digitale Medien sehr gut zu erreichen, vorausgesetzt, die Beteiligten verfügen über die dazu erforderliche Erfahrung, das Gespür, den Willen und die Einsicht.

Zielgruppenorientierung

Das haben alle Kommunikationsformen gemeinsam: Sie sind nur dann wirkungsvoll, wenn die Botschaften einen echten Nutzen für die gewünschte Zielgruppe liefern. Ob dies gelingt oder nicht, ist nicht primär plattformspezifisch. Wer in der Lage ist, sich in die Perspektive der gewünschten Gesprächspartner hineinzuversetzen, seine Botschaften auf diese auszurichten und dabei die Form der gewählten Plattform zu berücksichtigen, lernt das für jedes weitere Medium ebenfalls schnell. Wir werden uns in den folgenden Kapiteln noch näher damit befassen, wie es gelingt, in digitalen Zeiten Zielgruppen und Zielgruppenvertreter zu identifizieren und zu erreichen.

Strategiewissen und Konzeptionserfahrung

Unternehmenskommunikation, die bei operativen Einzelmaßnahmen ansetzt, hat noch nie gut funktioniert, und dies hat sich auch nicht geändert. Eine wirkungsvolle Strategie und ein umfassendes Konzept erfordern eine gründliche, professionelle Herangehensweise. Dazu braucht man Fachleute mit Erfahrung. Warum sollte das in sozialen Netzwerken anders sein? Dass derzeit viele *Digital Natives*, die keine Berührungsängste gegenüber dem Onlinebereich haben, sich diese Kenntnisse und Erfahrungen aneignen, steht außer Frage. Ebenso fraglos aber brauchen sie dazu deutlich mehr Zeit als jemand, der den umgekehrten Weg geht: aus der fachlichen Erfahrung heraus in die für ihn noch relativ neuen Medien.

Vertriebserfahrung

Marketing und Werbung in sozialen Netzwerken machen den Vertrieb nicht überflüssig. Die meisten Formen der Kaltakquise funktionieren allerdings in sozialen Netzwerken nicht gut. Aber auch bisher ist in den meisten Unternehmen die »kalte« Ansprache potentieller Kunden zumeist nicht die Hauptaufgabe des Vertriebs. Verkaufen und Verkaufen-Können sind Teile eines umfassenden Handwerks, das erlernt und geübt werden muss. Dazu gehört das Erkennen von Kaufsignalen ebenso wie der richtige Umgang mit Leads und Bestandskunden. Die beste Social-Media-Strategie ist nichts wert, wenn die eigentliche Umwandlung in Umsatz und Gewinn nicht funktioniert. Ein guter Vertriebler stellt sich auf geänderte Bedingungen und veränderte Kommunikationswege ein und begreift, dass der *Push* nicht mehr funktioniert, dass aber ein Kunde, der sich sozusagen selbst überzeugt hat, dennoch adäquat abgeholt werden muss.

Handwerkszeug für die Umsetzung

Design und Texten sind nur zwei Beispiele für viele Kernkompetenzen aus der Unternehmenskommunikation, die sich keineswegs aus der Kenntnis digitaler Medien von selbst ergeben, sondern eigenes Handwerkszeug erfordern. Nicht jeder Texter beherrscht jede Form. Ebenso ist nicht jeder Grafiker automatisch ein guter Webdesigner. Onlinemedien stellen andere Ansprüche an Texte als Druckmedien. Wer eine Website gestalten will und bisher nur Printmedien designt hat, braucht selbst dann zusätzliche Kenntnisse, wenn er gar nicht selbst programmieren will. Doch wer sein Handwerk sicher beherrscht, schafft den Transfer auf ein neues Medium relativ schnell; schneller jedenfalls als jemand mit Medienkenntnissen, der Texten oder Gestaltung erst noch von Grund auf lernen und üben muss. Professionelle Kommunikation gehört in Profihände.

2.11   Storytelling: Multimediale Geschichten im Wandel der Zeit

Unternehmenskommunikation braucht Geschichten. Contentstrategien brauchen Geschichten. Content-Marketing braucht Geschichten. Social-Media-Strategien brauchen Geschichten. Die kleinstmögliche Form einer Geschichte ist ihr roter Faden. Tatsächlich hat es Storytelling schon immer gegeben. Doch im Gegensatz zu früheren Zeiten ist eben heute die mediale Überflutung so groß, dass der Geschichtenerzähler sich schon sehr anstrengen muss, um sich überhaupt Gehör zu verschaffen.

Storytelling ist meiner Ansicht nach zugleich eines der am häufigsten missverstandenen Konzepte. Es geht nicht immer darum, Märchen zu erzählen. Storytelling bedeutet keineswegs, weitschweifige Allegorien zu entwickeln. Oft ist eine gut erzählte Geschichte einfach ein Handlungsablauf, der bestimmte Inhalte gliedert und dabei in der realen Begriffswelt bleibt.

»Storytelling mag ja schön und gut sein, aber unser Produkt an sich ist langweilig und gibt einfach keine Geschichten her.« – Solche und ähnliche Aussagen höre ich oft von Kunden aus dem B2B-Bereich: Berater, spezialisierte Dienstleister oder produzierende Unternehmen, nicht selten sogar Marktführer in ihrem Segment. Entsprechend sehen dann auch viele Webseiten und Social-Media-Profile aus. Wenn es überhaupt einen Newsbereich gibt oder gar eine Facebook-Seite – Corporate Blogs sind sowieso für viele noch in weiter Ferne –, dann finden sich hier vor allem technisch formulierte Produktnews, selbstreferentielle Nachrichten oder Fotos von zwei bis acht Personen in Anzügen, die eine Urkunde hochhalten oder etwas steif vor einem Messestand posieren.

Nicht selten habe ich den Eindruck, dass gegenüber unterhaltsameren Inhalten regelrechte Ängste vorherrschen: Man ist ja ein seriöses Unternehmen im B2B-Bereich und will sich keineswegs in der Ecke der Consumer-Welt wiederfinden. Im Unternehmenskontext, so ist zu hören, zählten eben vor allem Qualität und Sachargumente, und das Ganze müsse überzeugend rüberkommen. Humor, Leichtigkeit, Persönliches und bunte Bilder könnten schnell zu flapsig wirken oder gar die Falschen anlocken. Dabei wird verkannt, dass Entscheider ebenfalls Menschen sind; dass auch im B2B-Verkauf die Beziehungen zwischen Menschen eine große Rolle spielen; und dass Reichweite eine kritische Masse an Empfehlern braucht, also mehr als nur die direkten Interessenten und Kunden ansprechen muss. Übrigens, was oft vergessen wird: Nicht nur in der externen, auch in der internen Kommunikation, mit Mitarbeitenden und anderen Stakeholdern spielt das Storytelling eine entscheidende Rolle.

Unternehmenskommunikation kann und muss immer Geschichten erzählen. Es ist also eher ein Prinzip, das jeder Kommunikation zugrunde liegt, nicht etwas Zusätzliches, das zu anderen Stilmitteln hinzukäme. Ursprünglich bezeichnet das Storytelling eine Disziplin, in der mittels Geschichten – oft auch allegorisch oder märchenhaft – Sachverhalte erklärt, verdeutlicht oder illustriert werden. Längst hat sich das Konzept aber weiterentwickelt. Heute wird auch als Storytelling verstanden, Geschichten aus dem Unternehmen und aus der Praxis zu erzählen, oft multimedial und über verschiedene Plattformen hinweg. Das bildliche, allegorische oder metaphorische Moment muss nicht notwendig vorhanden sein.

Nach meinem Verständnis hat jeder Inhalt eine Story, im Sinne eines roten Fadens. Dieser beginnt, wenn ein Empfänger/User/Gesprächspartner dem Erzähler begegnet beziehungsweise in einen Inhalt eintritt. Er endet an der Stelle, an dem er oder sie den Inhalt beziehungsweise den Dialog wieder verlässt. Er kann sich aber fortsetzen oder in weitere Erzählstränge verzweigen, wenn der User die Geschichte weiterträgt und weitererzählt. Geschichten können sich über einen längeren Zeitraum und über mehrere Plattformen hinweg weiterentwickeln. Storytelling in der Unternehmenskommunikation findet auf vielen Ebenen statt. Als erzählte Geschichten. Als erlebte Geschichten, denn auch jede *User* oder *Customer Journey* ist eine Geschichte mit verschiedenen Stationen.

> **!**
>
> **Was das Storytelling leisten kann**
> - Geschichten wecken Interesse und erzielen Aufmerksamkeit.
> - Geschichten stellen Zusammenhänge her und verbinden einzelne Inhalte zu einem größeren Ganzen.
> - Geschichten bauen Spannung auf und führen den Empfänger/Gesprächspartner von der ersten Begegnung zu einem gewünschten Ausgangspunkt.
> - Geschichten stärken die Wiedererkennung.
> - Geschichten sorgen für Sichtbarkeit und Weiterverbreitung von Botschaften und Inhalten.
> - Geschichten bauen Beziehungen auf – über die einmalige Begegnung und den einzelnen Kauf hinaus.
> - Geschichten stärken die Identifikation der Beteiligten und stellen ein Zusammengehörigkeitsgefühl im Unternehmen her.

Man kann Geschichten erzählen um die Menschen herum, die ein Produkt herstellen. Man kann die Geschichte aus der Sicht der Käufer und Konsumenten aufbereiten. Man kann sehr nah am Produkt bleiben. Man kann, wenn man es gut macht, auch Metaphern entwickeln für etwas, das sonst kaum greifbar ist, wie etwa Strom. Man kann Communitys ihre eigenen Geschichten rund um eine Marke spinnen lassen. Wenn man es gut und mit einigem Aufwand betreibt, kann man auch Geschichten erzählen, die auf den ersten Blick schon ziemlich weit weg vom Produkt sind. Ein bekanntes und immer wieder zitiertes Beispiel für eine große Marke, die rund um ihr Produkt schon eine ganze Erzählindustrie aufgebaut hat, ist Red Bull.

Aber es wird nie gelingen, einer Zielgruppe irgendeine Allegorie aufzudrängen, die für sie keine Relevanz hat, nur weil es so schön märchenhaft anmutet oder man selbst sich in eine Metapher verliebt hat. Relevanz für den Empfänger entscheidet, ob eine Erzählung etwas auslöst. Sie bestimmt, ob der Betrachter oder Zuhörer bereit ist, auf das Erzählte einzusteigen, und das gilt für jedes Genre, auch für die ganz kurzen Formen. Selbst ein Slogan, ein Kürzesttext oder eine kleine Videosequenz ist dann gut, wenn sich im Kopf des Betrachters eine Geschichte entwickelt. Geschichten wirklich spannend erzählen kann nur derjenige, der das Handwerk beherrscht, und das enthebt sie oder ihn nicht der Mühe, sich eine Dramaturgie zu überlegen und diese konsequent durchzuhalten. Es gibt gute Erzähler und solche, die es erst noch üben müssen. Aber mangelnde handwerkliche Kenntnisse und mangelnde Fantasie sind keine Entschuldigung für matte Metaphern!

Damit Geschichten, die aus der analogen Welt kommen – etwa eine Unternehmensstory –, im Digitalen funktionieren, müssen sie also zunächst die grundlegenden Anforderungen erfüllen. Was will ich vermitteln? Was ist mein primäres Erzählziel? Was bringt die Geschichte dem Empfänger? Was braucht er, um die Geschichte zu verstehen? Was soll der Empfänger denken, fühlen, danach tun? So entstehen, plattformübergreifend, gute Geschichten, die die Empfänger erreichen. Wenn man noch genauer hinsieht, wird man wahrscheinlich feststellen, dass jede Botschaft auf ihre Weise eine Geschichte erzählt oder beim Empfänger Geschichten im Kopf erzeugt.

Erst wenn diese Fragen geklärt sind, stellt sich die Frage nach der Umsetzung von Geschichten über verschiedene Medien und Plattformen hinweg, innerhalb der integrierten Gesamtkommunikation. Dann aber kommen weitere Fachkenntnisse ins Spiel: Wie erzähle ich eine Geschichte auf Twitter in 140 Zeichen und löse zugleich eine Handlung aus? Wie sieht eine Geschichte auf YouTube aus, die andere sich gerne ansehen und weiterempfehlen? Wie verknüpfe ich die verschiedenen Plattformen innerhalb meiner Contentstrategie, um übergreifende Geschichten zu erzählen? Im vierten Teil dieses Buchs befassen wir uns damit, wie Unternehmen in einer digitalen Welt mit ihren Geschichten sichtbar und hörbar werden – und bleiben.

Sieben Irrtümer ausräumen: So gelingt der Transfer ins Digitale

Digitale Kommunikation ist bis heute mit zahlreichen Annahmen, Spekulationen und Mythen besetzt. Wer neue Kommunikationsstrategien in digitalen Zeiten erfolgreich einführen will, hat damit häufig zu kämpfen. Hier sind sieben solcher typischen Behauptungen – und was dagegen hilft.

Irrtum Nr. 1: »Digitale Medien sind etwas völlig Neues!«
Abgesehen davon, dass das Internet und digitale Medien ohnehin kaum noch als neu bezeichnet werden können: Eines der größten Probleme, die auftreten, wenn sich Menschen – sei es im professionellen, sei es im privaten Bereich – in die digitale Welt begeben, liegt darin, dass sie auf die für sich noch neuen Angebote und Plattformen schauen, als geschehe hier völlig Neues, nie Dagewesenes. Sie betrachten die Medien, als bildeten diese die eigentlichen Inhalte. Das Medium bindet so viel Aufmerksamkeit, dass es gleichsam überhaupt nicht transparent ist für das Eigentliche, was dahintersteht: die Inhalte, die Menschen, die Interaktionen. Daher sind die Betreffenden dann auch nicht in der Lage, bereits Bekanntes, Gelerntes und Verinnerlichtes auf das neue Umfeld zu übertragen. Ganz normale Regeln der menschlichen Interaktion bleiben außen vor, weil einfach überhaupt kein Bewusstsein dafür herrscht, welche Kernkompetenzen auch in diesem neuen Umfeld von Bedeutung sind. Es fehlt in diesen Fällen, zumindest zu Beginn, folglich oft die Fähigkeit, eine Metaebene einzunehmen und das eigene Verhalten (selbst-)kritisch zu betrachten. Das führt schlimmstenfalls dazu, dass die Kommunikation misslingt. Mangelnde Resonanz kann eine Folge sein, die bei dem Einzelnen zu Frustration führt, aber meistens keine weiteren negativen Folgen hat. Schlimmstenfalls ist jedoch mit Widerstand und Imageverlust zu rechnen.

Das könnte helfen: Erfahrungen dokumentieren und Unterstützung holen
Mit der nötigen Offenheit und der Erfahrung stellt sich ein Umdenken ein. Das bedeutet: Es sind Zeit, Aufwand und Aufmerksamkeit zu investieren. Den eigenen digitalen Wandel im Kopf vollzieht man nicht nebenbei, erst recht nicht in einer kompletten Organisation. Sicherheit in einer neuen Domäne gewinnt derjenige, der sich auf bereits Gelerntes stützt und offen auch für kritisches Feedback ist. Entscheidend ist die Erkenntnis, dass es jederzeit sinnvoll ist, den gesunden Menschenverstand zu nutzen und bewusst Parallelen zu bisherigen Erfahrungen zu ziehen. Gerade beim Einstieg in die professionelle Kommunikation in digitalen Medien kann ein Sparringspartner Wunder wirken. Ein Unternehmen, das in der eigenen Kommunikation noch über keine ausgeprägte Digitalkompetenz verfügt, wird wahrscheinlich externe Unterstützung oder zumindest fundierte Fortbildung der eigenen Kräfte benötigen.

Irrtum Nr. 2: »Digitale Medien sind überhaupt nichts Neues!«

Andererseits gibt es Menschen, die die digitalen Medien und die sozialen Netzwerke betrachten, als gäbe es hier nichts Neues zu lernen und zu erfahren. Auch sie sind im Irrtum. Während einerseits die digitale Welt grundlegende zwischenmenschliche Prinzipien weder außer Kraft setzt noch grundlegend verändert, gibt es doch eine Menge zu bedenken und neu zu verinnerlichen. Beispielsweise haben sich, wie wir in den vorigen Kapiteln bereits gesehen haben, Kommunikationswege, Hierarchien sowie Ansprüche an Erreichbarkeit und Reaktionszeiten immens verändert. Ebenso gefährlich, wie über den Medien das Menschliche zu vergessen, ist es also, die großen Auswirkungen der digitalen Technologien auf Gesellschaft, Unternehmen und zwischenmenschliche Kommunikation zu negieren.

Das könnte helfen: Das Gesamtbild betrachten

Bisher noch nicht genutzte Medien verlangen beim Einstieg Aufmerksamkeit über das Altbekannte hinaus. Wer in einer digitalen Welt agieren, reagieren und kommunizieren will, kommt nicht umhin, sich in die spezifischen Gesetzmäßigkeiten der Medien und Technologien einzuarbeiten. Wer das mit professionellem Anspruch tut, wird sich im Wandel erfolgreich positionieren und weiterentwickeln.

Irrtum Nr. 3: »Probieren geht über Studieren!«

Eigentlich gibt es in vielen deutschen Unternehmen eher zu wenig Experimentierfreude und Mut zu Fehlern. Doch die Devise »Einfach mal machen« ist in der Unternehmenskommunikation auch nicht zielführend. Im Umgang mit jeglicher Form von (neuer) Technologie ist es fahrlässig, sich nicht mit den spezifischen Funktionen und Regeln vertraut zu machen. Gleiches gilt für professionelle Kommunikation, für die professionelle Fachkenntnisse erforderlich sind. Soziale Netzwerke verstärken kleine Bemerkungen und scheinbar Beiläufiges zuweilen mit einer Wucht, die sich niemand vorgestellt hatte. Dabei ist durchaus kaum vorherzusagen noch weniger aber zu planen, was sich wie verbreitet und was einfach völlig unwahrgenommen versickert, kaum dass es ausgesandt ist.

Das könnte helfen: Professionelle Sichtweisen einnehmen

Sich zuerst zu informieren und gründlich weiterzubilden, dann zu agieren, ist der einzig gangbare Weg. Dazu gehört eine vernünftige Planung, und dazu ist eine konsequente Strategie, welche die einzelnen Teilmaßnahmen sinnvoll vernetzt, unerlässlich. Qualitätssicherungskonzepte und interne Kontrolle, mindestens über ein Vier-Augen-Prinzip, gehören zur digitalen Kommunikation ebenso wie zu allen anderen Bereichen in Unternehmen. Es gehört jedoch auch die Erkenntnis dazu, dass Fehler passieren dürfen und passieren werden. Entscheidend ist, damit konstruktiv umzugehen.

Irrtum Nr. 4: »Unternehmenskommunikation besteht vor allem im Aussenden von Botschaften!«

Viele Unternehmen hängen noch dem alten One-to-many-Paradigma, der Einbahn-straßen-Kommunikation an: Einer schreibt oder spricht, viele empfangen. Das verkennt zum einen die Bedürfnisse der anderen User, selbst solcher, die sich als treue Fans um eine bekannte Marke oder einen Protagonisten scharen. Sie wollen wahrgenommen werden, sie wollen Antworten, sie wollen ihrerseits Aufmerksamkeit für ihre Botschaften. Zum anderen vernachlässigt eine solche Denkweise völlig die Potentiale im Hinblick auf Marktforschung, Konkurrenzbeobachtung und eigene Weiterbildung. Wer sich nur Gedanken darüber macht, welche eigenen Inhalte sich eignen, um sie auszusenden, und wie man diese ansprechend verpackt, verschwendet Ressourcen, ohne dass die Resonanz gesichert ist. Oft führt dies bereits nach einer kurzen Probe-phase in die Frustration.

Das könnte helfen: Alte Denkweisen auf den Prüfstand stellen

Wenn es gelingt, gleich zum Einstieg die beschriebene Denkweise zu ändern, ist der ganz wesentliche Dreh geschafft, um erfolgreich im Web zu agieren und zu interagie-ren. Die Wahrnehmung für die Anderen und für deren Bedürfnisse schärft sich zuse-hends. Mit einem vernünftigen Monitoring- und Erfolgsmessungssystem lässt sich schnell erkennen, welche Maßnahmen und welche Formen erfolgreich sind und wel-che weniger gut funktionieren. In dem Maße, in dem das Teilen und Empfehlen auch fremder Inhalte in die eigene Kommunikation integriert ist, wachsen zugleich der Grad der eigenen Vernetzung und die Bereitschaft der anderen, ihrerseits Inhalte zu empfehlen und weiterzuverbreiten.

Irrtum Nr. 5: »Viel hilft viel!«

Die meisten Unternehmer und Kommunikationsverantwortlichen sorgen sich darum, ob es gelingt, genügend eigene Blogbeiträge und Inhalte zu produzieren. Diese Sorge ist durchaus berechtigt, denn im Unternehmensalltag eine Contentstrategie auf Dauer durchzuziehen, stellt vor allem für Mittelständler ohne große Kommunikationsabtei-lung eine echte Herausforderung dar. Doch es zählt nicht allein die Menge der produ-zierten Inhalte, sondern vor allem deren Nutzen für die gewünschten Empfänger beziehungsweise Gesprächspartner. Wer nur redet, kann nicht zuhören. Wer zu viel redet, dem hört irgendwann keiner mehr zu. Das gilt für jegliche Kommunikations-form, im Persönlichen wie in den (sozialen) Medien.

> Es wird nicht immer noch mehr Information gebraucht, sondern vor allem Lotsen, die Orien-tierung und Überblick liefern, Informationen einordnen, aufbereiten und zusammenfassen.

Das könnte helfen: Erfolgsmessung etablieren

Der schmale Grat zwischen *nicht genug* und *zu viel* ist nicht immer leicht auszuloten. Auch gibt es keine absoluten, allgemeingültigen Regeln. Das Einzige was hilft, ist, genau zu beobachten, nah an der Zielgruppe zu bleiben und mit dieser zu interagieren. Für jedes Medium und für jede Plattform gibt es eine Reihe quantitativer Messwerte sowie qualitativer Indizien, mit denen sich ermitteln lässt, ob das richtige Maß erreicht ist. Mehr zu diesem Thema finden Sie im vierten Teil dieses Buchs.

Irrtum Nr. 6: »Da wird schon nichts passieren!«

Unsichere Passwörter, fahrlässiger Umgang mit Login-Daten, Content-Management-Systeme, die nicht regelmäßig gewartet werden, mangelnder Informationsfluss zwischen den Beteiligten, fehlendes Bewusstsein für Vertraulichkeit, keine Qualitätssicherung im öffentlichen Umgang mit der Community, kein Vier-Augen-Prinzip: Oft wird in Unternehmen unterschätzt, was im Digitalen auf den verschiedensten Ebenen alles schiefgehen kann: vom gehackten Profil bis zum Imageschaden. Beispiel Facebook-Fanpage: Unternehmen, die hier nur einen einzigen Admin etablieren – schlimmstenfalls den Praktikanten –, gefährden einen oft über viele Jahre aufgebauten Unternehmenswert. Denn wenn das Profil dieses Admins, aus welchem Grund auch immer, berechtigt oder unberechtigt, abgeschaltet oder zumindest vorübergehend deaktiviert wird, ist mit einem Schlag der gesamte Seitenzugriff unmöglich. Erst letztens habe ich von einem Fall erfahren, in dem ein Mitarbeiter, der als einziger über die Zugangsdaten verfügte, nach einer Trennung im Streit diese nicht herausgab. Solche Szenarien muss man bedenken, um vorbeugen zu können, und das gilt für etliche zahlreiche weitere Risiken ebenso.

Grundsätzlich ist natürlich Kommunikation im Web nicht gefährlicher als jede andere. Jedoch sind die Beteiligten oft einfach mit den spezifischen Anforderungen und Gesetzmäßigkeiten nicht vertraut genug, beziehungsweise es bleibt dem Problembewusstsein und der Verantwortung des einzelnen Mitarbeiters überlassen, wie gut die Maßnahmen gegen eventuelle Risiken sind. Dabei ist es relativ einfach, sich abzusichern, wenn das konsequent geschieht. Dafür ist allerdings ein gewisser Aufwand von Anfang an einzukalkulieren.

Das könnte helfen: Sicherungskonzepte etablieren

Auch in diesem Fall gilt: Wer die Regeln kennt und sich mit den Gesetzmäßigkeiten vertraut gemacht hat, kann die Risiken besser einschätzen. Wer dagegen lieber nicht genauer hinschaut, weil er den Aufwand scheut und einfach hofft, dass nichts geschieht, hat hinterher das Nachsehen. Zu einer umfassenden Mediennutzung in Unternehmen gehören Sicherungskonzepte. Qualitätssicherung darf in diesem Bereich nicht aufhören. Das bezieht sich beispielsweise auf die Sicherheit von Passwörtern sowie auf die genaue Einteilung verschiedener Zugangsberechtigungen für

Medien oder die Einrichtung einer Zwei-Faktor-Authentifizierung, wo immer dies möglich ist.

Sicherungskonzepte müssen aber ebenso den inhaltlichen Bereich umfassen: Wer beantwortet Anfragen von Kunden und Mitgliedern der Community, wenn es schnell gehen muss? Was geschieht im Falle einer Kommunikationskrise? Wer ist wofür zuständig? Geht man diese Fragen einmal auf allen Ebenen durch und standardisiert die sicherheitsrelevanten Konzepte und Abläufe, hält sich nicht nur der Folgeaufwand in Grenzen. Teure Schadensbehebungen und hastig eingeleitete Reparaturmaßnahmen werden so vermieden.

Irrtum Nr. 7: »Das ist alles viel zu gefährlich!«

Während an sicherheitsrelevanten Stellen aus Unwissenheit oder mangelnden Ressourcen oft geschludert wird, bremsen an anderen Stellen die Vorbehalte alles aus. Bereits erwähnt: die Angst vor dem »Shitstorm«.

> Die meisten Kommunikationskrisen, auch solche, die sich über soziale Medien verbreiten, entstehen nicht im Internet, sondern aufgrund irgendwelcher tatsächlichen Missstände.

Viele Verhaltensweisen aufgrund solcher Befürchtungen gründen auf der immer noch weit verbreiteten Fehlannahme, dass Kommunikationskrisen in digitalen Medien erst dann entstehen könnten, wenn das betreffende Unternehmen oder die Person selbst aktiv wird. Daher sei es sicherer, sich ganz herauszuhalten. Das Gegenteil ist der Fall, wie schon in den vorigen Kapiteln erläutert: Die meisten Kommunikationskrisen, auch solche, die sich über soziale Medien verbreiten, entstehen nicht im Internet, sondern aufgrund irgendwelcher tatsächlichen Missstände. Wer sich heraushält, erfährt zu spät davon und hat keine Möglichkeit aktiv einzugreifen.

Das könnte helfen: Mitgestalten statt wegsehen

Besser als eine Vermeidungshaltung ist ein aktiver Umgang mit möglichen Problemfeldern. Dazu gehört es, sich moderiert und kontrolliert, mit der passenden professionellen Strategie, in die digitale Welt und in die sozialen Netzwerke zu begeben. Vor der aktiven Gestaltung steht dabei immer das Monitoring, das sicherstellt, dass ein Unternehmen rechtzeitig erfährt, wie und wo über es gesprochen wird.

! **Lesetipp**

Harald R. Fortmann / Barbara Koloczek (Hrsg.): Arbeitswelt der Zukunft: Trends Arbeitsraum Menschen Kompetenzen (Springer Gabler 2019).

3 Erfolg mit integrierter Kommunikation in digitalen Zeiten

Wenn in digitalen Zeiten die Kommunikationsstrategien von Unternehmen einerseits völlig neu konzipiert werden müssen, andererseits klassisches Handwerkszeug dazugehört: Was macht dann eine solche erfolgreiche Strategie in digitalen Zeiten aus? Welche Voraussetzungen sind unternehmerisch abzuklären, bevor überhaupt im Detail über Medien nachgedacht werden kann? – Niemand, der wirkungsvoll mit seinen Stakeholdern kommunizieren will, kommt um eine umfassende Bestandsanalyse herum. Meine Erfahrung aus vielen Jahren Beratung ist: Den meisten Unternehmern und Kommunikationsentscheidern ist, wenn sie sich entschließen, die Gesamtkommunikation strategisch neu aufzustellen, gar nicht klar, wie tief die Betrachtung zunächst reichen muss. Dabei gilt grundsätzlich, dass ein umfangreicher Blick auf die Strukturen in der Organisation erforderlich ist. Wer intern keine funktionierenden, medial unterstützten Abstimmungsprozesse hat, wird sich schwer damit tun, Inhalte für die Weitergabe nach außen zu organisieren. Der erste Schritt ist immer die Selbsterkenntnis: Wer sind wir? Was wollen wir nach außen darstellen? Was wollen wir erreichen? Wen wollen wir erreichen? Was haben wir diesen Interessenten/Kunden zu bieten – nicht nur an Inhalten, sondern vor allem an eigentlicher Leistung?

3.1 Das digitale Unternehmen: eine Utopie?

In globalen Märkten und mit dem veränderten Käuferverhalten wird es immer schwieriger, das eigene Angebot der oft schwankenden Nachfrage anzupassen. Das bedeutet: Beschaffungs- und Lieferprozesse benötigen eine radikal neue Betrachtung und vor allem neue Konzepte. Doch wie wollen Sie herausfinden, wie Ihre Kunden agieren, wenn nicht einmal die eigenen Vertriebszahlen so analysiert werden, dass sie sich für Prognosen eignen? Letztendlich, um zum eigentlichen Thema dieses Buches zurückzufinden: Wie wollen Sie Ihre Stakeholder mit vertretbarem Aufwand in sozialen Netzwerken erreichen, wenn Sie über gar keine Schnittstellen verfügen, um solche Informationen in Ihr *Customer Relationship Management* (CRM) zu integrieren? Haben Sie sogar immer noch kein zentrales CRM im Unternehmen? Jeder Vertrebsmitarbeiter führt seine eigene Excel-Datenbank – schlimmstenfalls nicht einmal wirklich DSGVO-konform –, ohne dass es auch nur ein standardisiertes Format zu Organisation und Austausch der Daten innerhalb des Unternehmens gäbe? Dann sind Sie damit keinesfalls allein, aber das ist nicht tröstend gemeint. Im Zweifel können Sie sich jetzt noch entscheiden, ob Sie gemeinsam mit dem direkten Wettbewerb, bei dem es ähnlich aussieht, untergehen oder das Ruder noch herumreißen wollen. Dazu brauchen Sie aber viel mehr als dieses Buch und viel mehr als eine Kommunikationsstrategie. Um externe Unterstützung werden Sie in diesem Prozess kaum herumkommen.

Viele größere Unternehmen haben mittlerweile einen Chief Digital Officer (CDO). Einige deutsche Unternehmen wie Media-Saturn, Pro Sieben Sat1, Gruner + Jahr oder TUI Deutschland haben bereits vor einigen Jahren eine solche Position geschaffen oder eine bestehende Stelle um deren Aufgaben erweitert.[47] Aus meiner Sicht ist es nicht nur wünschenswert, sondern unabdingbar, sämtliche Themen der Digitalisierung im Unternehmen an einer Stelle zu bündeln, und das muss in der Unternehmensleitung, auf Entscheiderebene veranlasst werden. Doch ist es mit einer Fachfrau oder einem Fachmann für Digitales allein nicht getan, wenn das entsprechende Bewusstsein in der Führungsebene nicht vorhanden ist. Mit anderen Worten: Über die Erfolge und die Wirkung, die ein solcher CDO erzielt, entscheidet nicht nur dessen Rückhalt in der Unternehmensleitung. Es muss auch insgesamt eine Offenheit diesem Thema gegenüber vorhanden sein. Die Position muss mehr als nur eine Art Alibifunktion ausfüllen, die die Geschäftsleitung davor bewahrt, sich das Thema Digitalisierung selbst zu eigen zu machen. Sehr wohl kann ein solcher CDO aber dazu beitragen, den Wandel in alle Ebenen zu tragen, und zugleich dafür sorgen, dass relevante Informationen für alle bereitstehen. An dieser entscheidenden Position ist aber zugleich die Schnittstelle zwischen der internen und der externen Kommunikation verankert. Es geht also nicht allein um die digitale Wachstumsstrategie innerhalb des Unternehmens, sondern es dreht sich zugleich auch darum, die Kunden in diesem Wandel mitzunehmen beziehungsweise im sich rasch wandelnden Markt den direkten Kontakt zu den Stakeholdern über alle Medien hinweg weiter zu halten.

Eine solche Sichtweise auf die Kommunikation geht weit über eine Betrachtung unter Marketing-Gesichtspunkten hinaus. Sie betrifft das Kaufverhalten, sie betrifft unmittelbar Serviceaspekte, und alles zusammen zahlt auf Imagebildung und somit die öffentliche Reputation der Marke ein. Für die Unternehmenskommunikation bedeutet das aber zugleich, dass sich auch hier nicht alles nur auf Fragen des Marketings und der Kundengewinnung ausrichtet. Alles ist mit allem verbunden: Vertrieb und Reputationsbildung, Marketing und *Community Building*, PR und *Employer Branding*, Direktmarketing und Werbung in sozialen Netzwerken. So wenig wie man Teilbereiche des Digitalen im Unternehmen voneinander abgekoppelt einzeln betrachten kann, so wenig ist es möglich, Teilbereiche der Kommunikation isoliert zu behandeln. Alles ist potentiell für alle sichtbar. Es gibt keine Kontrolle mehr darüber, was sich wie weiterverbreitet, wenn es einmal publiziert ist. Traditionelle Gatekeeper wie die Presseabteilung müssen in Krisenfällen der Tatsache Rechnung tragen, dass jeder Mitarbeiter eine potentielle Schnittstelle in die Öffentlichkeit darstellt und auch als solcher von Dritten angesprochen werden kann. Daher müssen bei allen Aktivitäten auch sämtliche Stakeholder berücksichtigt werden.

---

47   Vgl. König, Andrea: Was macht ein Chief Digital Officer?, https://www.cio.de/strategien/2974360/

Ganz gleich, welchen Reifegrad Sie mit der Digitalstrategie im Gesamtunternehmen derzeit erreicht haben: Die Kommunikation kann nicht darauf warten, dass alle Prozesse optimiert sind. Oft sind andererseits digitale Beschaffungs-, Produktions- und Vertriebsprozesse allein wegen der Erfordernisse des Marktes schon viel weiter als die digitale Kommunikation. In jedem Fall: Wenn es für letztere noch kein ausgereiftes Konzept gibt, dann ist jetzt der richtige Zeitpunkt, um damit zu beginnen. Wie das konkret funktionieren kann, darum geht es in den folgenden Abschnitten. Betrachten wir daher zunächst die Strukturen und Voraussetzungen, die in einem Unternehmen gegeben sein müssen, damit es mit der (auch) digitalen Kommunikation klappt.

3.2   Prozesse und Strukturen: Was sich im Unternehmen ändern muss

Unternehmen finden sich mehr denn je in einem schwierigen Balanceakt zwischen Regulierung und Liberalisierung. Dass dies mit herkömmlichen Hierarchien und Kontrollstrukturen kaum zu machen ist, sollte auf der Hand liegen. Die Führungskultur ist in deutschen Unternehmen, im Mittelstand ebenso wie in Konzernen, in NGOs wie im öffentlichen Dienst, jedoch nach wie vor weitgehend hierarchisch und oft sehr technokratisch geprägt. Die Digitalisierung stellt jedoch veränderte Anforderungen an Entscheider, Mitarbeitende und Arbeitsumfeld, wie Christiane Brandes-Visbeck und Susanne Thielecke in ihrem Buch über New Work ausführen:

> »Durch die Digitalisierung und die damit einhergehenden notwendigen Veränderungen von Arbeitsprozessen werden menschliche Handlungen, Haltungen, Fähigkeiten wichtiger, die vor dem Internetzeitalter eine eher untergeordnete Rolle für Erfolg gespielt haben. Vernetzung, Volatilität und hohe Innovationsgeschwindigkeit erfordern kurze Planungsprozesse und schnelle Entscheidungen, die Unsicherheit und Veränderung von vornherein einkalkulieren. Dies wiederum funktioniert nur, wenn die Mitarbeitenden ermächtigt und beteiligt werden. Wenn die effizienten, digitalisierten Prozesse durch differenzierte Führung und reflektierende Selbstführung gesteuert werden. Ein risikofreudiges, offenes und bewegliches Mindset – in den vergangenen Jahren für Erfolg eher hinderlich – ist dafür eine Grundvoraussetzung. Insgesamt entsteht so ein werteorientiertes Arbeiten. […] Das heißt aber nicht, dass Arbeiten beliebig wird oder chaotisch. Oder, dass egoistische Selbstverwirklichung Struktur schlagen darf und klare Entscheidungen sowie Umsetzungskompetenz unwichtig werden. Es geht eher um Rollen als um Funktionen, um flexible, aber definierte Entscheidungsstrukturen […].«[48]

---

48   Brandes-Visbeck/Thielecke: Fit for New Work. Redline Verlag, 2018.

Das Internet ist in großen Teilen nicht hierarchisch oder überhaupt nur organisiert. Auch soziale Netzwerke sind nicht hierarchisch. Mit reiner Autorität lassen sich weder Sichtbarkeit erzeugen, noch Entscheidungsprozesse steuern. Kontrolle ist eine Illusion. Es sind andere Kriterien und Mechanismen, die über den Erfolg entscheiden. Der Nutzer wählt aus, was ihn interessiert. Qualität ist dabei keinesfalls immer das ausschlaggebende Kriterium. Die traditionellen Gatekeeper haben ausgedient, weil jeder alles sofort veröffentlichen kann und jeder potentiell mit jedem anderen den direkten Kontakt aufnehmen kann. Wer in digitalen Medien agiert, hat für traditionelle Entscheidungsprozesse in klassischen Hierarchien schlicht keine Zeit mehr. Dies alles hat weitgehende Auswirkungen auf die Kommunikation insgesamt, und von der Kommunikation ausgehend wiederum in die Prozesse und Strukturen. In einem hierarchisch geführten Unternehmen, in dem jeder Freigabeprozess den Flaschenhals eines einzigen oder einiger weniger Entscheider passieren muss, lässt sich keine zeitgemäße Kommunikation etablieren.

Daher kann der Versuch nur scheitern, so etwas wie eine künstliche externe Kommunikation zu etablieren, die nicht wirklich authentisch das abbildet, was im Unternehmen geschieht. In digitalen Zeiten lässt sich ein rein PR-gesteuertes Außenbild, das nicht der Realität entspricht, nicht lange aufrechterhalten.

Damit kein Missverständnis entsteht: Natürlich braucht jede Unternehmenskommunikation weiterhin Kontroll- und Qualitätssicherungsmechanismen. In digitalen Zeiten ist es sogar noch deutlich anspruchsvoller als früher, diese zu etablieren. Denn alles muss immer schneller gehen, und wenn etwas schiefgeht, verbreitet sich das im Zweifel mindestens ebenso schnell wie positive Neuigkeiten, wenn nicht schneller. Doch diese Schwierigkeiten sollten keineswegs ein Argument dafür sein, einfach an Altem festzuhalten. Im Gegenteil: Ein solcher, höchstwahrscheinlich ohnehin vergeblicher Versuch bindet unnötig Energie und Ressourcen, was es noch schwieriger macht, einigermaßen funktionierende Kommunikationswege zu etablieren.

Ist jedoch die Entscheidung gefallen, die Kommunikationsstrukturen von Grund auf neu zu überdenken, dann führt dies zwangsläufig zur Betrachtung der Strukturen, Hierarchien und Prozesse selbst: Es muss sich im Unternehmen selbst etwas ändern. Führungsstrukturen müssen sich wandeln. Die Führungsebene muss Kontrolle loslassen und den einzelnen Mitarbeitern mehr Eigenverantwortung überlassen. Die Mitarbeiter brauchen jedoch in diesem Prozess sowohl den Rückhalt der Firmenleitung als auch Begleitung und Orientierung. Wie wir schon gesehen haben, steht heute jeder Mitarbeiter auf die eine oder andere Weise als Vertreter seines Unternehmens potentiell in der (Teil-)Öffentlichkeit. Er oder sie bildet eine Schnittstelle für den Blick in das Unternehmen. Das bedeutet: Jede Mitarbeiterin und jeder Mitarbeiter ist nunmehr Teil der Unternehmenskommunikation. Aber nicht jede und jeder ist dafür qualifiziert, für das Unternehmen zu sprechen. Es muss sich also etwas im Bewusstsein aller Beteiligten ändern, wenn dies noch nicht geschehen ist.

3.3 Mitarbeiter als Markenbotschafter

Führungskräfte und Mitarbeiter als sichtbare Markenbotschafter aufbauen: In vielen Unternehmen setzt allein der Gedanke an ein solches Vorhaben viele Ängste frei. Am häufigsten wird befürchtet, dass damit jegliche Kontrolle verlorengeht und unerwünschte Informationen sich im Netz frei verbreiten. Ein Abwerben der Mitarbeiter durch die Konkurrenz stellt ebenfalls eine häufige Befürchtung dar. Oft sind es aber auch einfach diffuse Ängste, die von keinen eigenen Erfahrungen in sozialen Netzwerken gedeckt sind. Doch wenn Ängste der Geschäftsleitung das Verhalten in digitalen Medien bestimmen oder allzu strikte Regeln zu beachten sind, wird kein Mitarbeiter freiwillig seinen Kopf hinhalten. Information und gründliche Überlegung können mit den meisten Ängsten aufräumen. Etliche Bedenken sind auch durchaus berechtigt. Doch die Alternative, nämlich die Sichtbarkeit des Unternehmens und seiner Protagonisten massiv einzuschränken, ist eigentlich ein viel größerer Anlass zum Fürchten. Denn dies kann den sicheren Untergang der eigenen Inhalte und Botschaften in der Informationsflut bedeuten. Gerade in den vergangenen zwei Jahren hat sich mit der öffentlichen Diskussion um das Thema Influencer auch der Blick auf die unternehmenseigenen Markenbotschafter geschärft.

Wie schon in vordigitalen Zeiten sind Mitarbeiter immer dann, wenn sie als Angehörige des Unternehmens auftreten oder in irgendeiner Weise als solche erkennbar sind, an bestimmte Regeln gebunden. Ein Teil davon lässt sich direkt aus dem Arbeitsvertrag ableiten, aus betrieblichen Regelungen und beispielsweise Geheimhaltungsvereinbarungen. Interna zu verraten oder schlecht über den eigenen Arbeitgeber zu sprechen: Dies war schon immer tabu. Nicht immer aber war die öffentliche Sichtbarkeit selbst scheinbar beiläufiger Äußerungen so gegeben wie heute. In Zeiten der sozialen Netzwerke ist es dennoch nicht jedem gleichermaßen bewusst, wie das digitale Äquivalent zu einem angemessenen, jobkonformen Verhalten aussehen könnte. Dies gilt besonders für Mitarbeiter, deren Fachgebiet nicht die Unternehmenskommunikation ist. Eine persönliche Bemerkung auf Facebook über den Vorgesetzten kann schnell eine ganz andere Bedeutung erlangen als eine mündliche Äußerung im privaten Kreis. Doch oft fühlen sich Menschen in Mikronetzwerken, etwa in Messengern, oder auch in scheinbar geschlossenen Kreisen wie etwa Facebook-Gruppen, privat und geschützt. Sie machen sich nicht bewusst, dass alles, was digital verfügbar ist, auch gesichert und weitergegeben werden kann, etwa per Screenshot oder Weiterleiten-Funktion.

Zwar bilden die Fälle der Kündigungen wegen außerdienstlichem, aber dienstbezogenem Fehlverhalten in sozialen Netzwerken immer noch eher die Ausnahme. Doch sind die Grenzen oft fließend, und Mitarbeitende brauchen auf jeden Fall Unterstützung in der Frage, wie sie sich adäquat als Unternehmensvertreter im virtuellen Raum verhalten. Dies ist gilt natürlich erst recht für Krisenfälle, in denen sie plötzlich auf ihren Arbeitgeber angesprochen und vielleicht vom Umfeld regelrecht zu Aussagen gedrängt werden. Seit jeher werden Mitarbeiter, die im Kundenkontakt stehen, entsprechend geschult; man denke etwa an die Zugbegleiter der Deutschen Bahn. Herausfordernd wird es immer dann, wenn Firmenangehörige mit Konflikten konfrontiert werden, die nicht zu ihrem Arbeitsalltag gehören. Auch ihre Reaktionen können sich schnell über digitale Medien verbreiten. Darum braucht heute jede Firma dringend, sofern nicht längst vorhanden, gemeinsame Vereinbarungen für das Verhalten in sozialen Netzwerken und generell in der Öffentlichkeit – denn es gibt keine Trennung zwischen digitalem und »richtigem« Leben. Ein allgemein abgefasstes Papier, das irgendwo als PDF auf Servern liegt, reicht hier nicht aus. Es bedarf eines Prozesses der gemeinsamen Erarbeitung und Implementierung. Denn es geht darum, Bewusstsein zu schaffen, Eigenverantwortung zu fördern und einen ganzheitlichen Struktur- und Kulturwandel zu begleiten. Gemeinsam erarbeitete Social-Media-Guidelines sind ein erster Schritt in ein gemeinsames Verständnis vom Wert des einzelnen Mitarbeiters als authentischem Vertreter der Marke.

! Was Social-Media-Guidelines leisten sollten

Vorlagen für Social-Media-Guidelines sind einerseits mit einer einfachen Google-Suche leicht zu finden, so dass es völlig überflüssig wäre, hier allgemeine Formulierungsvorschläge zu machen. Andererseits sind die Leitlinien für Ihr Unternehmen nur dann sinnvoll und von Wert, wenn sie sich konkret auf das betreffende Unternehmen beziehen. Insofern kommen Sie nicht darum herum, ein solches Werk mit Grundregeln individuell und sorgfältig zu erarbeiten. Idealerweise binden Sie die Belegschaft mit ihren individuellen Vorerfahrungen dabei mit ein. Folgendes sollten die Social-Media-Leitlinien, die Sie erarbeiten, leisten:

- Sich in den Struktur- und Kulturwandel im Unternehmen einordnen: Was bedeutet der digitale Wandel in unserem Unternehmen?
- Themenfeld abdecken: Worum geht es in diesen Guidelines und was ist das Ziel?
- Nutzen definieren: Was bringt es dem einzelnen Mitarbeiter, sich damit auseinanderzusetzen?
- Orientierung liefern: Wie ist das Thema anzugehen, und was ist dabei zu beachten?
- Bewusstsein schaffen: Warum bin ich als Angehöriger des Unternehmens auch in meiner virtuellen Präsenz als solcher von Bedeutung?
- Bezüge zum Arbeitsleben und zu bereits etablierten Grundregeln herstellen: Was hat das mit Arbeitsverträgen, Geheimhaltungsvereinbarungen und seriösem, arbeitgeberkonformem Verhalten im Allgemeinen zu tun?
- Handlungsvorschläge anhand von Beispielen liefern: Wo trete ich erkennbar als Unternehmensangehöriger auf? Wie sieht dann ein adäquater Auftritt aus?
- Konkrete Anhaltspunkte für bestimmte Netzwerke geben: Wo muss ich beispielsweise klarmachen, dass es sich hier um meine private Meinungsäußerung handelt?

- Zuständigkeiten klären: Wer ist wofür verantwortlich? Wer darf in welchen Firmenfragen sprechen?
- Abläufe beschreiben: Was ist wie abzustimmen? Wie sehen Freigabeprozesse aus? Wen kann oder muss ich in welchen Fragen zurate ziehen?
- Empfehlungen für Formulierungen vorschlagen: Wie kennzeichne ich mein privates Blog? Wie ist die korrekte Schreibweise meines Unternehmens für XING oder LinkedIn?

Zeitgemäße Kommunikation in digitalen Zeiten bedeutet ganz sicher in einem ziemlich großen Ausmaß den Abschied von der Vorstellung, dass ein Unternehmen mit einer einzigen, offiziellen Stimme sprechen müsse oder überhaupt nur kann. Digitale Kommunikation braucht Gesichter, braucht Pluralität, braucht verschiedene Stimmen. Aber diese dürfen einander zumindest in den grundlegenden Säulen der Werte und Ziele eines Unternehmens nicht widersprechen, und sie müssen zu dem passen, was konzeptionell geplant ist und operativ umgesetzt werden soll. Denn Unternehmenskommunikation ist immer strategisch geplant und geführt. Das steht einem authentischen Bild nach außen nicht entgegen, ganz im Gegenteil sogar. Es ist schlicht und einfach professionell. Die eigentliche professionelle Unternehmerskommunikation gehört nach wie vor in die Hände der Kommunikationsprofis. Das bedeutet zugleich, dass es nach wie vor in den meisten Fällen eine Kontrollinstanz gibt, welche die Botschaften, die nach außen gehen, passieren müssen. Dies stellt hohe Anforderungen an die Beteiligten, und es funktioniert wiederum nur dann, wenn die Strukturen und formalen Gegebenheiten so sind, dass die Abläufe sich natürlich und logisch daraus ergeben.

Wenn jeder Mitarbeiter ein (potentieller) Botschafter des Unternehmens sein soll, so bedeutet dies doch keineswegs, dass jeder auch ein Teil der Kommunikationsabteilung wäre und offiziell für das Unternehmen sprechen dürfte. Auch darüber muss in der internen Kommunikation Klarheit geschaffen werden. Wie auch zu früheren Zeiten das Verhalten von Mitarbeitern einer Firma an Schnittstellen zu anderen Menschen oder einer Teilöffentlichkeit bestimmten Anforderungen entsprechen musste, so gilt dies auch heute. Der Blick auf das Smartphone, in den eigenen Facebook-Account, die schnelle Kommunikation via Messenger wird mehr und mehr zum Normalfall. Natürlich fordern Aktivitäten eines Unternehmens in sozialen Netzwerken regelrecht dazu heraus, dass sich die Mitarbeiter beteiligen, beispielsweise indem sie Statusmeldungen oder Bilder ihres Arbeitgebers in ihren Accounts teilen, auf Veranstaltungen hinweisen oder auch nur den RSS-Feed des Corporate Blog in ihre persönlichen Neuigkeiten auf XING einfließen lassen.

Andererseits sind die Mitarbeiter viel mehr aufgefordert, Inhalte zu liefern, Geschichten aus ihrer täglichen Arbeit heraus zu erkennen. Ein Handyfoto von einer Dienstreise oder einem Vortrag, ein Smartphone-Video von einer Produktanwendung vor Ort, ein kurzes Statement aus der Entwicklungsabteilung für Twitter, ein Fachbeitrag eines

Technikers für das Unternehmensblog: Spontane, nicht werblich durchkomponierte Formen gewinnen in den Zeiten digitaler Contentstrategien immens an Bedeutung. Was authentisch und nicht werblich daherkommt, wirkt oft viel glaubwürdiger als inszenierte Inhalte und Darstellungsformen. Niemand kann erwarten, dass nun im Unternehmen jeder beliebige Beteiligte PR- und Social-Media-Taugliches auf eigene Initiative hin in der gewünschten Qualität produzieren könnte.

Ein Techniker beispielsweise, der zugleich in der Lage ist und dann auch noch regelmäßig willens, Fachbeiträge für das Corporate Blog zu schreiben, ist sicherlich ein besonderer Glücksfall für das Unternehmen. Wer Contentstrategien neu entwirft, nach Geschichten im Unternehmen sucht, daran arbeitet, wie in Zukunft aus allen Firmenbereichen Beiträge für die Kommunikation kommen sollen, weiß, wie schwierig sich dies gestalten kann. In vielen Contentstrategien stellt es ein großes Problem dar, Mitarbeiter zu motivieren – vor allem auf Dauer zu motivieren! –, interessante und relevante Inhalte zu liefern.

Die Mitarbeiter haben in der Regel mit ihren eigentlichen Aufgaben genug zu tun. Woher also zusätzliche Ressourcen für Beiträge zur Contentstrategie schaffen? Auch kleine Maßnahmen mit wenig Aufwand scheitern oft daran, dass zu wenig freie Aufmerksamkeit dafür vorhanden ist. Man muss schließlich nicht nur umdenken, sondern dieses Umdenken auch so verinnerlichen, dass es dauerhaft Wirkung zeigt. Selbst das feste Vorhaben, dass von jeder Messe, jeder Dienstreise, jedem interessanten Außeneinsatz wenigstens einige Handyfotos mitgebracht werden, ist oft nur sehr schwer zu erreichen; von der gezielten weiteren Verwertung des Materials einmal ganz abgesehen.Doch selbst dort, wo Mitarbeiter oft sehr enthusiastisch bereit sind, selbst etwas beizusteuern, bedarf es einer Kontrollinstanz oder zumindest klarer Regeln und Prozesse. Es kann ja erwünscht sein, dass das Außenteam direkt vom Einsatz twittert. Aber dann muss das vorher genau abgesprochen sein. Kompetenzen müssen geregelt sein. Je größer ein Unternehmen ist, je mehr unterschiedliche Personen in ganz verschiedenen Funktionen beteiligt sind, desto komplexer gestalten sich Planung, Umsetzung und auch Freigabeprozesse beziehungsweise Berechtigungen. Dies alles muss in der Kommunikations- und Contentstrategie erarbeitet werden. Insofern müssen wir uns in den folgenden Kapiteln genauer anschauen, wie es gelingen kann, Strukturen zu schaffen, in denen ein solcher Contenttransfer aus den Abteilungen in die Kommunikation und weiter in die Communitys funktioniert.

Zeitgemäße Kommunikation in digitalen Zeiten bedeutet in einem ziemlich großen Ausmaß den Abschied von der Vorstellung, dass ein Unternehmen mit einer einzigen offiziellen Stimme sprechen müsste oder überhaupt nur könnte.

Meistens hapert es meiner Erfahrung nach gerade in mittelständischen Unternehmen gar nicht so sehr am Willen, den dringend erforderlichen Wandel in der Kommunikation mit zu vollziehen. Oft entstehen sogar schnell sehr viele ambitionierte Ideen. Auch das Konzept für eine geänderte Vorgehensweise in der sich schnell wandelnden digitalen Landschaft ist nicht das Problem. Doch sobald ein gewisser Anfangsenthusiasmus verraucht ist, bleiben viele eigentlich geplante Aufgaben liegen, weil Dringenderes dazwischenkommt oder die Ressourcen auf Dauer nicht so viel Zusätzliches hergeben. Denn meistens arbeiten gerade im Mittelstand die Verantwortlichen und Mitarbeitenden in PR, Marketing und Vertrieb schon nahe an der Belastungsgrenze. Sie sind oft ohnehin schon zu ungewöhnlichen Zeiten bei der Arbeit. Fast immer erledigen sie zumindest gelegentlich Aufgaben abends und am Wochenende. Jeder Website-Relaunch bringt sie an ihre Belastungsgrenzen, jeder Messeauftritt fordert ihnen zum Alltagsgeschäft jede Menge kurzfristig, meist in Rekordzeit zu erbringende Leistungen ab. Jetzt sollen sie darüber hinaus noch ein Corporate Blog betreuen, und natürlich kann man eine Facebook-Seite oder einen Twitter-Account nicht nur zu zwei festgelegten Terminen in der Woche betreuen.

Der Stellenschlüssel für die Kommunikation ist, nicht nur im Mittelstand, sondern auch in vielen Konzernen, in Relation zu den zu bewältigenden Aufgaben bereits knapp. Zusätzliche Ressourcen sind nicht so ohne Weiteres zu schaffen. Ein eigens dafür eingestellter Social-Media-Verantwortlicher wird selbst heute noch in vielen Firmen als Luxus betrachtet. Ein Unternehmensblog, ein neuer redaktioneller Bereich, eine aktive Community: Das sind schöne Wunschbilder. Doch die Realität sieht oft anders aus, und nur größere Firmen haben im Jahr große Budgets zur Verfügung, um hochwertigen Content einzukaufen, Social-Media- oder Content-Management-Tools zu mieten, eine SEO-Agentur zu bezahlen und auch noch ein umfassendes Monitoring zu finanzieren.

Daher gilt es oft sehr pragmatisch herauszufinden, was machbar und finanzierbar ist, die Belastung für die Beteiligten nicht auf Dauer unzumutbar erhöht und zugleich den Segen der Geschäftsleitung findet. Im Folgenden möchte ich daher herausarbeiten, wie mit vertretbarem Aufwand der Wandel in der Unternehmenskommunikation schrittweise vollzogen werden kann, auch wenn der ganz große Rundumschlag eben nicht möglich ist. Dazu gehört auch Klarheit darüber, wo Investitionen unabdingbar sind und wo massives Umdenken durchgesetzt werden muss. So schön es wäre, wenn für zusätzliche Medien, Maßnahmen und Kanäle auch große zusätzliche Budgets zur Verfügung stünden: Die eigentliche Herausforderung besteht doch darin zu schauen, wie man bestehende Ressourcen so umschichten kann, dass sich Neues realisieren lässt, ohne dass Altbewährtes ersatzlos über Bord geworfen werden muss. Dazu muss man sich andererseits auch genau ansehen, ob nicht doch die eine oder andere bisherige Maßnahme, wenn nicht völlig überflüssig, dann zumindest teilweise verzichtbar ist. Oft muss man das gegen einen gewissen Loslassschmerz einzelner Beteiligter durchziehen.

Sie werden Fehler machen. Sie können Risiken nicht vermeiden. Aber das größte Risiko bestünde darin, *nichts* zu ändern.

Eines müssen sich dabei alle Beteiligten immer wieder klarmachen: Sie sollten sich von dem Gedanken verabschieden, dass man in diesem Transformationsprozess keine Fehler machen wird. Halten Sie sich das bitte wirklich vor Augen. Sie werden Fehler machen. Sie können Fehler nicht vermeiden. Sie gehen gewisse Risiken ein, auch solche, die nicht leicht kalkulierbar sind. Aber, und das ist vielleicht die größte Motivation, Sie wagen dennoch massive Veränderungen. Der mit Abstand größte Fehler und das größte Risiko bestünden darin, nichts zu verändern. Dann wäre es so gut wie sicher, dass Ihre Kommunikation auf Dauer nicht erfolgreich bleiben wird.

! **Lesetipp**

Hoffmann, Kerstin: Lotsen in der Informationsflut. Erfolgreiche Kommunikationsstrategien mit starken Markenbotschaftern aus dem Unternehmen (Haufe 2017).

3.4 Interne Kommunikation: Außen hui, innen pfui?

Der sogenannte *Social Workplace*, eine Art des Arbeitens, bei dem die Mitarbeitenden auf dem aktuellen Stand der Digitalisierung sind und zeitgemäße Medien einsetzen, also der Nachfolger des klassischen Intranets, stellt für einen großen Teil der deutschen Unternehmen nach wie vor eine Utopie dar. Dennoch lohnt es sich, zumindest in diese Richtung zu denken und schrittweise voranzugehen. Die Erfahrung zeigt nämlich beispielsweise, dass Mitarbeitende die Erfahrungen aus der zeitgemäßen Kommunikation in ihrem Privatleben auch im Beruf anwenden wollen. Messenger wie WhatsApp gehören für die meisten Menschen längst ganz selbstverständlich zu ihrem Alltag. Haben sie im Beruf keine adäquaten Möglichkeiten des schnellen und direkten Austauschs, dann greifen sie sehr häufig zu selbstorganisierten, inoffiziellen Mitteln, die von keinerlei Qualitätsmanagement getragen sind. Dies gilt auch und gerade in PR, Marketing, Kommunikation oder Vertrieb sowie in allen anderen Bereichen, in denen kurze Reaktionszeiten unmittelbar erfolgskritisch sind. Erlauben beispielsweise die Compliance-Richtlinien des Arbeitgebers nicht den Einsatz eines Messengers und eines Tools zur Kollaboration, dann werden eben die Privathandys genutzt und es gibt selbst angelegte WhatsApp-Gruppen. Wer darin Mitglied ist und wer sich direkt austauscht, ist dann den persönlichen Vorlieben und Kompetenzen der einzelnen Beteiligten überlassen. Nicht selten werden hier Informationen und Vorgänge gespeichert und gemanagt, die ihren Weg in die offiziellen Kommunikationskanäle und die organisierte Dokumentation im Unternehmen gar nicht mehr finden. Auch und gerade im Fall von Kommunikationskrisen kann dies sehr unangenehme Folgen haben.

Oft wird aber, wenn die Ressourcen begrenzt sind, die interne Kommunikation beziehungsweise deren Organisation vernachlässigt. Die meisten Strategien scheitern daran, dass die Mitarbeiter nicht in einer Weise eingebunden werden, die dazu führt, dass alle Beteiligten die neue Kommunikationslinie mittragen. Gerade dann aber, wenn für die neu eingeführte digitale Kommunikation nicht unbegrenzt neue Ressourcen bereitgestellt werden können, ist es entscheidend, dass alle daran mitarbeiten, wie wir zuvor schon gesehen haben. Das gilt nicht nur für originäre Kommunikationsstrukturen, sondern für die internen Prozesse und den Informationsfluss im Unternehmen insgesamt. Social-Media-Guidelines sind ein Aspekt davon, aber noch lange nicht alles. Zwar müssen diese, wie vieles andere, intern gut kommuniziert und implementiert werden. Zugleich stellen sie aber auch wiederum nur einen von vielen Inhalten dar, die intern zu transportieren sind. In diesem und den folgenden Abschnitten will ich mich mit grundsätzlichen konzeptionellen und strategischen Überlegungen zu Kollaboration und interner Kommunikation befassen. Das Thema erschöpfend auszuloten oder gar konkrete Vorgehensweisen mit speziellen Tools zu erarbeiten, würde den hiesigen Rahmen sprengen. Sie finden jedoch im Folgenden weiterführende Literatur und Weblinks, mit deren Hilfe Sie in diesem Teilbereich weiterarbeiten können. Bestimmte Minimalanforderungen muss heutzutage die interne Kommunikation in Unternehmen erfüllen, damit diese in einer zunehmend digitalen Welt auch nur annähernd arbeitsfähig ist. Ein Großteil der mir bekannten Unternehmen verfügt bereits über Plattformen wie beispielsweise Microsoft Sharepoint. Viele besitzen ein sogenanntes Intranet – ob es immer diesen Namen verdient, ist eine andere Frage. Das herkömmliche Intranet, wie wir es noch vor wenigen Jahren kannten, ist ohnehin den wachsenden Anforderungen an Geschwindigkeit und Organisation von Kommunikation nicht mehr gewachsen. Doch selbst dort, wo zeitgemäße Tools zur Verfügung stünden, ist keineswegs gewährleistet, dass sie auch im Sinn ihrer Bestimmung eingesetzt werden. Wenn sie die Arbeit eher zu erschweren als zu erleichtern scheinen, weil ihr Nutzen den Beteiligten nicht offensichtlich ist oder diese nicht hinreichend geschult wurden, suchen sich Mitarbeiter schnell eigene Auswege.

Oft ist, wie bereits oben angesprochen, die E-Mail mit mehr oder weniger gut gepflegten Verteilern und Betreffzeilen, deren »Re: Re: Re: AW: RE: Re:«-Teil mit dem Fortschreiten eines Austausches immer weiter anwächst, immer noch das Mittel der Wahl. Gewiss hat die E-Mail selbst in Zeiten der Messenger und der Onlineplattformen ihre Berechtigung, und für bestimmte Zwecke eignet sie sich nach wie vor hervorragend. Doch überall dort, wo Menschen gemeinsam an komplexeren Projekten arbeiten, gleich, ob innerhalb eines Unternehmens oder firmenübergreifend, gibt es bessere und wirkungsvollere Mittel, um Kollaboration und Kommunikation zu organisieren.

3.5   Kollaborationstools: Auf den Einsatz kommt es an

Umfassende Systemlösungen wie Sharepoint, Onlinelösungen wie Yammer oder Plattformen wie Trello und Asana: Jedes Unternehmen, jedes Projektteam braucht heutzutage Kollaborationstools. Dabei sollte das Werkzeug beziehungsweise die genutzte Plattform natürlich sorgfältig ausgewählt und an die Bedürfnisse des Unternehmens und der Nutzer angepasst sein. Doch eigentlich entscheidend ist die Frage, wie das Tool oder die Tools genutzt werden. Ist es wirklich die zentrale Austauschplattform oder hat es eher eine Alibi-Funktion? Trägt es dazu bei, die Abläufe besser zu organisieren und zu verschlanken, oder wird es von den Mitarbeitern eher als zusätzliche Belastung empfunden? Ist die Nutzung wirklich verinnerlicht, kennen alle Beteiligten die Funktionen und wissen damit umzugehen?

Häufig handelt es sich bei einem sogenannten »Intranet« lediglich um eine interne Newsplattform, eine Art schwarzes Brett oder Mitteilungsorgan der Firmenleitung. Da hängt es dann sehr stark von der Motivation der Mitarbeiter oder von den befürchteten Nachteilen bei unterlassener Nutzung ab, ob, wie oft und in welchem Umfang der oder die Einzelne die angebotenen Informationen abruft. Beispielsweise ist es nicht sehr schwierig, Mitarbeiter dazu zu bewegen, die Urlaubskalender auf einer internen Plattform anzusehen und abzurufen. Auch Essenspläne für die Kantine werden besser frequentiert als jeder noch so dringliche Aufruf, für ein Unternehmensmagazin Inhalte zu liefern.

Warum ist das so? Es gelingt dann, Mitarbeiter in einem Unternehmen beispielsweise dazu zu bewegen, regelmäßig auf eine Kollaborationsplattform zu schauen, wenn sie ein Eigeninteresse daran erkennen. Wenn es um konkret erkennbaren persönlichen Nutzen geht, wie eben beispielsweise bei der eigenen Urlaubsplanung, dann werden sie natürlich teilhaben; ebenso wenn das Verpassen einer Information zu empfundenen persönlichen Nachteilen führt. Doch warum sollte sich jemand aus eigener Initiative in ein Tool zum Projektmanagement einarbeiten, dabei viel Zeit investieren, die ihm für andere Aufgaben fehlen wird, wenn ihm niemand den Nutzen plausibel gemacht hat? Warum sollte jemand sich Gedanken über Inhalte oder Geschichten machen, die in die unternehmenseigene Contentstrategie passen, wenn ihm das zweitens zusätzlich zur eigenen Arbeit noch weiteren Aufwand abnötigt, aber keinen erkennbaren Gewinn liefert? Die allgemeine Existenzsicherung des Unternehmens ist für den Einzelnen ein zu abstrakter Nutzen. Auch andere eher nette als wirkungsvolle Versuche, die Mitarbeiter einzubinden und abzuholen, sind zum Scheitern verurteilt, wenn sie keine echte Mitbestimmung beinhalten und keine erkennbare Verbesserung liefern. Hierarchien und Diktate »von oben« funktionieren in diesen digitalen Zeiten schlechter denn je.

Fälle einer missglückten, weil viel zu wenig wahrgenommenen internen Kommunikation kann man immer wieder beobachten. Da hat sich beispielsweise die Geschäftsleitung eines Konzerns ausgemalt, wie toll es wäre, wenn die Arbeiter und Angestellten an der Basis einmal die Möglichkeit haben, in einem Chat direkt der Geschäftsleitung Fragen zu stellen. Doch abgesehen von der nicht berücksichtigten Tatsache, dass etliche der Angestellten an der Basis über gar keinen Computer-Arbeitsplatz verfügen: Was sollen sie fragen? Was der CEO zum Frühstück hatte? Oder wie die nächsten Quartalszahlen aussehen? Anders formuliert: Wer wird in einem solchen Rahmen seinen eigenen Arbeitsplatz durch allzu kritische Bemerkungen riskieren? Wer wird sich der Hoffnung hingeben, auf diese Weise an für ihn wirklich relevante interne Informationen zu gelangen, weil er den Vorstand endlich einmal selbst befragen kann? Wohl kaum jemand. Angesichts der Tatsache, dass hier also weder eine Schmerzvermeidung (Bedrohungen erkennen, weil ich die richtigen Fragen stellen kann) in Aussicht steht, noch eine Belohnung (Vorteile erlangen, indem ich den direkten Kontakt pflege), ist es nicht verwunderlich, wenn solche Angebote eher auf wenig Resonanz stoßen. Die Firmenleitung wundert sich aber darüber und kann es sich nicht erklären. Zumal sie doch im Fernsehen und im Internet mitbekommen hat, wie riesig die Resonanz ist, wenn sich führende Politiker einmal im Chat zur Verfügung stellen. Was sie dabei nicht bedacht hat: Unter Pseudonym einmal den Staatsoberen so richtig die Meinung zu sagen, kann für Menschen attraktiv sein. Selbst wenn sie es unter Klarnamen tun: Was hätten sie zu befürchten? Die Bundeskanzlerin kann sie ja nicht aus ihrem Staat hinauswerfen. In einem Unternehmen dagegen sieht das ganz anders aus. Zudem stellt ein solcher Unternehmenschat eben keine Mitbestimmung dar und durchbricht keine Hierarchien.

Daher ist es umso mehr ein interessantes Phänomen, dass sich Unternehmensleitungen oft in großem Ausmaß mit einer internen One-to-many-Verlautbarungskommunikation befassen, statt die eigentlichen Problemstellungen zu adressieren. Anstelle eines funktionierenden, firmenweiten CRM-Systems mit unterschiedlichen Zugriffsberechtigungen hat weiterhin jede Abteilung ihre eigene Adressdatenbank. Jeder einzelne Vertriebler pflegt sein eigenes Excel-File. Dabei sollten CRM-Lösungen, wie sie etwa Anbieter wie Salesforce bereitstellen, längst auch in kleineren Unternehmen der Standard sein.

Fruchtbare interne Kommunikation funktioniert nur als echte Mitbestimmung. Sie wird nur dann von allen Mitarbeitern mitgetragen, wenn diese ihren eigenen Nutzen erkennen können. Dazu gehört die Erkenntnis, dass sie hier nicht nur Weisungsempfänger sind, sondern echte Unterstützung und Vereinfachung für ihre eigene Arbeit erfahren. Dabei ist es eben nicht die technische Lösung in erster Linie, die über das Funktionieren und den Erfolg der Kollaboration entscheidet, wie der Social-Workplace-Fachmann Tim Mikša erläutert:

»Nicht die Software macht Unternehmen produktiver, sondern die zielgerichtete Anwendung unter Einbeziehung der Anwender-Bedürfnisse und der Unternehmens- bzw. Organisationsziele. Völlig gleich, ob ein Unternehmen umfassende Kollaborationsplattformen wie Microsoft SharePoint, IBM Connections oder die Point Solution eines kleineren Social Network Anbieters einsetzt: Vor jeder Tool-Entscheidung muss analysiert werden, ob und wo Mehrwerte durch digitale Kollaboration generiert werden können und was für eine erfolgreiche Einführung notwendig sein wird. Grundsätzlich empfiehlt sich ein strategisches Vorgehensmodell, welches unter anderem folgende Fragen beantworten sollte:
Wie arbeiten verschiedene Mitarbeitergruppen heute zusammen?
Was sind Informationsbedarfe dieser Gruppen?
Wie wird zwischen Hierarchiestufen kommuniziert?
Was ist der Unternehmenszweck und wodurch wird Umsatz generiert?
Wie sieht das Zielsystem aus?
Wie werden Mitarbeiter geführt (z. B. Zielvorgaben)?
Wie sieht die IT-Landschaft aus?
Welche Mitarbeiterschichten haben PC-Arbeitsplätze und welche nicht?«[49]

3.6   Zusammen an Inhalten arbeiten: Die Abläufe müssen stimmen

Es ist also häufig schon schwierig, Menschen in Unternehmen zu einem Umdenken in Sachen digitaler Arbeitsorganisation und Kollaboration, bezogen auf ihre eigentliche Arbeit, zu bewegen. Erst recht scheint es eine Sache der Unmöglichkeit, Themen und Geschichten aus allen Unternehmensbereichen für die Contentstrategie zu generieren. Eigentlich sollte es einleuchten: Wenn selbst viele Kommunikationsabteilungen noch in überholten One-to-many-Schemata verharren, wie kann man dann erwarten, dass kurzfristig jeder einzelne Mitarbeiter an der Entwicklung von Social-Media-tauglichen Inhalten mitwirkt? Doch selbst dort, wo eine fortschrittliche Denkweise bereits Einzug gehalten hat, bleibt es eine der größten Herausforderungen für die Unternehmenskommunikation, die Kollegen in anderen Abteilungen zur Mitarbeit zu bewegen. Dies hat sich in der Zeit seit der ersten Auflage dieses Buchs tatsächlich kaum verändert. Vielmehr beobachte ich das Folgende seit vielen Jahren: Man weiß, dass in allen Unternehmensbereichen wirklich spannende Geschichten stecken. Man hätte gern, dass die Mitarbeiter selbst melden, wenn sie ein neues Thema identifiziert haben. Es gibt Guidelines dazu, interne Memos und oft sogar Fragebögen, die die Abläufe erleich-

---

49 Vgl. Miksa, Tim: Kollaboration: Auswege aus der E-Mail-Falle, https://www.kerstin-hoffmann.de/pr-doktor/2014/09/10/e-mail-kollaboration-interne-kommunikation/

tern sollen. Aber letztendlich stöhnen dann die PR-Mitarbeiter unter der zusätzlichen Arbeitslast: »Immer müssen wir allen alles aus der Nase ziehen. Niemand kommt von selbst auf Ideen oder gar aktiv mit Themen auf uns zu. Ganz zu schweigen davon, dass wir dann alle Fachartikel für die Fachleute auch noch selbst schreiben müssen. Denn entweder verweigern sie es von vornherein oder sie schaffen es so gut wie nie, die Inhalte zum vereinbarten Zeitpunkt zu liefern.« Es scheitert also zum einen am Zeitfaktor: Die ohnehin schon ausgelasteten Fachleute haben nicht genügend Freiraum, um zusätzliche Aufgaben zu übernehmen. In den seltenen Fällen, in denen das doch geschieht, steckt fast immer ein Mitarbeiter dahinter, der sich weit über das normale Maß hinaus für sein Thema begeistert und dann sogar eigene Freizeit investiert, um es aufzubereiten. Es versteht sich wohl von selbst, dass dies nicht der Normalfall sein kann und darf.

Der andere begrenzende Faktor in der abteilungsübergreifenden Content-Generierung ist schlicht und einfach das fehlende Know-how in der Texterstellung. Wenn es schon für PR-Menschen schwierig ist, spannende Geschichten zu entdecken, wie soll dies jemand leisten, der bisher mit so etwas überhaupt nicht befasst war? Es sind auch hier die seltenen Ausnahmen in Unternehmen, wenn Storys und Content direkt von solchen Mitarbeitern kommen, die mit Public Relations nichts zu tun haben. Doch selbst in diesen seltenen Fällen bleibt es dann wieder an der PR, an der Onlineredaktion und an den schreibkundigen Fachleuten hängen zu selektieren und aufzubereiten. Ganz zu schweigen von dem Konfliktpotential, das daraus erwächst, dass motivierte Ideenlieferanten ein um das andere Mal mit ihren Vorschlägen abblitzen, weil diese dann doch nicht so PR-geeignet sind, wie sie es selbst glauben.

Wir landen also immer wieder bei dem Dilemma, dass wir einerseits Content und authentische Geschichten benötigen; dass wir aber andererseits an allen Ecken und Enden auf die begrenzten Ressourcen stoßen, die wir – selbst im glücklichen Fall, dass ein gewisses Change-Budget zur Verfügung steht – nicht einfach auf Dauer erweitern können. Das gilt auch und vor allem für mittelständische Unternehmen. Doch es wäre eine Illusion anzunehmen, dass in Konzernen wesentlich andere oder gar paradiesische Zustände herrschten. Ein *Chief Digital Officer* wird eher die Ausnahme bleiben. Auch in weltumspannenden Organisationen sehen sich Kommunikationsmitarbeiter mit der Herausforderung konfrontiert, mit wenig mehr als den vorhandenen Kräften ganz Neues auf die Beine stellen zu müssen. Da nützt dann alles Reden vom digitalen Wandel allein noch gar nichts. Es müssen pragmatische und realisierbare Ansätze her, wie dieses Dilemma aufzulösen oder zumindest abzumildern ist.

Wie in den meisten Fällen lohnt es sich auch hier, das Problem schrittweise anzugehen. Das beginnt damit, dass grundlegende Erkenntnisse verinnerlicht sein müssen, ehe sich im Organisatorischen etwas ändern kann. Auf dieser Basis müssen die erforderlichen Strukturen geschaffen werden, die für dauerhafte Qualitätsstandards sorgen. Erst dann kann es an die Umsetzung im Operativen gehen. Diese muss allerdings dann auch konsequent betrieben und fortgesetzt werden. Eben das gelingt aber nur, wenn man vom Grundsätzlichen zum Taktischen gelangt und niemals dann, wenn planloser Aktionismus im Operativen startet und dort verharrt: »Wir machen jetzt mal einen Instagram-Account auf. Um die Website können wir uns später kümmern.«

Daher möchte ich mit Ihnen in den folgenden Abschnitten die wichtigsten strategischen Grundlagen besprechen, die für den Erfolg einer wirkungsvollen Kommunikationsstrategie und – innerhalb dieser – einer Contentstrategie in digitalen Zeiten essenziell sind. Dazu gehören grundsätzliche Überlegungen zur Positionierung und zur Markenstrategie ebenso wie die Strukturen, mittels derer es gelingen kann, im Unternehmen abteilungsübergreifend zielgruppenrelevante Inhalte zu generieren.

> **!** **Lesetipp**
>
> **Atchinson, Annabelle et al.:** Social Business. Von Communities und Collaboration (Frankfurter Allgemeine Buch 2014).

3.7   Branding: Marketing kommt von Marke

In vielen Unternehmen steht vor der Entwicklung einer neuen digitalen Kommunikationsstrategie und erst recht deren konkreter Umsetzung in Social Media zuerst eine grundlegende Neubetrachtung an. Es geht um die eigene Marke, die (relative) Alleinstellung, die Unternehmensziele. Eine strategische und mediale Neuorientierung ist immer ein guter Anlass, noch einmal neu die eigene Positionierung zu betrachten, zu definieren und gegebenenfalls auch zu überarbeiten. Nicht immer muss der gesamte Prozess der Markenbildung noch einmal neu aufgerollt werden. Die meisten Firmen, mit denen ich bis heute gearbeitet habe, waren – abgesehen von einigen Start-ups – bereits erfolgreich am Markt positioniert. Mit einigen etablierten Firmen habe ich die Markenpositionierung ganz neu erarbeitet. Doch selbst wenn es ein Markenverständnis gibt, eine Kommunikationsstrategie, ein Handbuch, explizit beschriebene *Buyer Personas*: Es muss sichergestellt werden, dass alle, die an der Erarbeitung oder Weiterentwicklung der Unternehmenskommunikation beteiligt sind, über das gleiche Wissen und über ein gemeinsames Markenverständnis verfügen.

Dabei unterscheidet sich die Arbeit in größeren Organisationen und Konzernen naturgemäß von der Arbeit mit Mittelständlern und kleineren Unternehmen. Abteilungen, Teilbereiche eines Konzerns oder kleinere Tochterunternehmen, die innerhalb eines größeren Unternehmensgeflechts ihre Teil-Kommunikationsstrategien erarbeiten, sind meistens an mehr oder weniger strenge Regeln des Mutter- oder Gesamtunternehmens gebunden. Wie weitgehend die diesbezüglichen Vorgaben gehen, ist sehr unterschiedlich. Doch oft ist von den externen Plattformen, die genutzt werden dürfen beziehungsweise auf denen es oft nur eine einzige zentrale Präsenz geben darf, bis hin zu gestalterischen Details fast alles genau geregelt. In diesen Fällen geht es also in der Teil- oder Bereichsstrategie zunächst darum, diese Vorgaben zu erfassen und so zu adaptieren, dass sie zu den eigenen Zielen passen. Eine grundlegende Klärung geschieht also auf Abteilungs- oder Konzerntochter-Ebene in diesen Fällen, zumindest was die übergeordneten strategischen Ziele angeht, weniger indem man diese neu erarbeitet. Hier geht es eher darum, sich diese Zielsetzungen noch einmal klar zu machen, um sie auf das eigene Handeln herunterzubrechen, die eigenen Kommunikationsziele entsprechend zu formulieren und die eigenen Kanäle und Botschaften an dieser Gesamtstrategie auszurichten. Doch muss man sich dabei verdeutlichen, dass der Markenbildungsprozess dann an anderer Stelle eben bereits stattgefunden hat und nunmehr in weitere Teilstrategien, Medien und Maßnahmen umgesetzt wird.

Einzelunternehmer werden dagegen an einen solchen Strategieprozess dagegen häufig ganz grundlegend herangehen und ihn nutzen, um ihre eigene Positionierung noch einmal neu zu überdenken. Wie die Herangehensweise in mittelständischen Unternehmen aussieht, hängt sehr stark von deren Größe, interner Struktur und der Zahl der Beteiligten ab. Die häufig geäußerte Meinung allerdings, dass sich die Erarbeitung einer Kommunikationsstrategie im Business-to-Business-Bereich (B2B) wesentlich von einer solchen für Business-to-Consumer (B2C) unterscheidet, teile ich nicht, jedenfalls nicht, was das grundsätzliche Vorgehen betrifft. Richtig ist allerdings, dass man in den Ergebnissen zu jeweils ganz anderen Aussagen über Märkte, Zielgruppen, zu bespielende Medien, kritische Massen und natürlich auch die Gestaltung der Kampagnen und Maßnahmen gelangen wird. Doch gerade in der digitalen Kommunikation gilt mehr als je zuvor, dass es gelingen muss, Menschen anzusprechen, zu aktivieren und an das Unternehmen zu binden. Denn, ich habe es schon mehrfach betont, auch Entscheider sind Menschen. Selbst über die größten Budgets entscheiden nicht Unternehmen, sondern Menschen in Unternehmen. Aber selbstverständlich gelingt die zielgruppengerechte Ansprache im B2B-Bereich konkret sowohl in der Form als auch im Inhalt auf andere Weise als im B2C-Bereich.

Für alle Unternehmen aber gilt: Wie zutreffend, detailliert, konsistent und zielgruppengerecht die Marke definiert und von allen Beteiligten verstanden ist, entscheidet über den weiteren Erfolg aller Kommunikationsmaßnahmen. Dazu gehört auch der leider etwas überstrapazierte Begriff der Authentizität: Die Marke beschreibt und definiert das Unternehmen in seinen spezifischen Eigenschaften, Stärken und seiner Außenwirkung. Kommunikation kann aber nicht wirklich ein Markenbild auf Dauer glaubhaft erzeugen, welches nicht mit der Organisation übereinstimmt und in dieser wirklich gelebt wird.

Ich kann hier keinen kompletten Branding-Prozess auch nur näherungsweise abbilden. Das wäre ein ganz eigenes Thema. Daher beziehe ich mich in aller Kürze auf das, was man braucht, um eine Kommunikationsstrategie auf eine solide Basis zu stellen. Hierzu ist es in den meisten Fällen sinnvoll, einige Grundlagen zunächst noch einmal zu erarbeiten oder sich bereits Vorhandenes bewusst zu machen. Es bieten sich beispielsweise die folgenden Schritte und Fragen an, anhand derer die Basis für eine erfolgreiche neue Kommunikationsstrategie erarbeitet werden kann. Naturgemäß kann es sich hier nur um recht allgemeine Hinweise handeln, um die einzelnen Schritte einer solchen Vorgehensweise einmal zu verdeutlichen. Die einzelnen Punkte und dazugehörigen Detailfragen sollten im Einzelfall auf das betreffende Unternehmen genau zugeschnitten werden. Sie richten sich nach vielen Parametern und orientieren sich daran, was als Ausgangslage und Zielsetzung definiert wurde.

Ziele und Ausrichtung
- Was ist der Anlass, eine neue Kommunikationsstrategie zu erarbeiten?
- Was sind unsere Ziele in Bezug auf die Kommunikationsstrategie?
- Woran messen wir, ob wir diese Ziele erreicht haben – kurz-, mittel- und langfristig?

Herkunft und Ausgangssituation
- Wo kommen wir her?
- Mit welchen Zielen und welcher Ausrichtung sind wir gestartet?
- Wo stehen wir jetzt?

Unternehmerische Basis
- Wofür steht unser Unternehmen?
- Welche Werte prägen uns in besonderer Weise?
- Wo liegen unsere Stärken und wo können wir uns verbessern?

Unternehmerische Ziele
- Was sind unsere quantifizierbaren Ziele in einem, in drei und in fünf Jahren – bezogen beispielsweise auf Umsatz und Mitarbeiterzahl?
- Was soll ein Key-Account-Kunde in einem Jahr über uns sagen?
- Welche Situation soll es in einem Jahr nicht mehr geben?

Marketingstatus
- Wie sieht unser bisheriges Marketing- und PR-Konzept aus?
- Welche Maßnahmen in Marketing, PR und Vertrieb realisieren wir derzeit – online und offline – und welche Maßnahmen sind in naher Zukunft geplant?
- Wie bewerten wir den Erfolg unserer bisherigen Strategie?

Zur Erarbeitung jeglicher Kommunikationsstrategie gehört es, sich das Umfeld und die Zielgruppen anzuschauen. Dabei geht es ebenso um die Verortung des eigenen Unternehmens im Wettbewerb wie um die Beschreibung der eigenen (Wunsch-)Kunden. Darum geht es in den folgenden Abschnitten.

3.8   Markt und Branche: Wie stehen Sie im (digitalen) Wettbewerb da?

Zur Einordnung der eigenen Marke und um die spezifische Kommunikation für ein Unternehmen zu erarbeiten oder zu überarbeiten, muss man sich immer das Umfeld anschauen, in dem dieses sich bewegt: den direkten Wettbewerb ebenso wie den Gesamtmarkt und gegebenenfalls die Nische, in der jemand agiert. Erst recht wenn wir eine neue Kommunikationsstrategie in einer digitalen Welt etablieren, ist das Umfeld, in dem wir uns bewegen, mit dem Wettbewerb, mit den Interessenten und Kunden und mit allen anderen Stakeholdern immens wichtig. Eingangs sind wir von der Behauptung ausgegangen, dass die digitalen Meister in jeder Branche über einen immer weniger aufholbaren Vorsprung gegenüber dem Wettbewerb verfügen. Doch wie finden wir mit den Mitteln und Methoden, über die wir jetzt im Moment schon verfügen, heraus, wo die anderen stehen – und wie wir im Vergleich mit ihnen abschneiden? Erst wenn wir uns selbst positioniert haben, können wir uns die einzelnen Stakeholder näher ansehen, die wir zukünftig erreichen wollen und müssen. Dann erst können wir feststellen, welche unterschiedlichen Bedürfnislagen sie haben und erarbeiten, wie wir auf diese eingehen.

Überraschenderweise starten selbst heute noch viele Unternehmen ihre digitale Kommunikation folgendermaßen: Sie suchen sich – mehr oder weniger willkürlich, nach subjektiven Vorlieben oder nach dem Hörensagen – eine oder mehrere Social-Media-Plattformen aus und eröffnen dort Profile oder Seiten. Oft ist die Initiative auch den einzelnen Mitarbeitern, gleich auf welcher Ebene, überlassen. Nun kann zweierlei passieren: Entweder werden in gut gemeintem, aber selten gut gemachtem Aktionismus Inhalte in großer Zahl hochgeladen. Oder aber der Account liegt nach einem sowieso eher schwachen, planlosen Start mehr oder weniger brach, weil niemand so recht eine Idee hat, was denn dort eigentlich gesendet werden soll. Interaktion und Erfolgsmessung spielen in beiden Fällen meist keine große Rolle, weil das alte Sender-Empfänger-Paradigma nicht verlassen wird. So sieht es dann immer noch aus, wenn ein Unternehmen irgendwann behauptet, es sei bereits seit vielen Jahren in sozialen Netzwerken aktiv und es gehe nur darum, ein wenig nachzubessern: Häufig stand nie eine wirkliche Strategie dahinter, noch viel weniger eine durch Marktforschung gestützte Content-Marketing-Strategie, die sich mit definierten Inhalten in einer absichtsvollen Tonalität an bestimmte Zielgruppen richtet und mit diesen interagiert. So hat dann die Facebook-Seite immer noch eine kleine dreistellige Fan-Zahl und nahezu gar keine Interaktion. Die Abrufzahlen der Firmenvideos, die bei YouTube online stehen, liegen nur im zweistelligen Bereich. Die XING-Unternehmensseite wurde irgendwann einmal automatisch generiert, weil sich mehr als fünf Mitarbeiter mit demselben Firmennamen angemeldet haben, aber niemand pflegt sie. Im Twitter-Account fehlt immer noch das Titelbild, und der einzige Tweet enthält einen reinen Link auf die Firmen-Website, weil nach der Einrichtung keiner eine Idee hatte, was man denn sonst noch twittern könnte. Auf die Idee, die Möglichkeiten sozialer Netzwerke für die Marktforschung zu nutzen, um die eigenen Zielgruppen erst einmal kennenzulernen, ist erst recht niemand gekommen.

Tatsächlich gelingt es aber, richtig angepackt, mit vertretbaren Mitteln zu einer Einordnung und einem kontinuierlichen Monitoring der eigenen Positionierung und des Marktumfeldes zu gelangen. Diese Herangehensweise ist übrigens keineswegs nur für Einsteiger geeignet. Vielmehr stellt sich heraus, dass häufig selbst in der digitalen Kommunikation recht fortgeschrittene Firmen davon profitieren, wenn sie sich solche Basisarbeit noch einmal vornehmen. Es gibt für die Analyse komplexe Tools und Angebote, mit denen man auch Kampagnen monitoren und fortlaufend begleiten kann, wie etwa das kostenpflichtige Analyse- und Monitoring-System Buzzrank.[50] Doch für den Anfang geht es auch schlichter. Schließlich kommt es vor allem darauf an, die Ergebnisse zu verarbeiten und einzuordnen. Eine einfache Google-Suche bringt da im ersten Schritt schon entscheidend weiter.

Wettbewerb: Websites analysieren und einordnen

Fast jedes Unternehmen hat direkte Mitbewerber und kennt diese. Definieren Sie Ihre wichtigsten Wettbewerber. Wie viele das sind, hängt vom Umfeld ab. Eine gute Idee ist es aber, zunächst einmal zwei bis maximal fünf herauszugreifen. Deren Websites werden Sie in der Regel bereits kennen, und auf diese Seiten führt Sie auch Ihr erster Schritt: Wie sind diese Seiten aufgebaut? Entsprechen sie dem Standard für zeitgemäße Websites?

Ein Blick in den Seitenquelltext der Website zeigt Ihnen, ob sie mit einem aktuellen Content-Management-System (CMS) aufgebaut ist. Das sagt aber natürlich noch nichts darüber, welche Inhalte wie oft und wie aktuell publiziert werden: Hat Ihr Mitbewerber bereits ein Unternehmensblog oder Magazin oder einen Newsroom? Sind dort, aus Ihrer Sicht und Branchenkenntnis beurteilt, nutzwertige Inhalte zu finden? Sie könnten also sogar ohne profunde Digitalkompetenz beurteilen, ob Ihre Kunden vom dargebotenen Content profitieren oder ob der Mitbewerber nur selbstreferentielle Botschaften und Erfolgsmeldungen über das eigene Unternehmen publiziert. Wahrscheinlich erkennen Sie bei ihm aus der Außensicht heraus sogar klarer, was Sie selbst ebenso machen – und entwickeln daraus gleich erste Ansätze, es besser zu machen. Prüfen Sie auch, wie schnell und einfach ein Interessent die erforderlichen Kontaktdaten findet und welche Möglichkeiten zur direkten Interaktion – auf eigenen Seiten und auf externen Plattformen – ihm angeboten werden. Sie brauchen (noch) kein digitaler Meister zu sein, um mit solidem Marketingwissen und etwas Übung zu beurteilen, wie gut Ihr Wettbewerb in Sachen digitale Kommunikation auf eigenen Webseiten dasteht und wie Sie Ihr eigenes Unternehmen in Relation dazu einordnen.

---

50   https://buzzrank.de

Wettbewerb: Social-Media-Accounts analysieren

Der nächste Schritt führt Sie auf die Präsenzen Ihres Mitbewerbers in sozialen Netzwerken, die in der Regel von der Website aus verlinkt und damit einfach zu finden sind. Hier traue ich Ihnen ebenfalls, auch wenn Sie selbst noch kein digitaler Meister sind, eine quantitative und qualitative Bewertung zu. Je mehr Accounts und Seiten Sie sich anschauen, desto sicherer werden Sie darin. Beispiele: Haben ein oder mehrere Wettbewerber bereits eine Facebook-Fanpage oder gar Facebook-Gruppen? Wie aktuell sind die Statusmeldungen dort und in welcher Frequenz erscheinen sie? Als wie nutzwertig beurteilen Sie die Inhalte qualitativ, als wie interessant würden Sie diese als direkter Empfänger bewerten? Wie sieht die Interaktion der Fans mit dieser Seite aus? Wie sind die XING- und LinkedIn-Seiten der einzelnen Protagonisten und die Firmenpräsenzen auf- und ausgebaut? Schöpfen sie die aktuellen Möglichkeiten aus? Oder sehen sie eher wie Alibi-Profile aus, die nicht wirklich gepflegt sind?

Natürlich können Sie auch hier mit Profi-Tools einsteigen. Aber ich möchte behaupten, dass eine gründliche Betrachtung Sie bereits weiter führt, als vielleicht zunächst angenommen. Dies gilt insbesondere dann, wenn Sie über klassisches Marketingwissen, Fachkenntnisse und die Erfahrung verfügen, um Ihren Wettbewerb und dessen Inhalte zu beurteilen.

Wettbewerbsvergleich: Auffindbarkeit bei Google

Wenn Sie alles das analysiert und qualitativ bewertet haben, was Sie über Direktlinks finden konnten, führt Ihr nächster Schritt Sie zu einer Suchmaschine. Wenn Sie nach Ihrem Unternehmen und nach den Namen Ihrer Wettbewerber googeln: Welche Ergebnisse erhalten Sie? Wie weit oben erscheint die Website des betreffenden Unternehmens? Haben irgendwelche Bewertungsportale bis auf die zweite oder dritte Seite die Informationshoheit über den Namen? Wenn ja: Wie steht das betreffende Unternehmen, qualitativ bewertet, da?

So sorgen Sie dafür, dass Ihre Suchergebnisse nicht verfälscht werden   !

Wenn Sie nach Firmennamen, Branchenbegriffen und dergleichen googeln, sollten Sie dafür sorgen, dass Sie nicht versehentlich selbst das Bild verfälschen. Google merkt sich, was Sie in dem betreffenden Browser an dem betreffenden Rechner schon einmal gesucht und gefunden haben. Wenn Sie gar mit Ihrem eigenen Google-Account eingeloggt sind, wird die Suche sogar geräteübergreifend gespeichert. Ein abgekoppelter Rechner oder wenigstens ein nur zu Recherchezwecken genutzter anderer Browser mit privatem Fenster schafft hier Abhilfe. Solange die Suchmaschine Sie allerdings noch lokal zuordnet, kann auch dies das Bild verfälschen. Der Google-eigene Browser Chrome bietet eine Anonymisierfunktion, die solche Verfälschungsfaktoren weitgehend ausschaltet. Die *Geolocation* allerdings wird auch dadurch wahrscheinlich nicht zuverlässig ausgeschaltet. Es gibt weitere Tools, wie etwa den TOR-Browser oder das Firefox-Plugin Zenmate, mit denen Sie dies umgehen können.

Den Markt sichten mit relevanten (Branchen-)Begriffen

Selbst wenn Firmen oft sogar mit ihrer eigenen Website bei einer Suche nach dem Firmennamen relativ weit hinten landen, ist es immer noch am einfachsten, über diesen gut gefunden zu werden. Zugleich schwieriger und entscheidender ist es, in Bezug auf relevante Stichworten gut dazustehen. Dazu sollte im Zweifel eine Analyse der relevanten Keywords vorangehen. Sie können hier professionelle Werkzeuge wie etwa die Sistrix-Toolbox[51] nutzen. Aber auch die Google Webmaster-Tools und der Keyword-Planner helfen schon weiter. Geben Sie in der Google-Suche einen Begriff ein, werden Ihnen bereits Ergänzungsvorschläge entsprechend den Suchanfragen anderer User gemacht. Auch das könnten Sie mit der Auffindbarkeit des Wettbewerbs zu eben diesen Begriffen vergleichen. Doch dazu sollten Sie sich zumindest punktuell von Fachleuten beraten lassen. Wenn Sie also wissen, wonach Menschen suchen, die das brauchen, was Sie anbieten, sollten Sie per Google-Suche ermitteln, wie Sie im Vergleich zum Wettbewerb stehen: Wenn jemand nach dem relevanten Begriff, also etwa Ihrem Produkt oder Ihrer Dienstleistung sucht, wie weit oben steht Ihre Website? Wie gut sind die Ihrer Wettbewerber positioniert?

Der wiederum nächste Schritt sollte darin bestehen, weitere Suchen durchzuführen, etwa eine Twitter-Suche[52] nach relevanten Keywords, so wie Sie sie bereits mit Suchmaschinen vorgenommen haben. Facebook ist nach wie vor sehr schwierig zu durchsuchen, aber auch hier ist ein Suchfeld eingebaut, das Sie nutzen sollten.

Je intensiver Sie sich einarbeiten, desto besser wird der Überblick, den Sie gewinnen. Zugleich legen Sie an Souveränität im Umgang mit digitaler Recherche zu und gewinnen mehr und mehr ein zugleich intuitives und erfahrungsbasiertes Verständnis dafür, wie digitale Kommunikation funktioniert. Das hilft Ihnen bei der weiteren strategischen Ausrichtung auf Ihre Kommunikation in digitalen Zeiten.

Dauerhaft suchen und überwachen

Wenn Sie einmal einen fundierten Überblick über den Markt, die Branche, den Wettbewerb und die eigene Position gewonnen haben, sollten Sie nicht damit aufhören, Erkenntnisse zu sammeln. Das betrifft sowohl die weitere Wettbewerbsbeobachtung als auch das Monitoring der eigenen Aktivitäten sowie der Erwähnung der eigenen Firma durch andere.

Google Alerts[53] sind der bekannteste und einfachste Weg dazu. Ein Google Alert ist im Grunde nichts anderes als eine automatisierte Suche: Sie geben einmal ein, wonach die Plattform suchen soll, und immer dann, wenn der betreffende Begriff oder kom-

---

51   https://www.sistrix.de/
52   https://twitter.com/search-home
53   https://www.google.com/alerts

plette Terminus auftaucht, erhalten Sie eine E-Mail oder erhalten das Ergebnis beispielsweise per RSS in einem *Feedreader*. Details wie die Frequenz der Benachrichtigung können Sie vorher einstellen und jederzeit nachregulieren. Meiner Erfahrung nach sind jedoch die Google Alerts nicht so präzise und finden nicht so viel in zeitlicher Nähe zur Veröffentlichung wie andere Angebote. Doch auch hier muss man für den Einstieg nicht unbedingt zu kostenpflichtigen Tools greifen. Bereits die kostenfreie Version der Talkwalker Alerts[54] wirft – nach meiner Erfahrung aus vieler Projekten – recht gute Ergebnisse aus. Eine umfangreiche Übersicht über kostenfreie und kostenpflichtige Such- und Monitoringtools finden Sie beispielsweise im Onlinemagazin Monitoring-Matcher.[55]

Was sich nur indirekt ermitteln lässt

Was Sie mittels dieser verschiedenen Monitoring-Tools und -Formen in der Regel nicht direkt sehen, ist, wie gut Ihr Wettbewerb in Sachen Kollaboration und interne Digitalisierung aufgestellt ist. Hier sind nur indirekte Aussagen möglich. Doch je weiter der Wettbewerb nach außen hin digitale Meisterschaft beweist zeigt, desto größer ist die Wahrscheinlichkeit, dass es in der Organisation auch nach innen hin stimmt. Indizien dafür sind beispielsweise die Reaktionsgeschwindigkeit, mit der ein Unternehmen in sozialen Netzwerken auf Anfragen antwortet. In diesem Zusammenhang können Sie zudem, weil Sie ja selbst vom Fach sind, auch eine qualitative Bewertung einfließen lassen: Fragen, die nicht nur schnell, sondern auch fachlich fundiert beantwortet werden, lassen auf eine gute interne Abstimmungsstruktur schließen.

Ein dauerhaftes Monitoring sowohl der eigenen Aktivitäten als auch der des Wettbewerbs hilft Ihnen, einen zunehmend besseren Überblick zu gewinnen. Im Übrigen gilt das natürlich nicht nur für den Wettbewerb, sondern auch und erst recht für Ihre direkten Gesprächspartner und gewünschten Kunden. Um diese geht es im folgenden Abschnitt.

3.9   Persona: Der typische Zielgruppenvertreter

Gerade im Bereich der KMU und der Einzelunternehmer verwenden Berater gerne für die Ausrichtung auf bestimmte Zielgruppen den Begriff »Wunschkunden«. Gemeint sind solche Zielgruppenvertreter, mit denen der Dienstleister besonders gerne und gut zusammenarbeitet, auch im Hinblick darauf, dass hier die größten Werte geschaffen werden. Dabei kann man durchaus auch Wunschkunden sachlich in Bezug etwa auf Umsatzgrößen, Branche und dergleichen beschreiben.

---

54   https://www.talkwalker.com/de/alerts
55   Anbieter Social Media Monitoring, MonitoringMatcher, https://www.monitoringmatcher.de/anbieter/social-media-monitoring/

Ich bevorzuge die im Marketing gebräuchlichere sachliche Bezeichnung »Persona« für die Benennung eines typischen Zielgruppenvertreters. Dabei hilft es tatsächlich häufig, wenn man sich bestimmte real bekannte Personen, die bereits zum Kundenkreis gehören, vornimmt, um sie idealtypisch näher zu beschreiben. Denn um bei jemandem, gleich ob Endkunde oder B2B-Entscheider, einen Wunsch auszulösen und ihn zu einer Handlung zu führen, muss ich ihn persönlich ansprechen. Gutes Marketing, einerlei ob digital oder analog, schafft immer Beteiligung und in irgendeiner Form Betroffensein im Sinne von »sich angesprochen fühlen«. Im B2B-Bereich führen die Entscheider dann häufig an, dass diese persönliche Sichtweise für den sachlichen und professionellen Austausch zwischen Unternehmen überflüssig sei und allenfalls im Konsumentenmarkt zum Tragen komme, wo eben Privatpersonen Kaufentscheidungen treffen. Tatsächlich hat aber noch nie ein Unternehmen bei einem anderen Unternehmen gekauft, noch eine Abteilung ein Produkt bestellt. Es stehen immer Menschen dahinter, die Entscheidungen treffen und Aufträge erteilen, und diese haben in irgendeiner Weise Bedürfnisse, auch wenn sie im Interesse des Unternehmens handeln. Je genauer es gelingt, sich einen solchen Menschen in Bezug auf die Faktoren, die für seine Kaufentscheidung relevant sind, vorzustellen, desto erfolgreicher kann man ihn so ansprechen, dass er oder sie die gewünschte Aktion vollzieht.

> Hinter jeder Kaufentscheidung steht ein Mensch.

Übrigens sind durchaus nicht nur Käufer als Personas zu beschreiben, sondern man muss im Rahmen einer komplexen Kommunikationsstrategie dazu eine eigene Einheit für Multiplikatoren, Meinungsbildner und Empfehler bilden.

Personas beschreiben – eine Checkliste

Folgende übergeordnete Fragen können dabei helfen, weitere Detailfragen auszuarbeiten, um Personas für ein Unternehmen oder ein bestimmtes Produkt detailliert zu beschreiben. Wichtig: Kaum ein Unternehmen und selbst eine einzige Dienstleistung/ein einzelnes Produkt hat nur eine einzige Zielgruppe. Meistens arbeitet man drei bis fünf typische Zielgruppenvertreter heraus, auf die sich die Kommunikation besonders ausrichtet.

- Wer ist diese Person? Gibt es unter unseren bestehenden Kunden/Zielgruppen bereits eine oder mehrere Personen, die diese Zielgruppe idealtypisch repräsentieren?
- Für den B2B-Bereich: Welche Funktion (beispielsweise beim auftraggebenden Unternehmen) hat sie?
- Für den B2C-Bereich: Welchen Beruf/welche Lebensumstände hat sie?
- Welche charakterlichen Eigenschaften und persönlichen Vorlieben zeichnen sie aus?
- Wie digitalaffin ist diese Person?
- Welche Medien nutzt diese Person? Wo erreichen wir sie? (Idealerweise analysie-

ren Sie hierfür bei einigen typischen Vertretern genauer, in welchen sozialen Netzwerken diese sich bewegen und wie aktiv sie dort sind.)

- Welche Content-Typen (z. B. Text, Video, Audio) bevorzugt diese Person?
- Welche Tonalität ist in der Ansprache die richtige?
- Welche Bedürfnisse hat er/sie in Bezug auf unser Angebot?
- Wie kommt sie zu uns? Wie kommt der Erstkontakt zustande?
- Wie verläuft die *Customer Journey* vom Erstkontakt bis zum Abschluss?
- Kunden: Was kauft/beauftragt sie bei uns?
- Kunden: Wann, wie oft und in welchem Umfang kauft sie? Wie relevant ist sie für den Vertrieb – aktuell und zukünftig?
- Meinungsbildner/Multiplikatoren: Welche Handlungen vollzieht sie in Bezug auf unser Unternehmen?
- Was muss die Kommunikation leisten, um diese Bedürfnisse zu befriedigen?
- Mit wem ist diese Person vernetzt? Wessen Meinung ist ihr wichtig?
- Was ist sonst noch über diese Person zu sagen beziehungsweise besonders zu beachten?

Häufig konzentriert sich die Erarbeitung von Personas auf Kundenzielgruppen (*Buyer Persona*). Die Betrachtung innerhalb einer umfassenden Kommunikations- und Contentstrategie muss jedoch weit über direkte Kunden und Interessenten hinausgehen. Empfehler, Multiplikatoren, Meinungsbildner, aber auch potentielle neue Mitarbeitende sind mindestens ebenso wichtige Zielgruppen, deren Vertreter(innen) idealtypisch betrachtet und beschrieben werden müssen. Nur so kann es gelingen, Sichtbarkeit und Reichweite aufzubauen.

3.10 Reputation: Virtuelle Identität und Authentizität

Erst wer sowohl die eigenen Ziele definiert hat, als auch die Bedürfnisse der Zielgruppen kennt, kann die Kommunikationsziele definieren: Was soll die Kommunikationsstrategie bewirken, zu welchen strategischen Zielen führen? Welche Reputation soll in welchem Umfang bei wem aufgebaut werden? Wie ist die Alleinstellung des Unternehmens medial zu vermitteln? Wie lässt sich die eigene Werteorientierung vermitteln? Welche Bilder und in der Folge welche Handlungen soll die Kommunikation erzeugen? – An dieser Stelle geht es um Selbstbild und Fremdbild sowie um deren mediale Vermittlung. Reputationsaufbau mit digitaler Unterstützung funktioniert nur dann, wenn das Unternehmen auch ein Gefühl für die eigene Identität und deren mediales Abbild entwickelt. Daraus ergeben sich die Kommunikationsziele, aber diese sind wiederum abhängig von den verschiedenen Stakeholder-Gruppen.

Wie schon zuvor betont: Die PR kann zwar etwas in ein vorteilhaftes Licht rücken, aber sie kann nicht auf Dauer etwas völlig Unrealistisches vorspiegeln. In digitalen Zeiten funktioniert dies noch viel weniger. Sie kann zwar kurzfristig mit großem Aufwand ein Bild erzeugen, welches nicht mit der Realität übereinstimmt. Nun wird der Begriff der Authentizität sehr häufig als Synonym verwendet für »sich richtig gut darstellen«. Wer authentisch ist, wirkt echt, ist ehrlich, ist glaubhaft. Tatsächlich kann man aber authentisch auch richtig schlecht sein. Es hängt eben immer davon ab, wie die Realität aussieht. Diese aber lässt sich schlecht auf Dauer verschleiern, indem man standhaft selbst etwas anderes behauptet. Nehmen wir das Beispiel Tourismus: Früher, also auch noch vor wenigen Jahren, als es bereits Internetseiten gab, konnte ein Hotelier in Prospekten und auch noch auf eigenen Webseiten behaupten, sein Haus wäre das beste am Platze. Er konnte es mit besonders günstig fotografierten Ansichten belegen. Er konnte es so geschickt umschreiben, dass selbst der sehr enttäuschte Gast angesichts der enttäuschenden Realität später kaum auf einen Reisemangel klagen konnte. Zwar wurden einmalige Besucher nie zu Stammgästen, und es gab wohl kaum Empfehlungen von Mund zu Mund. Doch mit genügend Werbung spülte es ihm immer neue Einmal-Gäste in die mäßig sauberen Betten.

Gute PR kann zwar etwas in ein vorteilhaftes Licht rücken, aber sie kann nicht auf Dauer lügen. Nicht in digitalen Zeiten.

Heutzutage ist so etwas viel weniger denkbar. Selbst wenn ein Hotel, ein Restaurant auf seinen eigenen Seiten keine Bewertungsmöglichkeiten anbietet, wird sich das realistische Bild auf unabhängigen Bewertungs- oder Buchungsportalen schnell zeigen. Je größer die Differenz zwischen Behauptung und tatsächlicher Erfahrung ausfällt, desto negativer die Bewertungen. Zwar ist anzunehmen, dass nicht alle Bewertungen, die in solchen Portalen zu lesen sind, von echten Gästen stammen. Doch sollte nun der betreffende Hotelier versuchen, positive Bewertungen im großen Stil zu kaufen oder selbst zu fälschen, wird dies früher oder später herauskommen. Denn eine große Zahl unzufriedener Besucher wird darauf dringen, dass hier Klärung eintritt. Eine zunehmend digital intelligente Nutzerschaft sieht darüber hinaus bereits auf einen Blick, wenn viele ähnlich begeisterte, vermeintlich echte Stimmen dem gleichen Wortlaut folgen.

Auf ähnliche Art und Weise funktioniert das in so gut wie allen Branchen, im B2C-ebenso wie im B2B-Bereich, und ganz gleich, ob es offizielle Bewertungsplattformen gibt oder nicht. Die Realität spricht sich gegenüber der lediglich behaupteten Realität, also dem Wunschbild des Anbieters, früher oder später herum. Je größer die Diskrepanz zwischen beiden, desto größer die Gefahr für die Existenz des betreffenden Unternehmens. Auch die sprichwörtlichen Leichen im Keller und allgemein unangenehmen Umstände – etwa Missstände im Kundendienst ebenso wie im Betriebsklima als Arbeitgeber – sind immer schwerer und nur mit immer größerem Aufwand zu verschleiern. Daher lohnen sich Ehrlichkeit und Transparenz rein wirtschaftlich auch unabhängig von der jeweiligen Werteorientierung. Deswegen ist es so sinnvoll für jede

Firma, die öffentlich in Erscheinung tritt, sich zunächst Gedanken über das Fremdbild zu machen, das derzeit vorhanden ist, und dann über das Fremdbild, das sie erzeugen will. Erst wenn letzteres durch die Realität abgebildet ist, lohnt es sich, dies auch medial zu erzeugen.

3.11   Grundlagen der Contentstrategie: Themen, Werte, Köpfe

Die Contentstrategie ist ein Teilbereich der Kommunikationsstrategie. Man könnte sie kurz zusammenfassen mit der Planung, Recherche, Erstellung und Verbreitung der Inhalte, die ein Unternehmen gezielt publiziert. Ohne Content gibt es keine Sichtbarkeit, keine Aufmerksamkeit, keine Kundenbindung, kein *Community Building.* Contentstrategien stehen im digitalen Zeitalter im Zentrum fast aller Kommunikationsstrategien, weil sie sich auf die Gesamtheit aller Inhalte des Unternehmens beziehen.

Ich möchte an dieser Stelle und vor allem im nächsten Kapitel das Thema Contentstrategie in den wichtigsten Teilbereichen beleuchten. Es geht mir darum, zügig in die praktische Umsetzung zu führen.

Themen: Welche Inhalte gibt Ihr Unternehmen her?

Wenn über Contentstrategien gesprochen wird, dann kommen oft die großen Consumermarken ins Spiel, die rund um ein Produkt ein ganzes Geflecht von Medien und Geschichten entwickeln. Doch realistischerweise kann kein mittelständisches Unternehmen sich zu einem Kommunikationskonzern wie etwa die immer wieder genannten Vorreiter Red Bull oder Coca-Cola[56] entwickeln. Es sind deutlich weniger Ressourcen vorhanden; es muss also weitgehend mit Bordmitteln etwas Neues geschaffen werden. Der Möglichkeit, mit viel Phantasie kreative Kampagnen zu entwickeln, sind Kapazitätsgrenzen gesetzt. Doch in den meisten Branchen, erst recht im B2B-Bereich, geht es auch gar nicht darum, in großem Ausmaß völlig neue, unterhaltsame Inhalte um eine Marke oder ein Produkt herum zu erfinden. Wenn man eine zuckerhaltige Brause anzubieten hat, und alle Werbeformen sind bereits ausgereizt, dann holt man sich Testimonials herein, die bestimmte Zielgruppen anziehen. Man kauft sich Influencer ein, wie es heute sehr viele Consumermarken vor allem Im Lifestyle-Bereich tun. Das hat häufig nur noch wenig mit dem eigentlichen Produkt zu tun, aber viel mit dem Lebensgefühl, das damit assoziiert werden soll.

Hat man jedoch eine komplexe, erklärungsbedürftige Dienstleistung zu bieten, geht es eher darum, nahe am eigenen Angebot zu kommunizieren. Die Herausforderung

---

56   Vgl. Knüwer, Thomas: Coca-Colas Content-Strategie: der nächste Schritt, https://www.indiskretionehrensache.de/2012/11/coca-cola-content-strategie/

besteht darin, aus der Marke heraus Geschichten und wertvolle Inhalte zu entdecken und zu entwickeln. Dafür war es im vorigen Schritt so entscheidend, die Bedürfnisse der verschiedenen Stakeholder zu beschreiben. Denn an diesen richten sich die Geschichten aus. Für Selbstreferentielles interessiert sich niemand. Entscheidend ist der Nutzen für den Empfänger.

Doch wie ist dies mit vertretbarem Aufwand zu realisieren? Zunächst einmal muss man sich immer wieder klarmachen, dass es ohne Anfangsinvestitionen nicht funktionieren kann. Allerdings sollte, zumindest bei mittelständischen Unternehmen, in der Konzeptionsphase konsequent daran gearbeitet werden, Ressourcen umzuschichten sowie bestehende Maßnahmen so einzubinden, dass einander verstärkende Effekte entstehen.

Oft verfallen nämlich die Kommunikationsverantwortlichen, wenn sie eine Contentstrategie erarbeiten, allzu sehr ins andere Extrem. Sie vergessen beispielsweise, dass ihre eigenen Zielgruppen noch gar nicht so weit sind, komplett auf Print zu verzichten. Andererseits darf man sich auch nicht zu sehr an Formen klammern, die längst die Kosten nicht mehr einspielen. Die Balance zu finden ist zugegebenermaßen nicht ganz einfach, und ohne Ausprobieren und ohne auch den Mut zu Fehlern kann dies nicht erfolgreich sein.

Von der Zweitverwertung zu »Online first«
Bevor also die Contentstrategie ausgearbeitet oder gar ein Themenplan erstellt ist, lohnt sich die Analyse der Frage, wo überall im Unternehmen bereits interessante Inhalte entstehen und vorhanden sind. Das können beispielsweise Printprodukte sein, Pressetexte, Broschüren. Häufig wird gar nicht daran gedacht, gedrucktes und per Post versandtes Informationsmaterial im Web – neu aufbereitet – noch einmal zu verwerten. Nicht selten werden selbst aufwendig produzierte Kundenzeitschriften allenfalls als PDF im Internet verwertet. Dabei wird man heute in den meisten Fällen dazu raten, sogar umgekehrt vorzugehen und auf eine sogenannte Online-first-Strategie umzustellen: Inhalte werden zuerst im Corporate Blog oder auf anderen Plattformen ausgespielt und auf diese Weise auch getestet. Hierzu gehören vor allem auch zeitkritische Inhalte. In den Druck gelangt dann ein »Best of«, oft mit eher zeitlosem Charakter. Dies löst das Problem der vielfach noch vorhandenen Nachberichterstattung in Unternehmensmagazinen, die den heutigen Informationsgewohnheiten selbst sehr traditionell orientierter Leser nicht mehr entsprechen.

Aber auch im Tagesgeschäft entstehen täglich in den meisten Unternehmen große Mengen wertvoller Inhalte, derer man sich erst bewusst werden muss, um sie auch in der Contentstrategie zu verwerten. etwa Gesprächsinhalte im direkten Kundenkontakt. Jeder Berater, jeder Vertriebler, jeder Verkäufer produziert jeden Tag Unmengen von Content. Viele Fragen, die er beantwortet, sind geradezu idealtypisch für das, was

die eigenen Interessenten wissen wollen. Weitere Formen von Content sind beispielsweise: E-Mail-Newsletter, Whitepaper, Geschäftsberichte, Präsentationen, Produkt-
filme … Die Liste ließe sich noch sehr lange fortsetzen.

Ein oft gehörtes Argument dagegen, solche Inhalte in großem Stil etwa für kostenfreie
Ratgeberartikel im Onlinemagazin des eigenen Unternehmens zu verwerten, lautet
immer noch: »Aber dann hat die Konkurrenz doch direkten Zugang zu unseren Inhalten und kann sie ihrerseits nutzen.« Das ist aber Unsinn. Ein Wettbewerber, der sich
beispielsweise selbst ein sehr vertraulich behandeltes ausführliches Angebot einer
Firma besorgen will, wird dies über einen Dritten mühelos schaffen. Wie wahrscheinlich ist es da erst recht, dass die Print-Broschüren der eigenen Firma noch nicht den
Weg in die Hände der Konkurrenz gefunden haben? Der schlimmste Fall bestünde jetzt
darin, dass diese Texte und Inhalte, die bisher aus eigener Hand nur gedruckt vorliegen, über jemand anderem den Weg ins Internet finden. Alles, was einmal gewusst ist,
findet früher oder später den Weg ins Internet. Sie haben nur noch die Wahl, ob Sie die
Erstveröffentlichung selbst mit Ihrem Namen besetzen oder dies anderen überlassen.

Hinzu kommt noch ein Weiteres: Entscheidend sind nie die Inhalte allein, sondern vor
allem die Art und Weise, wie sie präsentiert und vermittelt werden, auch wie sie formuliert sind. Wenn Sie mit hochwertigen Inhalten oder interessanten Ratgebertexten
für Ihr Unternehmen punkten wollen, dann ist es nicht nur zentral, was darin steht,
sondern vor allem, wie es aufbereitet ist. Letzteres verrät viel mehr über Ihre Art zu
arbeiten und die Qualität beispielsweise Ihrer Dienstleistung als der reine Informationsgehalt – wenn man diesen denn überhaupt isolieren und völlig von der Art der Darbietung abkoppeln könnte. Das ist aber nicht möglich. Dazu muss man sich von der
Idee verabschieden, dass nur die Kommunikationsabteilungen wertvolle Inhalte liefern könnten. Contentstrategien leben davon, dass Geschichten organisationsüber-
greifend im Unternehmen aufgespürt werden.

An dieser Stelle möchte ich aber noch einmal betonen, wie entscheidend es ist, im
Unternehmen Strukturen aufzulösen, in denen jede Abteilung isoliert für sich arbeitet
und eigene Inhalte produziert. Es kann nicht funktionieren, wenn das Marketing nicht
weiß, was die Presseabteilung veröffentlicht; oder wenn der Vertrieb nicht aus dem
unmittelbaren Kundenkontakt dazu beiträgt, Inhalte nah an der Zielgruppe zu entwickeln. Das sind nur zwei Beispiele. Überall dort im Unternehmen, wo – in welcher Form
auch immer, ob schriftlich oder mündlich, ob öffentlich oder im Direktkontakt – Inhalte
entstehen, muss es eine gemeinsame Instanz geben, die diese innerhalb Contentstra-

tegie zusammenführt. Eine Art zentrale Koordinationsstelle für den Content, etwa in Form eines Newsrooms, ist hier besonders sinnvoll.[57]

> Contentsilos sind Vergangenheit. Contentstrategien im digitalen Zeitalter können nur funktionieren, wenn sie im Unternehmen auf allen Ebenen verinnerlicht sind.

Werte: Welche Besonderheiten und gemeinsamen Interessen bestimmen Ihre Arbeit?

Contentstrategien leben davon, dass sie fühlbar und erlebbar machen, wie ein Unternehmen arbeitet, von welchen Werten es getragen ist, was für die Unternehmenskultur sowie für das unternehmerische Handeln charakteristisch ist. Während man eine Limonade oder ein wenig greifbares Produkt wie Strom erst mit Emotionen besetzen und mit Assoziationen aufladen muss – etwa mithilfe von Testimonials und Geschichten –, kann man gerade in Beratungs- und Dienstleistungsunternehmen darauf aufsetzen, was die Firma tatsächlich in ihrem täglichen Geschäft ausmacht. Doch nicht nur dort: Auch Unternehmen der produzierenden Industrie sind, über das reine Produkt hinaus, etwa von ihrem Qualitätsverständnis geprägt, von ihrem Servicegedanken und ihrem Verhalten in Kulanzfällen oder von der Liefergeschwindigkeit.

Welche Werte bilden die Grundlagen der eigenen Arbeit und prägen damit auch die Tonalität und Ausrichtung der zu publizierenden Inhalte? Welches erkenntnisleitende Interesse zieht sich durch alle Publikationen hindurch und macht das Bild größer, als es die reine Ausrichtung auf direkte Kundengewinnung je könnte?

Die Art, wie eine Firma arbeitet, ihr Standort, ihre Werte, ihre Ziele, ihre Besonderheiten: Dies alles sind also Ansatzpunkte für die Contentstrategie. Natürlich wäre es fehl am Platze, solche Erkenntnisse über die Alleinstellung zu nutzen, um in selbstreferentielle Berichte zu verfallen. Es geht vielmehr darum, auf welche Art und Weise Inhalte präsentiert werden. Auch darum, welche Geschichten hinter dem reinen Produkt oder der Dienstleistung stehen. Wie sich über den Content und die Interaktion dazu ein Netzwerk, wie sich Communitys bilden.

Auch hier übrigens können Meinungsbildner und Testimonials eine entscheidende Rolle spielen, etwa indem Kunden über das Unternehmen sprechen, um nur ein Beispiel zu nennen.

---

57   Unter dem Stichwort »Newsroom« liefert die Schweizer Kommunikationsberaterin Marie-Christine Schindler eine ganze Reihe Best-Practice-Beispiele für Newsrooms in Unternehmen und NGO: https://www.mc-schindler.com/tag/newsroom/

Köpfe: Welche Persönlichkeiten tragen die Kommunikation mit?

Große Unternehmen oder Organisationen holen sich Testimonials ins Boot; Menschen, die der Marke ein Gesicht verleihen. Denn ohne Köpfe ist Unternehmenskommunikation im digitalen Zeitalter nicht mehr denkbar. Kommunikation geschieht letztlich immer zwischen Menschen. Jedoch haben persönliche Beziehungen in sozialen Netzwerken und in den dadurch veränderten Kommunikationsstrukturen noch mehr an Bedeutung gewonnen. Im virtuellen Raum treffen sich Personen oft wie auf echten Netzwerktreffen. Unverwechselbar wird eine Firma durch die Köpfe, die für das stehen, was sie ausmacht. Menschen sind die Schnittstellen zwischen Unternehmen und Unternehmen, zwischen Unternehmen und Communitys und letztlich auch zwischen Unternehmen und dem einzelnen Konsumenten. Die Ansprüche an Erreichbarkeit selbst prominenter Protagonisten haben insgesamt ganz andere Dimensionen erreicht.

Das bedeutet aber auch: Entscheidungsträger und Vertreter von Unternehmen kommen gar nicht umhin, auch an der digitalen Kommunikation teilzuhaben und sie mitzutragen. Das gilt aber nicht allein für die Unternehmensleitung und diejenigen Mitarbeiter, die im direkten Kundenkontakt stehen. Auch die Geschichten, die innerhalb der Firma zu entdecken sind, haben mit Menschen zu tun.

Wo es jedoch der Spontaneität und dem individuellen Interesse eines Mitarbeiters unterliegt, ob eine Vorgehensweise gelingt oder nicht, findet keine Qualitätssicherung in der Unternehmenskommunikation statt. Es müssen standardisierte Prozesse etabliert werden, die aber nicht zugleich so steif und formalistisch sind dass daraus nur Pseudo- und Alibi-Content entsteht, durch den die echten Menschen im Unternehmen dann doch überhaupt nicht hindurchscheinen. Das ist einmal mehr ein schwieriger Balanceakt.

Dabei wird aber oft vergessen, dass die Menschen, bei denen die Geschichten entstehen, nicht durchweg in der Lage sind, diese auch zu erkennen. Es hat ja einen Grund, warum jemand eine Laufbahn als technischer Entwickler, als Buchhalter oder IT-Spezialist einschlägt und nicht als Geschichtenschreiber. Glücklicherweise verbergen sich in den meisten Unternehmen in wirklich allen Unternehmensbereichen an der einen oder anderen Stelle regelrechte Ausnahmebegabungen, was die Contentproduktion und das Geschichtenerzählen angeht. Ich habe schon Lagerarbeiter gesehen, die man ohne größere Vorbereitung vor eine Videokamera stellen konnte.

Aber erstens kann man so etwas nicht voraussetzen und erwarten. Zweitens muss man sich bereits in der Phase der Selbsterkenntnis klarmachen, dass diese Mitarbeiter – sofern sie gut arbeiten und sinnvoll eingesetzt sind – bereits zuvor mit ihrer Arbeit ausgelastet waren. Man kann jetzt nicht plötzlich von ihnen verlangen, dass sie ihre bisherige Performance halten, aber zusätzlich noch Geschichten aufspüren und Content liefern. Daher werden wir uns noch ausführlicher damit befassen, ob und wie es möglich ist, Mitarbeiter einzubinden. An dieser Stelle ist es vor allem erst einmal erforderlich, die betreffenden Personen zu identifizieren, um sie von Anfang an mit einzubinden.

! **Lesetipp**

Eichmeier, Doris/Eck, Klaus: Die Content-Revolution im Unternehmen: Neue Perspektiven durch Content-Marketing und -Strategie (Haufe 2014).
Harmanus, Ben/Weller, Robert: Content-Design: Durch Gestaltung die Conversion beeinflussen (Hanser 2017).
Löffler, Miriam: Think Content!: Content-Strategie, Content-Marketing, Texten fürs Web (Galileo Computing 2014).

3.12   Wertschöpfung: Positive Nebenwirkungen in der Arbeit an der Contentstrategie

An dieser Stelle möchte ich dazu überleiten, wie in der Vorbereitung der Contentstrategie, in der Analysephase, bereits enorme Unternehmenswerte entstehen, die mit der weiteren Arbeit immer noch weiter wachsen. Eine solche Wertschöpfung entsteht nicht zufällig. Sie *muss* automatisch stattfinden, weil andernfalls die Contentstrategie nicht funktionieren kann. Wertvolle Informationen werden recherchiert und aufbereitet, Strukturen verändern sich, Wissen ordnet sich neu, Menschen kommunizieren im und mit dem Unternehmen auf neuen Wegen und auf andere Art. Dies geschieht zu großen Teilen einfach deswegen, weil man, wie wir bereits gesehen haben, für eine funktionierende Contentstrategie bestimmte Voraussetzungen schaffen und viele Informationen sammeln muss. Unter diesem Aspekt der Wertschöpfung im Unternehmen möchte ich das zuvor Gesagte noch einmal auf den Punkt bringen. Im Folgenden finden Sie einige Beispiele für Werte, die in der Arbeit an der Contentstrategie entstehen.

Klarheit über das eigene Unternehmen und dessen strategische Ausrichtung
Selbstverständlich sollte jedes Unternehmen über eine explizite Kommunikationsstrategie verfügen, inklusive eines Konzeptes, das alle Komponenten der integrierten Kommunikation beschreibt. So weit, so theoretisch. Tatsächlich wird aber selbst in großen Unternehmen in allen Bereichen der Unternehmenskommunikation oft sehr operativ agiert oder sogar nur reagiert. Beginnt man jedoch damit, eine Contentstrategie neu zu planen, kommt man nicht umhin, sich die gesamten Grundlagen der Unternehmensstrategie neu anzuschauen. Man muss eine Bestandsaufnahme machen. Man muss definieren, wo man hin will, welche strategischen Kurz-, Mittel- und Langfristziele anstehen. Man muss Strukturen hinterfragen, Ressourcen ermitteln und verteilen … – und das sind nur einige Aspekte. Daher schafft die sorgfältige,

systematische Arbeit an der Contentstrategie im Unternehmen große Klarheit und sorgt für eine neue strategische Ausrichtung. Natürlich werden auf diese Weise auch Defizite offenbar, und es wird zugleich klar, dass sich nicht alle erkannten Missstände sofort beheben lassen. Doch allein die Tatsache, dass solche Erkenntnisse gewonnen und festgehalten werden, schafft enorme Werte im Sinne eines Veränderungspotentials für viele Unternehmensbereiche; auch für solche, die oft nur mittelbar mit Marketing und PR zu tun haben.

Bewusstsein für den Wissensschatz im eigenen Unternehmen

In jedem Unternehmen, gleich welcher Branche, Größe und Ausrichtung, liegt enormes Wissen. In den Köpfen der Mitarbeiter, in der eigenen Datenbank, in vielen Dokumenten, Veröffentlichungen, in den Produkten … – Doch kaum je wird dieser gesamte Wissensschatz gehoben, sortiert und genutzt. Das fängt beim Vertrieb an, in dem die einzelnen Mitarbeiter oft sehr detaillierte Kenntnisse der Zielgruppen besitzen, aber dieses Wissen nur jeweils für sich selbst nutzen. Das hört in der Entwicklungsabteilung, in der täglich Antworten auf spezifische und auf idealtypische Fragestellungen entstehen, noch lange nicht auf.

Da das Content-Marketing von hochwertigen Inhalten lebt und da diese Hochwertigkeit letztlich allein dadurch definiert wird, wie groß der Nutzen für die gewünschten Empfänger ist, funktioniert die Strategie nur, wenn man diesen Wissensschatz hebt. Man muss ihn nutzen und in Inhalte umsetzen. Doch ist das entstandene neue Bewusstsein ebenso wie die Struktur, in die dieser Wissensschatz gebracht wird, für weit mehr gut als für ein paar redaktionelle Beiträge. Ich habe es schon erlebt, dass mit dieser Arbeit ein ganz neuer Austausch in Teams und zwischen Abteilungen entstanden ist. Oft gibt es große Aha-Effekte bezüglich der Kenntnisse einzelner Mitarbeiter sowie generell über das vielfältige Wissen, das bereits im Unternehmen vorhanden ist.

Informationen über die Märkte

Wer an Contentstrategie denkt, denkt meistens vor allem daran, was das Unternehmen selbst veröffentlichen, kundtun und verbreiten kann. Völlig unterschätzt ist der Bereich der Marktforschung. Wenn man eine Contentstrategie entwickelt, erst recht aber in den Dialogen, die sich erst nach und nach entfalten, wächst der Wissensschatz auch über die Märkte, über das Umfeld, über den Wettbewerb, über die eigene Positionierung.

Auch das ist, wie die zuvor beschriebenen Werte, kein statischer Wert, sondern eher eine neue Struktur, in die sich immer neue, aktuelle Informationen nach und nach fast wie von selbst eingliedern. Vorausgesetzt natürlich, der einmal eingeschlagene Weg wird konsequent verfolgt. Wer diese Wertschöpfung verkennt, die als Erkenntnis (also empfangend) und nicht allein aus Verlautbarung (also sendend) entsteht, verschenkt regelrecht Kapital.

Informationen über die Zielgruppen

Die Kunden- und Interessentendatenbank eines Unternehmens stellt einen der größten Unternehmenswerte dar. Sie ist umso wertvoller, je mehr Informationen sie enthält. Insofern stellt das Wissen, das sich über die verschiedenen Stakeholder, Dialogpartner und eigene Kunden ansammelt, einen weiteren großen Wert dar, der in einer Contentstrategie wie von selbst entsteht. Voraussetzung ist natürlich, dass das Bewusstsein dafür vorhanden ist und die Informationen entsprechend gesammelt, strukturiert, ausgewertet und genutzt werden.

In welcher Form eine solche Auswertung und Nutzung geschieht, ist natürlich von Unternehmen zu Unternehmen, von Contentstrategie zu Contentstrategie sehr unterschiedlich. Entscheidend ist aber, dass diese Erkenntnisse nicht nur beispielsweise den Vertrieb befeuern – was ja auch schon Wertschöpfung darstellt –, sondern immer auch in die weitere Contentstrategie einfließen. Dass hierbei die Regelungen des Datenschutzes berücksichtigt werden, insbesondere bezüglich sensibler und erst recht personenbezogener Informationen, versteht sich natürlich von selbst.

Identifikation mit dem Unternehmen

Wissen allein ist noch kein vermittelter Inhalt. Auch stellt nicht jeder Inhalt einen Wert dar. Inhalte sind dann hochwertig, wenn sie für eine definierte Empfängergruppe echten Nutzen generieren und damit zugleich zu den Unternehmenszielen beitragen. Ein erstaunlicher Effekt, wenn aus Wissen redaktionelle Inhalte entstehen, ist die Herausbildung eines neuen Bewusstseins, ja, oft regelrecht eines neuen gemeinsamen Stolzes. Das zieht sich durch alle Ebenen im Unternehmen. Der Mitarbeiter, der über sein Spezialgebiet berichten, einen Fachbegriff erklären oder im Interview Stellung beziehen kann, empfindet sich neu wertgeschätzt und wahrgenommen. Auch aus der Firmenleitung höre ich oft Äußerungen wie: »Jetzt ist mir noch einmal richtig bewusst geworden, was für ein toller »Laden« wir sind und was für ein tolles Team!« Allerdings: Es ist und bleibt schwierig, Mitarbeiter zur Contentproduktion zu motivieren und zu aktivieren. Man braucht entsprechende Ressourcen und Strukturen. Anzunehmen, die Geschäftsleitung müsse nur mit dem Corporate Blog winken und jeder würde gerne etwas beitragen, um sich hernach noch stärker mit der Firma verbunden zu fühlen, sind schlichtweg naiv.

Die Geschäftsleitung selbst profitiert erheblich, wenn Wissen zu Inhalt wird. In vielen, gerade in mittelständischen Unternehmen herrscht oft die Überzeugung, dass man viel besser sei als die Mitbewerber oder als ein großer Konkurrent. Doch oft ist es zuvor nie gelungen, diese Überzeugung wirklich in Worte zu fassen. Hochwertige Inhalte statt allzu flach formulierter Selbstaussagen sorgen zum ersten Mal dafür, dass diese gefühlte Alleinstellung wirklich Einzug in die Unternehmenskommunikation hält. Das gilt übrigens für die interne Kommunikation ebenso wie für die externe. Ist das Wissen in Inhalt umgesetzt und gut auffindbar veröffentlicht beziehungsweise abgelegt, hilft es allen Unternehmensbereichen.

Content als das bisher fehlende Bindeglied

Seit jeher ist es in den meisten Unternehmen so, dass (fast) jede Abteilung ihr eigenes Süppchen kocht. Oft liegt der Vertrieb mit der Entwicklungsabteilung im Clinch. Marketing und PR stimmen sich nicht richtig darüber ab, wer was veröffentlicht. Viel Aufwand wird doppelt betrieben. Oft fehlt zu Beginn einer Contentstrategie eine gemeinsame Ausrichtung bezüglich des Wissens und darüber, wie es in Inhalte umgesetzt wird. »Unternehmen benötigen eine Content-first-Kultur«, sagt mein Kollege Klaus Eck daher sehr richtig.

Ich spreche gerne davon, dass Content das bisher fehlende Bindeglied ist, das über die Inhalte den Dialog zwischen allen Abteilungen fördert und die Kommunikation insgesamt wirkungsvoller und eben auch effizienter macht. Natürlich wäre es allzu idealistisch gedacht, dass ein schlichtes redaktionelles Konzept dafür sorgen könnte, dass alle alten Grabenkämpfe verschwinden. Doch auch hier gilt: Menschen ändern nur dann etwas, wenn sie ihren eigenen Nutzen darin erkennen. Gefordert ist hier also vor allem die Unternehmensleitung, was die Entwicklung der Kommunikationskultur innerhalb der Firma angeht. Sicher ist das weder ein leichter noch ein kurzer Weg; aber einer, den zu gehen sich lohnt und der nur Schritt für Schritt nacheinander gegangen werden kann.

Gewinn bleibt die wichtigste Kennzahl

Bei allen verschiedene Werten und Schätzen, die auf diese Weise zugleich mit einer Contentstrategie entstehen, läuft die klassische Wertschöpfungskette doch letztlich immer auf eines hinaus: den erzielten Gewinn. So lassen sich die entstandenen Werte auf vielerlei Art quantifizieren und qualifizieren. Man braucht Zwischenergebnisse und feine Messmethoden, um zu erkennen, ob die Contentstrategie in die richtige Richtung geht. Auf diesem Weg gibt es viele andere Kennzahlen als nur monetäre. Doch die entscheidende Kennzahl für den Kommunikationserfolg ist letztlich immer der Gewinn: Bringt die Contentstrategie mehr ein, als sie kostet, ist sie erfolgreich. Mit den Werten, die Sie in anderen Bereichen schaffen, tragen Sie zum Unternehmensgewinn auf vielfältige Weise bei, und zwar weit über Marketing und Verkauf hinaus.

Allerdings, und auch das muss klar sein, ein solcher *Return on Investment* stellt sich nicht nach wenigen Wochen ein. Strategien brauchen ihre Zeit, in einer digitalen Welt ebenso wie in früheren, rein analogen Welten.

Zehn Schritte zur Selbsterkenntnis in der Unternehmenskommunikation

Die folgenden zehn Schritte helfen in der Analysephase. Sie bilden die Grundlage für die gesamte weitere Vorgehensweise. Wie gut und gründlich Sie hier vorarbeiten, entscheidet mit über den dauerhaften Erfolg Ihrer Kommunikations- und Contentstrategie.

Schritt 1: Budgets und Ressourcen – Was wollen wir einsetzen?
Gewinnen Sie einen Überblick über die finanziellen, personellen und zeitlichen Ressourcen, die Sie für die Neupositionierung und die dauerhafte Realisierung Ihrer Strategie einsetzen wollen. Dazu gehört, gegebenenfalls bereits in Abstimmung mit einer externen Kommunikationsberatung oder Agentur, auch die Anfangsinvestition, die Sie tätigen wollen.

Schritt 2: Personen – Wer ist beteiligt?
Stellen Sie im Unternehmen das Kernteam zusammen, das an der neuen Strategie mitarbeiten wird. Erarbeiten Sie, wenn nicht vorher, dann gleich zu Beginn der Konzeptionsphase, wen Sie darüber hinaus mit ins Boot holen wollen. Zu den Beteiligten gehören auch externe Berater und Dienstleister wie Agenturen.

Schritt 3: Status – Wo stehen wir jetzt?
Die Ist-Analyse ist unabdingbar, bevor man zu neuen Zielen aufbricht. Dazu gehört ein kompletter Status der derzeitigen Kommunikation, mit allen Medien und Maßnahmen, Budgets und dem bisherigen Reporting. Auch die Umsatzzahlen des Unternehmens, Marktposition und Wettbewerbsanalyse gehören in die Aufnahme des Ist-Zustandes. Alle Instrumente der Marktforschung und Datenanalyse sind Teil dieser Aufnahme.

Schritt 4: Ziele – Wo wollen wir hin?
Es gibt zwei Möglichkeiten: Entweder die strategischen Unternehmensziele stehen bereits fest und werden im Kommunikationskonzept noch einmal zusammengefasst. Oder man stellt, wie es vor allem in der Arbeit mit mittelständischen Unternehmen der Fall sein kann, fest, dass noch einmal eine Strategiephase vorgeschaltet werden muss. Kommunikation ist die Fahrtkarte auf dem Weg zu bestimmten Zielen. Wer nicht weiß, wo er hin will, kann keinen Fahrschein lösen. Entscheidend ist es, kurz-, mittel- und langfristige Ziele zu definieren und diese möglichst genau zu quantifizieren und zu qualifizieren.

Schritt 5: KPI – Woran messen wir den Erfolg?

Legen Sie *Key Performance Indicators* fest: Definieren Sie also vorher, woran Sie erkennen, dass Sie das betreffende strategische Ziel erreicht haben. Auch diese Indikatoren werden eine Mischung aus quantitativen Messwerten und qualifizierten Faktoren sein, die ein Mensch einschätzen muss. Hilfreich ist es, größere Messwerte – etwa Gewinnsteigerung innerhalb eines bestimmten Zeitraumes – auf Werte herunterzubrechen, die schrittweise zeigen, ob man auf dem richtigen Weg ist.

Schritt 6: Zielgruppen – Wie ticken unsere Stakeholder?

Die genaue Zielgruppenanalyse, wie ich sie in diesem Kapitel vorgeführt habe, ist ein unabdingbarer Schritt auf dem Weg zu Inhalten, die ihre Empfänger erreichen – auf den richtigen Plattformen, zeitlich, inhaltlich – und damit zugleich zu den eigenen strategischen Zielen beitragen.

Schritt 7: Kommunikationsziele – Was sollen die Empfänger denken und tun?

Der Begriff der *Unique Selling Proposition* (USP) ist in den letzten Jahren sehr umstritten. Viele Faktoren tragen dazu bei, ein Unternehmen sichtbar vom Wettbewerb abzugrenzen. Doch erst wenn es gelingt, dies bezogen auf die Empfängerbedürfnisse so zu fassen, dass die Stakeholder ihren Nutzen erkennen, kann dies gewünschte (Kauf-)Handlungen auslösen. Daher müssen der strategischen Zielsetzung die Kommunikationsziele folgen. Ein Gewinnziel ist ein strategisches Ziel; eine bestimmte Reputation oder die Reichweite und Sichtbarkeit, die ein Unternehmen anstrebt, ist ein Kommunikationsziel.

Schritt 8: Kernbotschaften – Was sind unsere zentralen Aussagen?

Noch vor der Themenfindung steht die Formulierung der Kernbotschaften, die sich durch die gesamte Kommunikation hindurchziehen und, ausgesprochen oder unausgesprochen, überall hindurchscheinen. Sie beziehen sich darauf, was das Unternehmen in Bezug auf die Zielgruppen besonders auszeichnet. Man könnte sie auch als die wichtigsten Überschriften für die eigenen Handlungen verstehen. Insofern sind sie, auf das Unternehmen selbst bezogen, werteorientiert. Auf den Empfänger bezogen spiegeln sie dessen Erwartungen sowie das Versprechen von deren Erfüllung.

Schritt 9: Themen – Welche Bereiche wollen wir besetzen?

Aus allem zuvor Erarbeiteten ergeben sich die Themen, zu denen ein Unternehmen seine Stimme erheben will. Themen gehen weit über die Kernbotschaften hinaus, welche sich auf die Firma selbst beziehen. Wie wir bereits an den Beispielen aus dem B2C-Bereich gesehen haben, können Themen sich auf viel mehr als nur das Produkt oder die Dienstleistung beziehen. Sie können Service und Wissen rund um ein bestimmtes Fachgebiet liefern. Sie können aber auch, ausgehend von den Interessen der Zielgruppe, viele verschiedene Aspekte entwickeln, in deren Mittelpunkt das Kernthema steht. Aus diesem Themen-Setting ergibt sich später die redaktionelle Strategie, und nur so folgt diese einem stringenten Konzept, das den Kommunikationszielen zuträgt.

Schritt 10: Quellen – Wo liegt beziehungsweise entsteht verwertbarer Content?
In jedem Unternehmen gibt es bereits viele Stellen, an denen unmittelbar verwertbarer Content vorhanden ist oder immer wieder neu entsteht, der aber innerhalb einer Gesamtstrategie koordiniert, zusammengeführt und miteinander verknüpft werden sollte. Darüber hinaus findet sich in jeder Firma jeden Tag Stoff für Geschichten, die bisher noch niemand entdeckt, geschweige denn aufgeschrieben hat. Diese Quellen aufzuspüren ist die Aufgabe dieses Analyseschrittes.

Erst jetzt kann es um die praktische Erarbeitung und Umsetzung der Contentstrategie gehen. Dazu im Folgenden mehr.

4 Content-Marketing-Strategien in der Praxis

Wie gelangen Sie nun zu einer Kommunikationsstrategie und zu einer Content-(Marketing-)Strategie, die Sie möglichst geradlinig zu Ihren strategischen Unternehmenszielen führt? In den vorangegangenen Kapiteln haben wir die Entwicklung der (digitalen) Kommunikation unter vielen verschiedenen Gesichtspunkten beleuchtet. Wir haben eine Momentaufnahme dessen betrachtet, was gegenwärtig in vielen Unternehmen der Stand der Dinge ist. Womöglich haben Sie, dadurch angeregt, festgestellt, dass in Ihrer Organisation noch erheblicher Nachholbedarf existiert. Diesen notwendigen Veränderungen vorgreifend, haben wir uns bereits damit befasst, was Sie über Ihr Unternehmen und aus diesem heraus erarbeiten können, um Ihre Kommunikationsstrategie neu aufzustellen. Im Zentrum dieser strategischen Überlegungen stand die These, dass Unternehmen heute in Marketing, Werbung und PR nur noch bestehen können, wenn eine Contentstrategie wesentlicher Bestandteil, wenn nicht sogar der Mittelpunkt ihrer integrierten Kommunikation ist. Dementsprechend soll es im nun Folgenden insbesondere darum gehen, wie Sie mit einer Contentstrategie und mit dem Content-Marketing zu Sichtbarkeit und Reichweite gelangen.

4.1 *User Journey*: Das perfekte Onlineerlebnis

In den vorigen Kapiteln ging es bereits mehrfach um den Zielgruppennutzen, der im Zentrum jeglicher Kommunikation stehen sollte, aber immer in Verbindung mit der Ausrichtung auf die eigenen strategischen Ziele. Kommunikationsstrategien in digitalen Zeiten richten sich auf die Stakeholder aus, ohne in Beliebigkeit zu verfallen: Marken müssen Profil zeigen. Ein Nutzen lässt nicht allein auf beispielsweise den Informationsgehalt eines Inhalts oder auf einen pekuniären Vorteil reduzieren. In digitalen Zeiten stellen User immer höhere Erwartungen an die Form und Funktion dessen, was sie online konsumieren. Ein Aspekt davon ist die personalisierte Werbung, die Menschen genau das anzuzeigen versucht, wofür sie sich interessieren. Je mehr Informationen es – immer in den rechtlichen Grenzen des Datenschutzes – gelingt zu erfassen, desto genauer lassen sich Angebote auf die Empfänger zuschneiden.

>»In zunehmendem Maße steigern Unternehmen den Wert ihrer Produkte durch die Schaffung von Kundenerfahrungen. Einige vertiefen die Kundenbeziehungen, indem sie ihr Wissen über bestimmte Kunden zur Individualisierung von Angeboten einsetzen. Andere konzentrieren sich auf den Umfang der Kundenbeziehungen, indem sie Touchpoints zwischen Kunden und Unternehmen hinzufügen. Unsere Studie zeigt, dass leistungsstarke Markenunternehmen beides tun – und so das bieten, was wir eine ›Gesamterfahrung‹ nennen. Wir sind sogar der Meinung, dass die wichtigste Marketinggröße bald nicht

mehr der ›Share of Wallet‹ (Anteil der Kundenausschöpfung) oder der ›Share of Voice‹ (Anteil der Werbeaufwendungen), sondern der ›Share of Experience‹ (Anteil der Kundenerfahrungen) sein wird.«[58]

Heutzutage hat jedes Unternehmen die Möglichkeit, sehr detailliert, umfassend und zeitnah zu erfahren, wofür sich die eigenen Zielgruppen interessieren. Das allerdings geht weit über die automatisierte Analyse von Daten hinaus. Aus meiner Sicht, und damit bin ich nicht allein, ist die personalisierte Werbung schon jetzt eine relativ plumpe Methode, die Nutzer mehr und mehr verärgert, statt sie als Kunden zu gewinnen, wie Thomas Pleil hier zusammenfasst:

> »Doc Searls[59] nennt drei grobe Fehlannahmen des modernen Online-Marketings:
> - Der Irrglaube, Nutzer bewegten sich ständig in einem Markt und wollten immer etwas kaufen.
> - Die Annahme, die ständige Datenauswertung wäre den Nutzern egal.
> - Die Maschinengläubigkeit, mit der angenommen wird, dass Maschinen Menschen besser kennen als sie sich selbst.
> Tatsächlich aber seien Menschen viel komplexer und hätten nicht nur eine klare Identität wie Marc Zuckerberg und andere sich das wünschten. Ähnlich wie die Netzwerktheorie argumentiert er mit unterschiedlichen Aspekten eines Menschen, dort spricht man von Rollen. Deshalb fordert Searls, die Werbung solle sich von Personalisierung verabschieden und auf die Markenkommunikation setzen. Big-Data-Methoden sollten in ihren Auswirkungen auf die Privatsphäre der Nutzer nicht mehr verharmlost werden. Schließlich setzt er große Hoffnungen in neue Softwarelösungen, mit denen Kunden selbst über ihre Beziehung zu Verkäufern entscheiden können (Vendor Relationship Management, VRM).«[60]

Wer die richtigen Inhalte für die gewünschten Empfänger beziehungsweise Gesprächspartner bereitstellen will, braucht – wie wir bereits gesehen haben – zuallererst ein umfassendes Monitoring. Er kommt nicht umhin, sich aktiv an Dialogen zu beteiligen

---

58   de Swaan Arons, Marc et al.: The Ultimate Marketing Machine, https://hbr.org/2014/07/the-ultimate-marketing-machine

Originaltext: »Companies are increasingly enhancing the value of their products by creating customer experiences. Some deepen the customer relationship by leveraging what they know about a given customer to personalize offerings. Others focus on the breadth of the relationship by adding touchpoints. Our research shows that high-performing brands do both — providing what we call »total experience«. In fact, we believe that the most important marketing metric will soon change from ›share of wallet‹ or ›share of voice‹ to ›share of experience‹.« (Übersetzung aus dem Englischen von Peter Sass).

59   Doc Searls ist einer der Autoren des sogenannten Cluetrain-Manifests, das kürzlich unter dem Titel »New Clues« neu aufgelegt wurde, https://cluetrain.com/newclues/

60   Pleil, Thomas: Im Spiegel von Cluetrain: Das Problem der Online-Verkäufer, https://thomaspleil.wordpress.com/2015/01/15/cluetrain-problem-online-verkaufen

und einzubringen, um mehr herauszufinden. Das bedeutet, dass Contenterstellung zu einem großen Teil zunächst daraus besteht, Inhalte in den unterschiedlichsten Formen zu finden, zu erfassen und einzuordnen. Inhalte, die nicht auf den ersten Blick interessant oder relevant sind, werden von den Usern ausgeblendet. Das bezieht sich auch auf die Form der Darbietung. *Usability* spielt eine große Rolle: Wie funktional ist ein medial vermittelter Inhalt, wie leicht kann ich ihn mir erschließen, wie gut finde ich mich zurecht, wie intuitiv ist die Benutzerführung? Die Ästhetik in Verbindung mit der Funktion spielt eine große Rolle: Wenn alle kommunizieren, setzen sich diejenigen Inhalte durch, welche aus der Sicht des Users am ansprechendsten und überzeugendsten präsentiert sind.

Wer die richtigen Inhalte für die gewünschten Empfänger bereitstellen will, braucht zuallererst ein umfassendes Monitoring.

Wenn wir die klassische Vorstellung im Marketing von der *Customer Journey* betrachten, also dem Weg vom ersten Kontakt mit einem Unternehmen bis zum abgeschlossenen Kaufvorgang, so beginnt diese heute viel früher, nämlich im *Zero Moment of Truth*. Sie ist vielen möglichen Ablenkungen und Absprungmöglichkeiten unterworfen. Der Kunde erwartet die perfekte Reisebegleitung entsprechend seinen eigenen Bedürfnissen. Diese Bedürfnisse kann ich nur bedienen, wenn ich zum einen meine Wunschzielgruppen idealtypisch erfasse und zum anderen hohe Ansprüche an die Qualität und Funktionalität des eigenen Angebots stelle. So kann der User idealerweise selbst modular entscheiden, wie seine Reise weitergeht.

Man könnte den Begriff der *Customer Journey* weiter fassen und durch *User Journey* zu ersetzen. In der Benutzerführung darf der eigentliche Kaufvorgang nicht verwässert werden, doch das Onlineerlebnis geht weit über den reinen Kaufvorgang hinaus. Innerhalb einer Contentstrategie begleiten Unternehmen ihre Stakeholder über längere Zeiträume, lange vor dem eigentlichen Kaufvorgang und weit über diesen hinaus. Sie pflegen Beziehungen und bauen so eine Community auf. Die zukünftigen und die bereits bestehenden Kunden sind Teil dieser Community, aber diese ist weit größer als die reine Kundschaft. Innerhalb einer Contentstrategie sind dabei sehr viele verschiedene Interessenlagen zu bedienen, und das auf eine Art und Weise, wie sie dem derzeitigen technischen und ästhetischen *State of the Art* angemessen ist.

Tatsächlich legen zahlreiche Untersuchungen den Verdacht nahe, dass die Bedeutung der Qualität von Inhalten vielfach gegenüber der Art der Präsentation überschätzt wird. Ein noch so guter Inhalt kann nicht wettmachen, was in anderen Aspekten vernachlässigt wird. Insofern gehen Contentstrategien weit über die Betrachtung des rein Inhaltlichen hinaus.

4.2   Contentstrategie und Content-Marketing: Wie Inhalte zu Gewinnen werden

Seit ich mich mit den Themen Contentstrategie und Content-Marketing befasse, habe ich sehr viele ganz unterschiedliche Definitionen zu den beiden Begriffen gefunden. Eine schlüssige Definition für den Begriff der Contentstrategie liefert Heinz Wittenbrink:

> »Ich verstehe […] Contentstrategie im Sinne der Discipline of Content Strategy, wie sie Kristina Halvorson und andere in den letzten Jahren entwickelt haben. Ziel ist es, methodisch Webinhalte zu konzipieren und zu verwirklichen, die konkreten Nutzen stiften und den Zielen von Organisationen dienen. […] Contentstrategen müssen als Anwälte der User für konsistente und qualitätvolle Inhalte sorgen (und nicht unterschiedliche Ansprüche z.B. aus Marketing, Medienarbeit, Produktinformation und Service bedienen), und sie müssen professionelle Webkommunikation (Kommunikation auf dem *State of the Art*) sicherstellen.«[61]

Überall dort, wo Menschen kommunizieren, wo Prozesse ablaufen, wo Unternehmen agieren, entstehen Inhalte. Die Contentstrategie befasst sich damit, diese Inhalte zu erkennen, zu strukturieren, zu verarbeiten, zu erstellen, zu organisieren, bereitzustellen und in die Welt zu setzen. Dazu gehört auch die Organisation und Koordination aller daran Beteiligten. In diesem Sinne umfasst die Contentstrategie das gesamte Management der Unternehmensinhalte, nach innen wie nach außen, und nicht alle Aspekte davon sind primär und unmittelbar marketingorientiert.

Inhalte zu verbreiten, um Produkte oder Dienstleistungen zu verkaufen: Das ist das Prinzip des Content-Marketings. Dies geschieht innerhalb eines größeren redaktionellen Konzeptes, das unterhaltsame, informative oder anderweitig für den Empfänger interessante Inhalte präsentiert. Damit soll die Marke bekannt gemacht und mit positiven Emotionen angereichert werden. In der *Customer Journey* – vom ersten Bedürfnis bis zum Kauf und darüber hinaus – spielt das Content-Marketing eine wichtige Rolle. Es leitet also in weitere Handlungen, etwa einen Kaufprozess über. Jedoch ist das Content-Marketing keinesfalls ein primäres Verkaufs- und Vertriebsinstrument. Werbebotschaften und platte Verkaufsversuche sind im Content-Marketing nicht nur deplatziert. Sie schaden im Zweifel den umliegenden hochwertigen Inhalten so sehr, dass sie diese deutlich abwerten. Das Unternehmen will ein größeres Themenfeld besetzen oder durch Fachwissen bestimmte Kompetenzen unter Beweis stellen.

---

61   Wittenbrink, Heinz: Masterstudium Contentstrategie: Vorschlag für ein Curriculum, https://wittenbrink.net/lostandfound/2013/07/masterstudium-contentstrategie-vorschlag-fuer-ein-curriculum/. Auch Eichmeier/Eck zitieren in ihrem Buch die Definition von Wittenbrink.

»Content-Marketing« beschreibt *nicht* die Vermarktung von Inhalten selbst, also etwa den Verkauf von Büchern, Artikeln oder kostenpflichtig anzuschauenden Filmen. In der Regel sind die Inhalte, die innerhalb einer Contentstrategie zu Image- und Marketingzwecken bereitgestellt werden, für den Empfänger kostenfrei.

In der Informationsflut des digitalen Zeitalters hat der Kunde nicht mehr das Problem, dass er für seinen Bedarf keinen Anbieter fände oder ihm nicht genügend Informationen zur Verfügung stünden. Sein Mangel liegt woanders: in der zur Verfügung stehenden Zeit und der begrenzten eigenen Aufmerksamkeit in Relation zur Masse der Informationen, Websites, Botschaften, Plattformen.

Der Interessent fragt sich:
- Wie finde ich die Zeit, um alle verfügbaren Informationen zu sichten?
- Wie wähle ich aus der Vielzahl der Angebote das passende aus?
- Wie kann ich sicher sein, dass meine Entscheidung die Richtige ist?

Dabei trifft der Kunde von heute Kaufentscheidungen oft im *Zero Moment of Truth*, *bevor* eine Marke überhaupt die Gelegenheit hatte, sich ihm in günstigem Licht zu zeigen. Er fragt sein Netzwerk und nutzt die kollektive Intelligenz, die ihm viel mehr Wissen und Entscheidungskriterien viel schneller verfügbar macht, als er je allein erwerben könnte. Daher schwindet das Vertrauen, das Kunden immer wieder zur selben Marke führt, zusehends.[62] Der User sichtet nur, was gut zu aufzufinden ist. Er klickt nur dort, wo er maximalen eigenen Nutzen stichhaltig annehmen kann. Er verweilt nur da, wo dieses Versprechen eingelöst wird. Er klickt sofort wieder weg, wo der Sender ihm Inhalte aufzudrücken versucht, die ihn nicht interessieren oder nicht weiterbringen.

Das Unternehmen, das Kunden gewinnen will, muss sich daher folgenden Fragen stellen:
- Wie schaffen wir es, genau zur richtigen Zeit am richtigen Ort zu sein?
- Wie erwischen wir unsere Wunschkunden – und nur diese – genau dann, wenn sie bereit sind zu kaufen?
- Wie überzeugen wir sie davon, dass wir genau der richtige Anbieter sind?

Am besten gelingt dies mit Inhalten, die für den potentiellen Kunden von wirklichem Nutzen sind. Sie zeigen ihm bereits auf den ersten Blick, dass der Anbieter sein Fach versteht. Sie sind für ihn so nützlich, dass er Zeit und Aufmerksamkeit investiert. Sie liefern ihm einen solchen Wert, dass er den Sender dankbar in Erinnerung behält und genau dann von selbst zum Kunden wird, sobald er den entsprechenden Bedarf hat.

---

62   Vgl. Gietl, Jürgen: Achtung, Indifferenz: Mehrheit der Kunden sind Marken egal!, https://www.absatzwirtschaft.de/achtung-indifferenz-mehrheit-der-kunden-sind-marken-egal-41137/

Der Anbieter muss also Wissen in nützliche Inhalte umwandeln, die er verschenkt – um die eigentliche Ware oder Dienstleistung zu verkaufen.

Hierbei muss der Sender einige Hürden meistern:

- Er muss die Inhalte so präsentieren, dass der Nutzen für den Adressaten sichtbar wird.
- Er muss die Gratwanderung zwischen »zu viel« und »nicht genug« immer wieder meistern.
- Er muss es schaffen, an allen strategisch wichtigen Punkten der *Customer Journey* präsent zu sein.
- Es muss ihm gelingen, seine Inhalte mit dem eigenen Namen so charakteristisch zu verknüpfen, dass er sich damit von anderen abhebt.
- Er muss den Verkaufsimpuls einbauen und einen Handlungsimpuls auslösen, ohne in vertrieblerischen *Push* zu verfallen.

Dazu braucht er eine nachhaltig aufgebaute Contentstrategie. Wie Sie zu einer solchen gelangen, damit befassen wir uns in den folgenden Abschnitten.

4.3   Contentstrategie: Was sind die Erfolgsfaktoren?

Was macht eine Contentstrategie erfolgreich? Ganz sicher nicht der Inhalt allein, mag er auch noch so nutzer- und nutzenorientiert sein. Ebenso sicher nicht die jeweils einzelnen Inhalte pro Plattform für sich betrachtet. Es geht vielmehr darum, Inhalte über alle Medien hinweg so zu publizieren, dass sie die Empfänger zur richtigen Zeit am richtigen Ort erreichen. Die Inhalte müssen sich an den Bedürfnissen der Leser, Zuhörer, Zuschauer orientieren, damit sie von diesen wahrgenommen und angenommen werden. Zugleich ist aber auch der Spagat zu schaffen, dass die Inhalte den unverwechselbaren Charakter der Marke transportieren und auf die Ziele des Unternehmens einzahlen.

Für die detaillierte Erarbeitung von Contentstrategien sowie der verschiedenen Formen von Content verweise ich nochmals auf die genannten Bücher von Miriam Löffler (»Think Content!«), von Doris Eichmeier und Klaus Eck (»Content-Revolution«) sowie von Ben Harmanus und Robert Weller (»Content-Design«). Im Folgenden will ich mich auf eine sinnvolle Vorgehensweise und die wichtigsten Aspekte konzentrieren.

15 Erfolgsfaktoren einer Contentstrategie

1. Das Wissen darum, wo im Unternehmen Inhalte entstehen
Content entsteht nicht nur in den Abteilungen der Unternehmenskommunikation, im PR oder im Marketing, sondern überall im Unternehmen. Um diese Inhalte zu verwer-

ten und um die Geschichten dahinter zu entdecken, muss man sich zunächst einmal bewusst machen, wo überall im Unternehmen sich solche Quellen für neu entstehenden Content befinden beziehungsweise wo Content bereits vorhanden ist. Da Geschichten und Inhalte immer etwas mit den beteiligten Personen zu tun haben, gilt es, die daran Beteiligten zu identifizieren und einzubinden.

2. Die strukturierte Organisation von Wissen und Inhalten

Der Spruch »Content is King« greift zu kurz. Inhalte allein bewirken nichts. Erst dadurch, dass und wie sie an die Empfänger respektive Gesprächspartner gelangen, entfalten sie ihre Wirkung. Es kommt vor allem auf den Kontext an, in dem Content entsteht, sowie auf den Kontext, in dem er rezipiert wird, Diskussionen auslöst und sich und weiterverbreitet. Dazu braucht es eine zentrale Organisation und Struktur allen Wissens und aller Inhalte. Nur so kann man diese erschließen und im Sinne der Kommunikationsziele nutzen.

3. Interne Strukturen, die schnelles, komplexes Handeln ermöglichen

Man kann keine digitalen Inhalte managen, in sozialen Netzwerken kommunizieren und Wissen zugänglich machen, wenn die Strukturen nicht entsprechend vorhanden sind. Das gilt sowohl für die Abstimmungsprozesse und Hierarchien in der Organisation als auch für die technischen Strukturen, die diese abbilden. Dazu gehören klare Zuständigkeiten und explizite Vereinbarungen, etwa Social-Media-Guidelines, die wirklich aus der Organisation heraus entstanden und in dieser wiederum von allen Beteiligten verinnerlicht sind. Qualitätssicherung ist ein wichtiger Bestandteil. So muss beispielsweise dort, wo Inhalte in schneller Folge hinausgehen müssen, mindestens ein Vier-Augen-Prinzip herrschen.

4. Eine zeitgemäße technische Infrastruktur

Die technischen Gegebenheiten müssen die organisatorischen Strukturen abbilden, und sie müssen sich in Bezug auf die genutzten Medien am gegenwärtigen Stand orientieren. Interne Wissensdatenbanken und Kollaborationstools müssen vorhanden sein, inklusive Schnittstellen zur externen Kommunikation. Vor allem aber müssen die Werkzeuge und Plattformen so eingeführt werden, dass alle Beteiligten auch tatsächlich willens und in der Lage sind, sie in Ausrichtung auf die gemeinsamen Ziele zu nutzen.

5. Die bewusste Ausrichtung und auf gemeinsame Ziele

Contentstrategien sind Teil der Kommunikationsstrategie, und diese wiederum orientiert sich an den strategischen Zielen der Organisation. Daher müssen diese Ziele explizit formuliert werden, regelmäßig überprüft und für alle zugänglich sein. Eindeutige KPI ermöglichen es, jederzeit den Erfolg der Unternehmensstrategie und der Kommunikationsstrategie mit Bezug auf die Unternehmensziele zu überprüfen.

6. Die Informationstiefe über die Zielgruppen und deren Bedürfnisse

Strategische Ausrichtung geschieht immer mit dem konkreten Blick auf die Zielgruppen, die erreicht werden sollen. Dazu gehören Kunden und Interessenten ebenso wie Multiplikatoren, Meinungsbildner, Shareholder sowie weitere Stakeholder. Dabei lohnt es sich, diese Zielgruppen in Bezug auf die eigenen Ziele nach Prioritäten zu ordnen, etwa durch ein Ranking in Bezug auf die Vertriebsrelevanz oder auf die Sichtbarkeit als Meinungsbildner in einer Branche. Je höher die Priorität, desto genauer sollten die Informationen über die Bedürfnisse ihrer Vertreter sein. Dies lässt sich anhand von Personas (idealtypischen Zielgruppenpersönlichkeiten) beschreiben. In Kapitel 3.9 finden Sie dazu hilfreiche Informationen und eine Checkliste, um Personas für ein Unternehmen detailliert zu beschreiben.

7. Das Wissen darüber, wo diese Bezugsgruppen zu finden sind

Über das inhaltliche Interesse der betreffenden Adressaten hinaus sollte man auch beschreiben, über welche Kanäle und in welcher Form sie ihre Inhalte bevorzugt empfangen. Dazu gehören sowohl etwa physische Begegnungen als auch Medien und die Plattformen. Die Formate, mittels derer sich Content am besten an die typischen Zielgruppenvertreter bringen lassen, sind zum Teil bereits von den Plattformen vorgegeben. So ist die typische Form, auf einem Kongress Content an Empfänger zu vermitteln, der Vortrag. Auf YouTube beispielsweise ist das vorgegebene Format ein Video. Auf einer E-Learning-Plattform werden Onlineseminare erwartet. Doch wie diese Formate ganz konkret ausgestaltet werden – bezüglich Länge/Umfang, Stil oder didaktischen Mitteln – kann man nur dann entscheiden, wenn man weiß, was die Empfänger brauchen und was zugleich zur eigenen Marke und zu den eigenen Inhalten passt.

8. Die Qualität der Inhalte

Die Digitalisierung bringt viele neue Formen hervor, und viele davon sind spontan, improvisiert, erzielen mit geringen Mitteln große Wirkung. Ein Beispiel dafür sind Handyfotos und -Videos, die längst ihren Platz in der professionellen Kommunikation einnehmen. Doch wäre es ein Irrtum anzunehmen, dass nun günstigere, schnell zu produzierende Formen jegliche professionelle Kommunikation ablösen könnten. Dass professionelle Kommunikation heute wie seit jeher professionellen Ansprüchen genügen muss und daher nicht einfach billiger wird, nur weil es neue Möglichkeiten gibt, sollte sich von selbst verstehen. Doch wenn wir hier über Qualität der Inhalte sprechen, dann sagt das primär nichts darüber aus, wie hochwertig und aufwendig sie produziert wurden. Es beschreibt vielmehr, inwieweit sie den Erwartungen und Bedürfnissen der Empfänger entsprechen und diese befriedigen. Insofern lässt sich Qualität *an sich* nicht definieren, sondern immer nur innerhalb eines Bezugssystems. Ist anspruchsvolle Information gefragt, so muss der Inhalt diesen Ansprüchen genügen. Erwarten die Empfänger Unterhaltung, so bemisst sich die Qualität daran, inwiefern es gelingt zu unterhalten. Ob und wie gut der Anspruch eingelöst wird, lässt sich messen: quantitativ am Ausmaß der Resonanz, qualitativ an der Art der Resonanz.

9. Die Erkenntnis, dass Inhalte nicht nur aus Texten bestehen

Auch wenn die Werbung seit jeher mit Bildern arbeitet, auch wenn wir wissen, dass YouTube zu den weltweit am häufigsten aufgerufenen Websites gehört: Wer an Inhalte, auch auf Unternehmensseiten, denkt, meint häufig hauptsächlich Texte. Das mag für bestimmte Bereiche gelten. Doch wenn man sich die Entwicklung insgesamt anschaut, muss klar sein, dass das Internet zu großen Teilen aus Bildinhalten besteht, aus Fotos, Bewegtbildern, Musik und gesprochener Sprache.[63]

Diese Entwicklung beschränkt sich keinesfalls auf den Consumerbereich, sondern ist im B2B-Bereich ähnlich bedeutsam. Sie stellt Contentstrategen zum einen vor konzeptionelle Herausforderungen, zum anderen vor praktische Herausforderungen ganz konkret in Bezug auf die Produktion von Inhalten. Multimediale Inhalte sind, gerade wenn sie professionellen Qualitätsansprüchen genügen müssen, meistens aufwendiger zu produzieren als reine Textformen. Notwendige Folge davon sind neue, medienübergreifende Ansätze, ein gewandelter Umgang mit dem Begriff des Inhalts sowie ein Umdenken in Bezug darauf, wie Inhalte und Medien aussehen müssen, um Aktionen hervorzurufen.

10. Klarheit über die Handlungen, welche die Inhalte auslösen sollen

Wer strategische Ziele und Kommunikationsziele definiert hat, darf diese in der täglichen Arbeit am Content nicht vergessen. Daher muss bei jeder Publikation das Kommunikationsziel mitgedacht sein: Soll hier ein konkreter Kaufimpuls gesetzt werden? Ist ein Beitrag auf Verbreitung angelegt? Soll eine Diskussion auf der eigenen Plattform stattfinden? Inwiefern und wodurch soll sich beim Rezipienten ein Bild, ein Eindruck, eine Vorstellung ändern? – Nicht jede Veröffentlichung enthält einen expliziten *Call to action*. Implizit jedoch sollte er in irgendeiner Weise immer vorhanden sein, und das setzt eigene Klarheit beim Absender bezüglich der eigenen Ziele voraus.[64]

11. Die nahtlose Integration der Contentstrategie in die Gesamtkommunikation

Wenn Klarheit darüber besteht, dass Content überall entsteht und sich über alle Medien erstreckt, dann ist ebenfalls klar, dass eine Contentstrategie nur dann wirklich erfolgreich sein wird, wenn sie analoge und digitale Medien vernetzt. Dazu gehört, dass alle Beteiligten in allen Bereichen daran mitarbeiten, statt jeweils in ihrem eigenen Contentsilo ihr eigenes Süppchen zu kochen. Die Contentstrategie umfasst also nicht allein die digitalen Bereiche, sondern integriert alle Medien. Der Inhalt ist die Klammer, der rote Faden, der alles zusammenhält. Dennoch sind werbliche Inhalte

---

63   Vgl. Kuhn, Daniel: Ditto-Gründer David Rose: In Zukunft keine Werbung mehr, https://www.netzpiloten.de/ditto-gruender-david-rose-hofft-dass-wir-zukunft-keine-werbung-mehr-zu-gesicht-bekommen/

64   Ein praktisches Tool, um Inhalte nach sieben Kriterien auf ihre Tauglichkeit in der Contentstrategie zu überprüfen, ist die Content-Ampel. Sie ist hier umfassend erklärt und kann kostenlos heruntergeladen werden: https://www.kerstin-hoffmann.de/content-ampel/

und Werbemaßnahmen nicht Teil des Content-Marketings. Werbung ist kein Content-Marketing. Aber Content-Marketing kann man bei gezielten Werbeaktionen unterstützen, etwa im Umfeld von Anzeigen in sozialen Netzwerken oder im *Native Advertising*.

12. Die detaillierte Planung aller Medien, Maßnahmen, Kampagnen und Formen

Eine umfassende Gesamtstrategie erspart nicht die Planung im Detail und die Sorgfalt in der Ausführung. Jeder einzelne Baustein verlangt eine Teilstrategie, für welche die Zuständigkeiten geklärt sein müssen. Auch die Rolle jeder Teilstrategie innerhalb der Gesamtstrategie sollte jederzeit klar sein. Es fordert oft einen Balanceakt, einerseits in einer Gesamtstrategie nicht zu allgemein zu bleiben und sich andererseits bei den einzelnen Maßnahmen nicht im Detail zu verlieren. Ebenso entscheidend ist, dass je nach Medium und Form jeweils die dafür zuständigen Fachleute mitwirken, die an die zentrale Kommunikationssteuerung berichten. Ein Beispiel wäre eine Kampagne zu einem bestimmten Thema oder einer Aktion, die über soziale Netzwerke (mit-)gespielt wird. Da reicht es nicht, dieselben Texte aus dem Marketing in das eigene Blog zu stellen, Werbetexte für die Pressearbeit zu verwenden und dann die Links zu diesen Pressemitteilungen identisch in allen sozialen Netzwerken zu verbreiten.

Jedes Medium bringt andere formale Anforderungen mit sich. Das gilt auch für den Sprach- oder Schreibstil. Dass also Pressetexte anders geschrieben sind als Produktwerbung und dass umgekehrt der Charakter einer Pressemitteilung sich nicht für Diskussionen in sozialen Netzwerken eignet, versteht sich dabei von selbst. Es sollen jeweils unterschiedliche Bezugsgruppen angesprochen oder gar jeweils eigene Communitys aufgebaut werden. Auch die Interaktion, etwa Diskussionen und Aufforderungen zu Aktivitäten, müssen der jeweiligen Plattform angepasst sein. Wie gut die Ausführung im Detail gelingt, entscheidet mit darüber, ob die eigenen Aktionen es schaffen, andere zur Interaktion zu motivieren.

13. Der Grad der erreichten Interaktion und damit die Reichweite

Unternehmenskommunikation in digitalen Zeiten muss es mehr denn je schaffen, Diskussionen anzustoßen, sich in bestehende Diskussionen einzubringen und aus Diskussionen für die weitere eigene Kommunikation zu lernen. Eigene Inhalte tragen dann zu Reichweite, Reputation und letztlich wirtschaftlichem Erfolg bei, wenn sie zu einem Teil der öffentlichen Debatte werden, etwa über ein bestimmtes Thema oder in einem Fachgebiet.

Wie man beispielsweise anhand von Facebook-Fanpages sehr gut verfolgen kann, sind es eben nicht nur die aufwendig produzierten Hochglanzinhalte, schon gar nicht die rein werblichen, die für Sichtbarkeit und positive Resonanz sorgen. Haben bestimmte Empfänger ein großes Interesse an einer Marke oder einem Angebot und gelingt es, genügend darauf aufmerksam zu machen, dann lässt die Interaktion meist nicht lange auf sich warten. Doch der Erfolg erweist sich erst über die Dauer: Wie gut geht das

Unternehmen auf Fragen ein? Wie reagiert es auf Kritik? Wie authentisch erscheint das Bestreben, sich mit der eigenen Community auszutauschen? Dies alles entscheidet langfristig über die Sichtbarkeit etwa einer Fanpage und in der Folge dann auch über die Annahme des Angebotes.

14. Die Qualität des Monitorings

Von Anfang an muss es ein wirkungsvolles Monitoring geben. Dazu gehört ein Konzept für die Erfolgsmessung der einzelnen Maßnahmen und der (digitalen) Kommunikation insgesamt. Geschieht dies nicht von Anfang an, dann kann sich die Strategie niemals hin zu mehr Wirksamkeit entwickeln. Wie will man wissen, welche Themen die Community bewegen und wie über das Unternehmen gesprochen wird, wenn man die Diskussionen nicht verfolgt und nicht beobachtet? Wie will jemand den Erfolg einzelner Kanäle messen, wenn er nicht zum einen zahlenmäßige Zuwächse und Reaktionen misst und diese zum anderen, etwa mit einer Sentiment-Analyse[65], qualitativ bewertet? Wie kann ein Unternehmen sicher sein, dass überhaupt jemand das empfängt, was es sendet, wenn es dies nicht überprüft? Wie weiß man, ob die eigenen Botschaften ihre Kommunikationsziele erreichen und letztlich auf den strategischen Erfolg zusteuern, wenn man weder Benchmarks gesetzt noch feine Indikatoren definiert hat?

Die Qualität der Erfolgsmessung und deren Umfang ebenso wie die Detailliertheit des Monitorings entscheiden darüber, wie erfolgreich die weitere Strategieführung überhaupt sein kann. Insofern müssen eine initiale Marktforschung und Analyse jeglicher Strategie vorausgehen. Der weitere Umfang der eigenen Aktivitäten kann dann nur in dem Maße wachsen, in dem im gleichen Ausmaß auch das Monitoring ausgebaut wird.

15. Flexibilität in der Umsetzung

Eine Contentstrategie ist nur so gut, wie sie dann tatsächlich auch die Ergebnisse von Monitoring, Erfolgsmessung und Interaktionen mit den Bezugsgruppen verwertet. Die Kommunikationsstrategie sollte von Anfang an darauf ausgelegt sein, aktuelle Entwicklungen zu integrieren und umzusetzen. Wie wir bereits im einleitenden Teil dieses Buchs gesehen haben, werden Märkte immer unberechenbarer, Absatzentwicklungen zunehmend volatil. Das bedeutet auch: Signale aus dem Monitoring liefern wertvolle Hinweise für die gesamte wirtschaftliche Planung von Unternehmen. Hier greifen Contentstrategie und Unternehmensstrategie also sehr eng ineinander. Denn je besser eine Firma mit ihren Stakeholdern vernetzt ist, desto aussagekräftiger sind die sozialen Signale; desto valider sind folglich diejenigen Informationen, die sich

---

65   Vgl. Herbold, Astrid: Die Stimmung des Netzes erfassen, https://www.zeit.de/digital/internet/2012-10/stimmung-analyse-social-media

aus der Contentstrategie für die Gesamtstrategie gewinnen lassen. Dies wiederum hat unmittelbare Auswirkungen auf die weitere Kommunikation.

… und wie sieht das konkret für Ihr Unternehmen aus?
In allen genannten Punkten kann man die konkrete Ausgestaltung immer nur im Einzelfall für die jeweilige Organisation entwickeln. So wird ein größeres Unternehmen etwa einen Contentstrategen einstellen und für die operative Betreuung der Social-Media-Kanäle eine eigene Stelle schaffen. In manchen Firmen ist diese, abhängig von Größe und Struktur, der PR oder dem Marketing zugeordnet. In mittelständischen Unternehmen dagegen ist die digitale Kommunikation auch personell häufig ein Bestandteil der Gesamtkommunikation. Kleinere Firmen werden oft einen externen Dienstleister, einen Freelancer hinzunehmen. Große Konzerne verteilen ihre Kampagnen und deren verschiedene Bereiche auf Agenturen.

Wie weit der digitale Wandel als solcher im Unternehmen verinnerlicht und bewusst umgesetzt ist, entscheidet darüber, wie eng die Kommunikation mit der Gesamtstrategie vernetzt ist, etwa in Bereichen der Kalkulation, des Controllings, der Produktions- und Vertriebsplanung.

4.4   Touchpoints im Web: Jede Seite ist eine Startseite

Das (noch gar nicht so alte) Paradigma von der Homepage eines Unternehmens, also der Startseite des eigenen Internetauftritts, als primärer Anlaufstelle für sämtliche Interessenten hat mittlerweile schon wieder weitgehend ausgedient. Dialoge finden heute häufig direkt auf externen Plattformen statt. Kundendienst erfolgt, auch wenn die klassische E-Mail oder das Kontaktformular immer noch eine Rolle spielt, beispielsweise über Twitter oder Facebook. Selbst wo Nutzer direkt Ihre Website ansteuern, kommen sie nicht jedes Mal durch die große Eingangstür hinein. Sie landen über einen Direktlink oder die Google-Suche auf einer Unterseite, etwa auf einem Blog- oder Magazinbeitrag, auf Unternehmens-News oder einer Serviceseite. Daher sollte jede Unterseite Ihres Internetauftritts den gleichen funktionalen und qualitativen Ansprüchen genügen, mit denen Sie auf der Homepage starten. Das bezieht sich sowohl auf das Bild, das sie vermitteln, als auch auf die Handlungsoptionen, die sie anbieten. Jeder Website-Besucher muss sich von jeder Stelle einer Internetpräsenz aus auf der gesamten Website orientieren und idealerweise in die für ihn vorgesehene *Customer Journey* eintreten. Gleiches gilt aber auch für Seiten bei Drittanbietern und Profile in sozialen Netzwerken. Jeder Touchpoint im Digitalen erfüllt daher potenziell für die jeweilige konkrete Situation die Aufgaben, die früher eine klassische Startseite übernommen hat.

Häufig wird in diesem Zusammenhang, von allem von kleineren Unternehmen, die

Frage gestellt, ob nicht beispielsweise eine Facebook-Fanpage die eigene Website gleich ganz ersetzen kann oder zumindest in das Zentrum der eigenen Kommunikation gerückt werden sollte. Dies lässt sich jedoch eindeutig verneinen. So wichtig es ist, wertvolle Inhalte auf anderen als nur den eigenen Plattformen unterzubringen, so wenig darf man dabei vergessen, dass dort andere das Hausrecht haben und die Regeln bestimmen. Jedes Angebot kann geschlossen werden. Beispiel: Google+. Inhalte und sogar ganze Seiten können verschwinden. Profile können blockiert oder Nutzer gelöscht werden. Die Nutzungsbedingungen können sich so wandeln, dass eine eigene Präsenz aus unternehmerischen oder aus rechtlichen Erwägungen heraus als nicht mehr wünschenswert erscheint. Diese Risiken darf man nie vergessen. Dennoch gibt es zur plattformübergreifenden Kommunikation keine Alternative. Unternehmen beziehungsweise deren Protagonisten müssen mit ihren Stakeholdern dort interagieren, wo diese sich aufhalten und wo diese sich Austausch sowie Informationen wünschen.

Jede einzelne Plattform verlangt unterschiedlich aufbereitete Inhalte sowie entsprechende Formen der Interaktion. Die Herausforderung für die Unternehmenskommunikation besteht darin, sämtliche relevanten Kanäle mit eigenem, unverwechselbarem Content zu bespielen, aber zugleich die eigene zentrale Plattform nicht aus dem Blick zu verlieren. Hier üben Anbieter uneingeschränkt das Hausrecht über ihre eigenen Inhalte aus. Sie sichern diese selbst und sind für deren Verfügbarkeit verantwortlich. Hier befinden sich die Schnittstellen zur integrierten Gesamtkommunikation. Hier finden nicht zuletzt die Maßnahmen zur Suchmaschinenoptimierung statt, welche ja eigene Webseiten in den Google-Ergebnisseiten nach oben bringen sollen. Auf sie führt alles zurück. Aber das gilt eben – um auf den Anfang dieses Abschnitts zurückzukommen – für die gesamte Webpräsenz, nicht für eine einzelne Startseite als Haupteingang.

Dokumentieren Sie stets, welche Inhalte wo liegen. Hierzu dient ein *Content Inventory*, also eine Inventarliste aller eigenen Inhalte. Sichern Sie Ihre Inhalte und sorgen Sie auf diese Weise dafür, dass Sie stets auf einen Blick eine Übersicht über alle Ihre Werte gewinnen können.

4.5 Corporate Blog: Das Zentrum der Contentstrategie

Heutzutage kommt so gut wie kein Unternehmen mehr ohne einen eigenen redaktionellen Bereich aus, ein Corporate Blog oder Onlinemagazin. Die individuelle Ausgestaltung einer solchen Plattform kann dabei sehr unterschiedlich ausfallen: von den News aus der Firma bis zu einem hochwertigen Fachmagazin, das weit mehr als nur Firmen- und Produktinformationen enthält.

In meinem Buch »Prinzip kostenlos« habe ich den Aufbau und die einzelnen Elemente eines Corporate Blog genau beschrieben.[66] Wer sich mit dem Thema vertiefend beschäftigen will, dem sei zudem das Buch »Content Marketing mit Corporate Blogs«[67] von Meike Leopold empfohlen. An dieser Stelle möchte ich auf die grundlegenden Merkmale und Erfolgsfaktoren eingehen.

Was ist ein Corporate Blog?

Ein Corporate Blog, Unternehmensblog oder Corporate Magazin ist also eine redaktionelle Plattform, auf der regelmäßig neue Inhalte veröffentlicht werden. Es ist mit einem Content-Management-System (CMS) gebaut, das es den verschiedenen Beteiligten erlaubt, Inhalte in einer vorgegebenen Gestaltung und Struktur zu veröffentlichen. Es arbeiten einer oder mehrere Autoren daran mit. Manche Blogs und Onlinemagazine von Unternehmen haben eigene Redaktionen, andere sind das persönliche Sprachrohr eines Kopfes im Unternehmen oder auch eines einzelnen Selbstständigen. Die Bandbreite, sowohl was Aufbau und Aufwand als auch die inhaltliche Ausgestaltung angeht, ist sehr groß. Meiner Erfahrung nach ist der Begriff »Blog« bei vielen Menschen sehr eindeutig mit der Vorstellung einer Art persönlichen Tagebuchs im Internet besetzt. Daher spreche ich generell gerade bei der Einführung lieber von einem Onlinemagazin, weil sich die meisten darunter eher etwas vorstellen können, das zur Unternehmenskommunikation passt.[68]

Doch nicht jede redaktionelle Seite im Internet ist automatisch ein Unternehmensblog oder Onlinemagazin. Rein selbstreferentielle Firmennews oder Produktbeschreibungen stellen sicherlich auch aktuellen Content dar, der für eine bestimmte Empfängergruppe außerhalb des Unternehmens interessant sein mag. Entscheidend sollte aber ohnehin nicht die Bezeichnung sein, sondern die Rolle, die diese eigene Plattform innerhalb des Kommunikationsmixes und der Contentstrategie spielt: Wie trägt sie zu den strategischen Zielen bei? Was leistet sie für Sichtbarkeit, *Community Building* und Reputation?

Dazu schauen wir uns zunächst die Möglichkeiten an, die sich mit einem Unternehmensblog verwirklichen lassen, und die Kommunikationsziele, die zu erreichen es hilft. Anschließend stelle ich Ihnen dann einige gelungene Beispiele für verschiedene Corporate Blogs vor.

---

66   Hoffmann, Kerstin: Prinzip kostenlos (Wiley-VCH, 2. erweiterte und aktualisierte Auflage 2017).

67   Leopold, Meike: Corporate Blogs (O‹Reilly 2013) und Leopold, Meike: Content Marketing mit Corporate Blogs (Haufe 2019).

68   Manche Kollegen verwenden die Begriffe Unternehmensblog und Unternehmensmagazin unterschiedlich – in dem Sinne, dass ein Blog tatsächlich eher persönliche Sichtweisen von Einzelnen abbildet. Ich verwende die Begriffe synonym und unterscheide dafür in der individuellen Umsetzung zwischen verschiedenen inhaltlichen Genres oder Formen.

Welche Möglichkeiten und Funktionen bietet ein Unternehmensblog?

Die Bandbreite dessen, was Firmen auf ihrer eigenen redaktionellen Plattform verwirklichen können, ist nahezu unbegrenzt. Hier sind einige typische Anwendungen:

- Als zentrale Plattform für die Contentstrategie alle Inhalte bündeln
- Neuigkeiten aus dem Unternehmen veröffentlichen
- Veranstaltungen ankündigen und begleiten
- Produktnews platzieren
- Newsletter anbieten
- Die eigene Webpräsenz laufend aktualisieren
- Wissen und Informationen mit bestimmten Zielgruppen teilen
- Meinungen einholen und Marktforschung betreiben
- Sehr schnell sehr viele eigene Inhalte herausgeben
- Inhalte für die Weiterverbreitung im Social Web aufbereiten
- Multimediale Inhalte einbinden
- Social Networks direkt anbinden
- Multimedial kommunizieren
- Jobangebote veröffentlichen
- Projekte beschreiben

Welche Kommunikationsziele erreicht ein Corporate Blog?

Etliche der im Folgenden genannten Punkte haben wir bereits im Zusammenhang mit dem Gesamtbereich der Contentstrategie behandelt. Hier noch einmal zusammengefasst, inwieweit ein Corporate Blog den Kommunikationszielen eines Unternehmens zuträgt, Selbstverständlich müssen nicht immer alle Punkte zutreffen, und es gibt andererseits noch weitere.

- Aktivität auf eine bisher eher statische Website bringen
- Aufmerksamkeit erzielen
- Bekanntheit steigern
- Reputation aufbauen und verbessern
- Multiplikatoren aktivieren
- Meinungsbildner überzeugen
- Kunden gewinnen
- Kunden binden
- Teilnehmer für Veranstaltungen generieren
- Austausch und Netzwerken innerhalb Ihrer Branche pflegen
- Werbekampagnen begleiten
- Marketing und Vertrieb unterstützen
- Pressearbeit unterstützen
- Profilierung als Arbeitgeber fördern
- Bestehende Mitarbeiter in die Kommunikation einbinden
- Neue Mitarbeiter gewinnen
- Shareholder informieren und einbinden

- Suchmaschinenoptimierung betreiben
- Im Krisenfall Informationshoheit behalten
- Qualitätsstandard setzen
- Eigene Themen reflektieren
- ein Themengebiet in der eigenen Branche besetzen
- Expertenwissen im eigenen Unternehmen sammeln
- die Gesamtkommunikation unterstützen und/oder bündeln

4.6   Corporate Blogs/Magazine: Formen und Beispiele[69]

Noch lange nicht alle deutschen und europäischen Unternehmen verfügen über ein eigenes Corporate Blog. Aber das Bewusstsein dafür, wie wichtig eine solche Plattform für die Reputation ebenso wie für das Content-Marketing ist, wächst zusehends. Nicht alle Unternehmensmagazine allerdings verwirklichen gleichermaßen hohe Qualität. Viele verwaisen nach einem ambitionierten Start, oder sie sind nur schlecht mit externen Präsenzen und Profilen innerhalb einer Gesamtstrategie verknüpft. Überproportional hoch ist naturgemäß der Anteil gelungener Corporate Blogs in der gesamten Kommunikationsbranche. Ebenso wenig überrascht es, dass diejenigen Agenturen und Beratungen, die ihre Kunden auch im Digitalen begleiten, hier wiederum vorne liegen.

Generell lässt sich selbst im Jahr 2019 konstatieren, dass in einem großen Teil der deutschen und europäischen Unternehmen noch erheblicher Nachholbedarf besteht, was Contentstrategie und Content-Marketing angeht. Ein großer Teil deutscher Unternehmen selbst aus digitalaffinen Branchen kann nichts aufweisen, was annähernd als Blog gelten könnte. Oder es gibt Alibi-Plattformen, die vorwiegend mit Selbstreferentiellem bespielt werden, weswegen sie außer den Unternehmensverantwortlichen wohl kaum jemand gerne liest. Doch selbst dort, wo mehr oder weniger fleißig gebloggt und dabei über Lesernutzen nachgedacht wird, wird insbesondere die Anbindung an soziale Netzwerke und an Netzwerkaktivitäten einzelner Protagonisten des Unternehmens oft vernachlässigt.

Es ist nach wie vor nicht ganz leicht, deutsche Beispiele für Corporate Blogs im B2B-Bereich zu finden, die wirklich in allen Aspekten als herausragend zu bewerten wären; erst recht nicht solche, die über einen längeren Zeitraum in hoher Qualität bespielt wurden und zudem die erforderlichen Schnittstellen zu externen Plattformen aufweisen, die für die eigene Reichweite unabdingbar sind. Erstaunlich fand ich bei meiner

---

69   Die erwähnten Blogs und Präsenzen sind beispielhaft ausgewählt. Dass andere Präsenzen nicht erwähnt wurden, ist nicht als Aussage über deren Bedeutung zu verstehen. Mit einigen der hier genannten Personen bin ich persönlich bekannt.]

erneuten Recherche für die Neuauflage, dass selbst wirklich gut gemachte Magazine großer Unternehmen zuweilen Defizite im Detail aufweisen, etwa was die *Share Buttons* angeht. Viele scheinen auf preisgünstigen Standardlösungen zu beruhen. Oft sind Formulare und Funktionsbeschreibungen in deutschen Präsenzen ein buntes Gemisch aus englischen und deutschen Begriffen. Im Umkehrschluss bedeutet dies aber auch, dass selbst in dieser Phase der digitalen Revolution in der Kommunikationen Unternehmen mit solchen Plattformen in bestimmten Branchen und Segmenten noch regelrechte Vorreiter-Funktionen einnehmen und damit enorme Chancen nutzen können.

Blogs und Onlinemagazine können sehr unterschiedliche Formen annehmen und damit auch verschiedene Ziele verfolgen. Die Anbindung an die Firmen-Website oder etwa einen Shop kann sehr eng sein, oder das Blog funktioniert als eigenständiges Magazin. Viele Firmenblogs stellen Mischformen aus verschiedenen Genres dar. Daher ist es manchmal schwierig, sie eindeutig einem Genre zuzuordnen. Hier habe ich einige typische Formen sowie Beispiele zusammengestellt.

Mitarbeiter-Blog

Das **Daimler Blog** gehört zu den ersten deutschen Unternehmensblogs. Es wird bis heute als eines der Paradebeispiele zitiert und liegt bei Abstimmungen und Preisverleihungen immer vorne. Kaum ein anderes Blog ist bereits so lange durchgehend präsent. Dabei verwirklicht es eine Variante der Unternehmensblogs, die in den Anfängen dieser Onlineform sehr prägend war: eine Publikation, die vornehmlich aus Mitarbeiterbeiträgen besteht, und zwar Mitarbeitern aus allen Bereichen. Inzwischen ist eine solche Reinform, wenn man sich die deutschen Unternehmensblogs ansieht, eher die Ausnahme. Dies hat aus meiner Sicht verschiedene Ursachen. Zum einer mussten die Verantwortlichen in vielen Unternehmen oft erst schmerzlich lernen, als wie schwierig es sich oft darstellt, die Belegschaft zum regelmäßigen Bloggen zu animieren. Zum anderen trägt ein Corporate Blog in dieser Form zwar auch insgesamt der Reputation des Unternehmens zu. Es eignet sich hervorragend zum *Employer Branding* und zur Mitarbeiterbindung, zudem liefert es Außenstehenden wirklich authentische Einblicke in die Unternehmenspraxis. Doch als zentrale Plattform im Content-Marketing ist ein reines Mitarbeiterblog in dieser Form nicht gedacht. Ob sich der beträchtliche Aufwand für ein solches Blog dennoch lohnt, hängt immer davon ab, was ein Unternehmen damit verwirklichen will oder sogar erreichen muss. Das Daimler Blog ist in diesem Zusammenhang ein gelungenes Beispiel für eine Imagearbeit, die weit über reine Produktwerbung hinausgeht, und in diesem Zusammenhang eben auch ein Beispiel für das *Employer Branding*. Mehr als zehn Jahre nach seinem Start ist das Daimler Blog längst ein integraler Bestandteil der Corporate Website, auf der an vielen anderen Stellen Inhalte zielgruppengerecht ausgespielt werden.[70]

Der hohe Bekanntheitsgrad ist sicherlich entscheidend davon mitbestimmt, dass der Blog-Verantwortliche Uwe Knaus in der digitalen Szene hervorragend vernetzt ist, sich mit anderen Bloggern austauscht und dafür soziale Netzwerke ebenso wie Veranstaltungen nutzt. Dies ist ein klarer Beweis dafür, dass es ohne Protagonisten, die sich mit anderen Menschen vernetzen, sehr schwierig ist, eine Plattform nach vorne zu bringen. Ganz ohne aktive Beteiligung sichtbarer Persönlichkeiten in sozialen Netzwerken, die über das Angebot von Like und Share Buttons hinausgeht, gelingt es nicht leicht, Sichtbarkeit und Reichweite für das eigene Blog zu erzeugen. Es sei denn, hinter der Publikation steht beispielsweise eine Consumermarke mit einem großen Publikum, die rund um die eigene Webpräsenz einen hohen Werbe- und Marketingaufwand betreibt.

> »Wir sind 2007 mit dem Konzept »Mitarbeiter-Blog« ins Rennen gegangen, weil wir der Meinung waren, dass unsere Mitarbeiter die glaubwürdigsten Botschafter sind. Denn, wer könnte authentischer darüber berichten, an was er gerade arbeitet oder wie er etwas erlebt, als derjenige, der dafür operativ zuständig ist? Dieser Meinung sind wir übrigens heute noch: Authentizität und Glaubwürdigkeit gehen eben Hand in Hand und sind wesentliche Merkmale eines Corporate Blogs.«[71]

Wissensträger-Blog

Verschenken, was man weiß, um zu verkaufen, was man kann: Diese Formel ist die Grundlage für sehr viele Blogs von großen Beratungsunternehmen ebenso wie von einzelnen Beratern oder Dienstleistern. Da bei handelt es sich um einen Teilbereich des Content-Marketings. Als Ziel ist hier klar erkennbar, dass Kompetenz aus dem Kerngeschäft bewiesen werden soll. Die Artikel greifen dann meistens Themen und Problemstellungen aus der Beratungspraxis auf, beziehungsweise solche Themen, welche die Kunden bewegen. Oft berichten der Autor oder die Autoren von Veranstaltungen oder beziehen sich auf aktuelle Entwicklungen. Ein Beispiel für ein solches Blog ist das **IT-Trends-Blog von Capgemini Deutschland**. Auch hier sind Mitarbeiterinnen und Mitarbeiter die Autoren, jedoch vermitteln sie aus ihrer Position als Berater heraus vor allem Fachwissen.

---

70   Vgl. Uwe Knaus: »Unsere Mitarbeiter-Blogger waren und sind die glaubwürdigsten Markenbotschafter«, https://www.kerstin-hoffmann.de/pr-doktor/uwe-knaus-zehn-jahre-daimler-blog-mitarbeiter-markenbotschafter/
71   Ebd.

CEO-Blog

Wenn der CEO oder der Vorstandsvorsitzende bloggt, dann dient dies häufig der Personalisierung einer ansonsten eher abstrakten Organisation.[72] Er gibt einer Firma oder gar einem großen Konzern ein Gesicht. Er sendet bestimmte Signale an externe Stakeholder. Aber auch die Innenwirkung für die Identifikation der Mitarbeiter ist nicht zu unterschätzen, wenn ein solches Blog gelingt. Reichweite erzielt es vor allem dann, wenn der betreffende Protagonist über das Bloggen hinaus Kompetenz und Präsenz in digitaler Kommunikation beweist. Bereits 2012 hat das Edelman Trust Barometer ergeben:

> »Für 82 % der Befragten ist es wahrscheinlicher bzw. wesentlich wahrscheinlicher einem Unternehmen zu vertrauen, dessen Führungsriege über soziale Medien über ihre Aufgaben, Ziele und Werte spricht. Nicht in Form eines Mission-Statement im Intranet ausgearbeitet von der neuen PR-Agentur! In Form eines Living-Papers, in Form eines Blogposts mit geöffneter Kommentarfunktion!«[73]

Bekannte Beispiele für die Blogs von CEOs größerer Unternehmen kommen aus dem angloamerikanischen Raum, wie das des extrem medienaffinen Unternehmers **Richard Branson**. Sehr erfolgreich ist das amerikanische CEO-Blog **Marriot on the Move** des bereits recht betagten CEO der Hotelkette, Bill Marriot. Beispiele für Blogs und Social-Media-Präsenzen von CEOs größerer Firmen, noch dazu gute, sind gerade im deutschsprachigen Raum bisher selten. Hier hat sich in den letzten Jahren kaum etwas entwickelt.[74] Etliche gute Ansätze sind inzwischen wieder eingestellt oder wurden vom Marketing übernommen.[75] Was die Vernetzung deutscher Firmen- und Konzernlenker in anderen digitalen Medien angeht: Hier sieht die Lage noch viel desolater aus. Oft ist buchstäblich kaum jemand bereit, den Kopf hinzuhalten. Eine der wenigen Ausnahmen in Deutschland stellt **Jörg Ehmer** dar, der als CEO von ElectronicPartner mit dem Bloggen begann, sein Blog **»Ehmers Blog«** als persönliche Meinungsplattform auch nach dem Ausscheiden aus dem Unternehmen fortsetzte und es auch jetzt als CEO von Apollo Optik weiterführt.[76]

72   Vgl. Eisenegger, Mark (Hrsg.): Personalisierung der Organisationskommunikation: Theoretische Zugänge, Empirie und Praxis (VS Verlag für Sozialwissenschaften 2009).

73   Zitiert nach: Wohlfahrt, Ed: CEO Kommunikation: In Blogs we trust, https://www.edrelations.com/2012/06/28/ceo-kommunikation-in-blogs-we-trust/ (Artikel ist nicht mehr online verfügbar)

74   Vgl. Beuter, Jana: CEO-Kommunikation: Symbiose von Mann und Marke, https://pr-blogger.de/2012/03/30/ceo-kommunikation-symbiose-von-mann-und-marke/

75   Vgl. Liste von CEO-Blogs im Social Media ABC: Etliche der dort verlinkten CEO-Blogs aus dem deutschsprachigen Raum gibt es nicht mehr oder nicht mehr in dieser Form, https://social-media-abc.de/index.php?title=CEO-Blog

76   Vgl. Hoffmann, Kerstin: Jörg Ehmer: »Die Tür ist erst einen Spalt aufgestoßen!«, https://www.kerstin-hoffmann.de/pr-doktor/2015/01/27/joerg-ehmer-ceo-blogger/

»Wer heute ein Unternehmen führt, der muss verstehen, wie dramatisch die digitale Welt alles verändert. Und die Tür ist erst einen Spalt aufgestoßen. Die Veränderungen, die noch ausstehen, werden nicht umsonst in einem Atemzug mit der industriellen Revolution genannt. Wenn man am Puls der Zeit sein möchte, um sein Unternehmen erfolgreich durch die anstehenden Veränderungen zu führen, dann kann man sich nicht nur vom Internet und sozialen Medien erzählen lassen. Die Chancen kann nur verstehen und nutzen, wer selber auch ausprobiert und persönlich Erfahrungen sammelt.«[77]

Service- und Themen-Blogs

Bei consumernahen Themen, etwa Food, Reisen oder Sport, wird es schon deutlich einfacher, ein wirklich konsequent durchgeführtes Content-Marketing zu finden, in dessen Mittelpunkt ein aktuelles, ansprechend gestaltetes Blog steht. Dass dies auch im B2B-Bereich gelingen kann, beweist das **Senkrechtstarter-Blog** von Schindler Deutschland. Hier werden multimedial wirklich schöne Geschichten rund um das hochpreisige Investitionsgut Fahrstuhl erzählt. Geschichten über das Leben in und mit Aufzügen, und sie fügen sich wie in der Reihe #liftclip zu einer Perlenschnur aus schönen Episoden. Textformen und Visuelles verbinden sich hier zu einem überzeugenden Ganzen.

Mischformen

Content-Marketing, Wissensvermittlung, allgemeine Imagebildung und *Employer Branding*: Manche Blogs sollen alle diese Aufgaben erfüllen. Ein Beispiel dafür ist **NTT DATA Blog**, dessen (Selbst-)Beschreibung ebenfalls eine Mischform darstellt. Hier schreibt »ein internationales Autorenteam aus dem Unternehmen regelmäßig über Themen rund um die Beratungsbranche, über aktuelle Marktentwicklungen, neue Trends und Technologien oder über Arbeit und Alltag bei NTT DATA«. Die Autoren sind, wie bei Capgemini, Fachleute aus dem Unternehmen, die in der Beratung aktiv sind, aber auch Mitglieder des Marketingteams.

Einzelunternehmer- und Berater-Blogs

Immer dort, wo ein herausragender Protagonist sich zugleich als begabter Blogger erweist, entstehen hochwertige, gut angebundene Content-Plattformen, die ihren Empfängern echten Nutzen bieten. Vortragsredner, Trainer, Coachs, Rechtsanwälte, Unternehmensberater: Viele derjenigen, die ich bereits in meinem Buch »Prinzip kostenlos« als Beispiele genannt oder sogar interviewt habe – etwa der Rechtsanwalt Thomas Schwenke oder die Rednerin und Trainerin Sabine Asgodom –, haben seither ihre Bekanntheit erheblich weiter ausgebaut. Sie alle sind damit so erfolgreich, weil ihnen bewusst ist, wie wichtig es ist, sich auf verschiedenen Plattformen ebenso wie im engen direkten Kontakt mit anderen Menschen zu vernetzen. Die Blogs lassen sich,

---

77   Ebd.

je nach Branche und Ausrichtung, verschiedenen der vorgenannten Formen zuordnen. Oft haben sie viele Ähnlichkeiten mit einem CEO-Blog. Noch häufiger präsentiert sich hier ein Wissensträger mit seiner fachlichen und persönlichen Kompetenz. Je mehr der einzelne Unternehmer beziehungsweise der Protagonist eines kleinen Unternehmens sich mit der Firma identifiziert, desto persönlicher wird das Blog.

Denn eines haben etliche einst ambitioniert gestartete Blog-Macher mittlerweile schmerzlich lernen müssen: Der Inhalt allein lockt weder Leser an noch treibt er die Umsatzzahlen in die Höhe. Content-Plattformen dürfen keine Inseln im Internet sein, sonst wird sie kaum einer finden.

Lesetipp   !

Upload Magazin Nr. 42, Themenschwerpunkt: Unternehmensblogs. Auf der Seite
https://upload-magazin.de/blog/tag/upload-magazin-42/ können Sie eine E-Book-Version
des Upload Magazins kaufen.

4.7   Themen- und Redaktionsplan: Grundlegendes Handwerkszeug

Gerade wenn ein größeres Team an der Contentstrategie mitwirkt, sind niedergeschriebene Konzepte, Teilkonzepte und Pläne sehr wichtig. Sie müssen von allen verstanden, mitgetragen und aktiv genutzt werden. Aber auch Einzelunternehmer haben es leichter, ihre Strategie auf Dauer organisiert durchzuhalten und zum Erfolg zu führen, wenn sie dafür ausgeschriebene Strukturen und Pläne schaffen. Hinzu kommt: Kommunikation im Web erfordert oft sehr schnelle Reaktionen. In größeren Organisationen steht vor der Reaktion aber immer noch die interne Abstimmung. Dafür braucht man klar definierte Zuständigkeiten und Abstimmungswege. Welche verschiedenen Pläne, Übersichten und Werkzeuge brauchen Sie dazu? Darum geht es im Folgenden.

Der Themenplan

Pressearbeit, Onlinemagazin, soziale Netzwerke: Ganz gleich, welches Medium Sie nutzen, um Inhalte zu veröffentlichen, haben Sie sich dabei immer einem bestimmten Themenbereich sowie Teilthemen verschrieben. Wie wir bereits gesehen haben, orientieren diese sich erstens an den strategischen Zielen des Unternehmens, zweitens daran, was das eigene Fachgebiet im Hinblick auf diese Ziele hergibt, und drittens an dem, was die Zielgruppe braucht und wofür sie sich interessiert. Wenn das Themenfeld also allgemein definiert und gut beschrieben ist, bricht der Themenplan es auf die verschiedenen Teilbereiche herunter. Ein solcher Themenplan ist die Grundlage für die Contenterstellung und für die Organisation der redaktionellen Arbeit. Er sollte regelmäßig überarbeitet und weiterentwickelt werden. In der Regel wird er einer variablen Teil enthalten, denn in jedem Unternehmen ergeben sich, über das Kern-Fachgebiet hinaus, immer wieder neue Themen. Das kann beispielsweise eine Produktent-wicklung oder ein Relaunch sein. Es kann hierbei um Personalia ebenso gehen wie um Umstrukturierungen. Denken Sie dabei nicht nur auf Unternehmensebene nach innen gerichtet, sondern auch nach außen, etwa in Richtung Branchenentwicklungen.

Damit eigener redaktioneller Inhalt von Interesse ist, darf er nicht zu selbstreferentiell bleiben, sondern sollte aus der Nutzersicht heraus betrachtet werden. Es bietet sich daher auf der Suche nach interessantem Content an, Themenfelder zu differenzieren. Beispiele für solche Themenfelder, die Sie dann für den jeweils eigenen Bereich kon-kreter fassen sollten, sind:

- In eigener Sache: News, Geschäftsentwicklung, (neue) Produkte, Personalia, Kooperationen, Pressespiegel …
- Branche: allgemeine Entwicklungen, Neuigkeiten, Messen …
- Ratgeber und Service: Fachwissen, Anwendungsbeispiele, Rat, Tipps …
- Community: Kunden-Cases, Interaktion, Gastbeiträge …

Es ist sinnvoll, auch jeweils zu definieren, welche Unternehmensbereiche beziehungs-weise welche Protagonisten die Quelle für das jeweilige Thema bilden. Es bietet sich an, im Themenplan die verschiedenen möglichen Formen zu definieren, in denen die Inhalte umgesetzt werden. Diese kann man zusätzlich mit Musterartikeln veranschau-lichen, die den einzelnen Themenbereichen zugeordnet sind. In einem Corporate Blog, einer eigenen redaktionellen Plattform, könnten das beispielsweise sein:

- Fachartikel
- Fragen und Antworten
- Interview
- Video
- Fotodokumentation
- Infografik
- Ratgeber
- *Listicle*[78]
- Whitepaper
- …

Entscheidend für die zielgruppengerechte Ansprache ist es, die Formen zu definieren, mit denen die jeweilige Persona bevorzugt erreicht werden soll (vgl. Kapitel 3.9). Aus diesem Themensetting heraus entwickelt sich dann der Redaktionsplan, der nicht nur die eigenen Beiträge auf der eigenen Plattform berücksichtigt, sondern auch den Social-Media-Mix.

---

[78]   »Listicle« ist eine Zusammensetzung aus den englischen Wörtern *article* und *list*, also ein Punkteplan, etwa: »10 Tipps für …«

Der Redaktionsplan

Wie kurz- oder langfristig ein Redaktionsplan für ein Unternehmensmagazin angelegt ist, das kann sehr unterschiedlich ausfallen. Eine Grobplanung kann sich über ein gesamtes Geschäftsjahr erstrecken. Dann entwickelt sie aus den verschiedenen Themenbereichen heraus konkrete Beiträge. Wie detailliert dies geschieht, hängt wiederum von vielen Faktoren ab. Meiner Ansicht nach besteht die Hauptfunktion eines solchen Rahmen-Redaktionsplanes darin, die Form der Publikation näher zu bestimmen sowie die Ressourcen sinnvoll einzuteilen. So zeigt sich nicht erst im laufenden Betrieb, ob der einmal gestartete Umfang beziehungsweise die Veröffentlichungsfrequenz überhaupt durchzuhalten ist. Auch weiß auf diese Weise jeder Beteiligte, wann er was zu leisten beziehungsweise zu liefern hat. Auf dieser Basis ist es dann viel leichter, auf aktuelle Entwicklungen auch sehr kurzfristig einzugehen.

Im Redaktionsplan sollte daher unter anderem stehen:

- Wann erscheinen Beiträge und wie oft?
- Welche Form haben die jeweiligen Beiträge?
- Wer ist für die einzelnen Arbeitsschritte zuständig – von der Recherche bis zur finalen Freigabe?

Ereignisse aus dem Geschäftsjahr müssen Teil des Redaktionsplans sein. Steht beispielsweise eine Messe oder ein Produktlaunch an, dann kann man anhand des Teilplans leicht rückwärts rechnen und auch einzeln eintragen, was bis wann geleistet sein muss. Nur so ist sichergestellt, dass der jeweilige Beitrag zum richtigen Zeitpunkt finalisiert und freigegeben ist.

In der Theorie sollten alle Aufgaben, also auch die der Freigabe, von jeweils mindestens zwei verschiedenen Personen erfüllt werden können. In der Praxis ist dies erfahrungsgemäß gerade in kleineren Teams nicht immer der Fall. Auch deswegen empfiehlt es sich, Urlaubszeiten, berufsbedingte Abwesenheiten und Zeiten besonderer Belastung mit in die Redaktionsplanung einfließen zu lassen. Ein Redaktionsplan braucht genügend Puffer, damit er nicht binnen kurzem so hoffnungslos hinterherhinkt, dass niemand sich mehr daranhält. Es geht hier nicht um die perfekte Form, sondern um das Machbare.

Für Einzelunternehmer und kleine Teams mit kurzen Abstimmungswegen ist ein Redaktionsplan wertvoll. Für größere Teams und in größeren Organisationen ist er in Bezug auf die redaktionelle Plattform mehr als das: Er ist überlebenswichtig. Entsprechend detailliert und für alle verständlich muss er sein; vor allem aber für jeden Beteiligten leicht zugänglich. Das gilt auch für die Planung der weiteren Verbreitung in sozialen Netzwerken.

Tools für Redaktionsarbeit und Kollaboration

Mit der Notwendigkeit, die Zusammenarbeit digital zu organisieren, haben wir uns schon eingehend beschäftigt. Es sollte klar sein, dass ein Redaktionsplan nicht aus einem Excel-File oder einem Word-Dokument bestehen darf, das per E-Mail herumgeschickt wird. Auf dem Markt gibt es sehr viele verschiedene Tools, Softwarelösungen, Onlineangebote für die Planung und Kollaboration. Oft reichen für den Anfang schon ein gemeinsamer Kalender und eine gemeinsame digitale Pinnwand sowie die Möglichkeit, Postings auf Termin zu legen und gemeinsam an der Planung zu arbeiten. Als einfachste kostenfreie Lösungen, auch für kleinere Teams, bieten sich etwa Google Drive, Trello oder Yammer an. Social-Media-Dashboards wie Hootsuite bieten Möglichkeiten für die Organisation von Inhalten für soziale Netzwerke. Größere Unternehmen sollten ohnehin über komplexere Lösungen verfügen. Jede Redaktion, jedes Blog hat – abhängig von Ressourcen, Ausrichtung und Aktualität – so unterschiedliche Anforderungen, dass man die Ausgestaltung immer im Einzelfall vornehmen sollte. Letztlich ist jedes Tool nur so viel wert wie die Strategie, die dahintersteckt, und wie das Engagement derjenigen, die damit arbeiten.

4.8   Digitale Verbreitung: Was zählt, ist der Kontext

»Content is King!« – Auf den Inhalt kommt es an! – Dass diese Aussage in unzähligen Variationen nach wie vor so häufig wiederholt wird, macht sie dadurch nicht zutreffender. Inhalte sind keineswegs alles, und mancher (Corporate) Blogger, der sich ambitioniert mit hochwertigen Ratgeberartikeln profilieren wollte, musste schnell erkennen, dass Leser oder Zuschauer nicht von alleine kommen. Nicht immer setzt sich unbedingt das beste Angebot durch, sondern dasjenige, von dem die meisten Leute erfahren und welches das beste Image hat. Für die eigenen Inhalte bedeutet das: Es kommt auf den Kontext an, wie bekannt und beliebt ein Angebot ist. Von zwei gleich gut sichtbaren Angeboten wird sich dann aber dasjenige besser etablieren, welches bereits auf den ersten Blick mehr Empfängernutzen verspricht, wie auch immer dies im Einzelfall konkret aussieht. Also ist der beste Inhalt nichts wert, wenn ihn niemand verbreitet. Aber wenn die Vernetzung rundherum stimmt, dann wird sich von zwei Inhalten der aus Nutzersicht bessere durchsetzen.

Wobei an dieser Stelle nochmals hervorgehoben werden muss, dass »der beste« nicht unbedingt eine Aussage über den höchsten qualitativen Anspruch trifft. Oft wundert man sich, warum sich irgendwelche flachen Witze im Netz verbreiten, hochwertig Produziertes dagegen lange nicht so gut. Dann trifft offenbar der andere Inhalt einen bestimmten Nerv, er erfüllt die Bedürfnisse vieler Menschen, oder er ist einfach auf massenhaftes Teilen ausgelegt. Nicht immer lässt sich so etwas vorausberechnen. Jedoch sollte eine unselektive virale Verbreitung gar nicht immer das Ziel darstellen. Zahlen sind nie ein eigentliches Ziel in der Kommunikation, sondern es stehen strategische Ziele dahinter. Eine sehr selektive Verbreitung in einer spezialisierten Community trägt zu diesen Zielen unter Umständen viel besser bei als eine große Reichweite in der Gesamtöffentlichkeit. Klaus Eck konstatiert dazu sehr zutreffend:

> »Viele Corporate Blogs weisen ein strukturelles Problem auf. Die Inhalte werden nur auf das Blog bezogen geplant. Statt das gesamte Zusammenspiel mit anderen Medientypen und -formaten zu nutzen, Synergien herzustellen, verweilt das Blog auf seiner Insel und wird kaum wahrgenommen.«[73]

Daher dürfen Content-Marketing-Strategien nicht als Maßnahmen verstanden werden, um kurzfristig Gewinne zu erzielen. Vertrieb kann nicht das Hauptziel des Content-Marketings sein. Ein organisch aufgebautes Netzwerk braucht seine Zeit, um zu wachsen, und der Aufbau verlangt den Beteiligten weit mehr ab als nur die Weiterverbreitung eigener Inhalte über immer mehr zusätzliche Kanäle. Ein Twitter-Account oder eine Facebook-Seite, die nur auf eigene Internetpräsenzen verweisen, stellen noch keine Vernetzung dar. Inhalte verbreiten sich dann weiter, wenn andere sie teilen. Dazu müssen diese sie erst einmal finden. Sie müssen den Impuls entwickeln, etwas weiterzuerzählen. Sie müssen es leicht haben, dies zu tun. Das gelingt am besten, wenn über die Zeit eine Beziehung zu der betreffenden Marke entstanden ist. »Beziehung« sagt dabei schon aus, worum es wirklich geht: um Verbindungen zwischen Menschen, auch dann, wenn ein Unternehmen im Spiel ist. Was für die einzelne Person das eigene Netzwerk ist, ist für die Marke die eigene Community.

Content-Marketing-Strategien sind keine Maßnahmen, um kurzfristig Vertriebserfolge zu erzielen.

Jede Marke, jedes Unternehmen, das in irgendeiner Weise vernetzt ist, hat eine Community. Diese besteht nicht nur aus Fans, sondern beispielsweise auch aus Kritikern. Sie umfasst alle diejenigen, die sich in irgendeiner Weise an das betreffende Unternehmen, an die Marke, an den betreffenden Anbieter gebunden fühlen und sich auf ihn beziehen. Das beschränkt sich nicht auf den digitalen Bereich. In der Interaktion mit der Community darf man nie vergessen, dass man mit vielen einzelnen Personen interagiert. Wie wir bereits an den Beispielen für Corporate Blogs gesehen haben, funktioniert auch Markenkommunikation gerade dann am besten, wenn Personen aus den Unternehmen Gesicht zeigen. Das gilt erst recht für mittelständische Firmen. Große Marken kompensieren das oft mit erheblichem Werbeaufwand und kaufen Testimonials ein, um der Community echte Gesichter als Identifikationsfiguren zu bieten.

---

79   Eck, Klaus: Blogparade: Content-Marketing und Corporate Blogs 2015, https://pr-blogger.de/2014/12/11/blogparade-content-marketing-und-corporate-blogs-2015-cmcb14/

Ohne Netzwerk funktioniert also keine Content-Marketing-Strategie. Ohne Community ist keine Sichtbarkeit zu erreichen. Der Aufwand für Aufbau und Pflege einer solchen Community ist erheblich und sollte in Relation zur eigentlichen Inhaltserstellung nicht unterschätzt werden. Der Aufbau einer Community geschieht, ganz gleich, wie viel Zeit Sie investieren, nicht von heute auf morgen. Er hört zudem nie auf. Er ist immer ein Balanceakt zwischen Interaktion in sozialen Netzwerken und im direkten Kontakt auf der einen und der Rückführung zur eigenen Plattform, die im Zentrum des Kommunikationsmixes steht, auf der anderen Seite. Daher ist die immer noch von vielen gepflegte Überzeugung, dass Social-Media-Kommunikation nichts koste, ebenso fehlgeleitet wie der Versuch, diese von Hilfskräften erledigen zu lassen.

Wenn wir von professioneller Unternehmenskommunikation sprechen, dann kann man die idealistische Auffassung, dass sich eine Community ganz von selbst um hochwertige Inhalte gruppiert, ebenfalls nicht aufrechterhalten. Ganz ohne Werbeaufwand geht es nicht. Das galt schon in den Zeiten, in denen es nur Print-, dann Radio- und dann Fernsehwerbung gab. Heute muss es eben beispielsweise Budgets für Anzeigen in sozialen Netzwerken und für das *Native Advertising* geben. Interessanterweise investieren selbst große Firmen immer noch oft vierstellige Beträge am Tag in Content auf Facebook oder Twitter. Sie lassen teure Videos produzieren. Ein ganzes Team kümmert sich um den Social-Media-Mix. Aber niemand im Unternehmen ist bereit, einen kleinen dreistelligen oder sogar probeweise nur zweistelligen Betrag für Facebook-Anzeigen, gesponserte Twitter-Nachrichten oder Google-Anzeigen auszugeben. Denn »Social« ist in vielen Unternehmen immer noch gleichbedeutend mit kostenfrei. Tatsächlich kann man konstatieren, dass die hohe Sichtbarkeit einiger Marken eben nicht allein auf irgendwelchen geheimen Tricks beruht. Vielmehr wird sie mittels beträchtlicher Werbeetats in sozialen Netzwerken und zugleich in vielen anderen Medien erzeugt. Wer solchen finanziellen Aufwand als mittelständischer oder Einzelunternehmer nicht stemmen kann, muss andere Wege finden; etwa über persönliches Engagement. Er muss sich notwendigerweise fokussieren. Aber er sollte sich nicht der Illusion hingeben, dass er mit einem winzigen Bruchteil des Aufwandes großer Marken dieselbe Sichtbarkeit wie diese erzeugen könnte. Andererseits können selbst teure Anzeigenkampagnen in sozialen Netzwerken eine schwache oder nicht vorhandene Contentstrategie kaum kompensieren.

4.9   Social-Media-Mix: Austausch und Verbreitung im Netzwerk

Vielleicht erwarten Sie im Folgenden konkrete Tipps zu einzelnen Plattformen und Tools. Eventuell wünschen Sie sich sogar detaillierte Anleitungen zu bestimmten Funktionen. Es gibt für jedes soziale Netzwerk zahllose Ratgeber, wie man Gleichgesinnte findet und sich mit ihnen vernetzt. Auf konkrete technische Details möchte ich hier verzichten. Aus gutem Grund: Die Angebote verändern sich rasend schnell. Neue Plattformen schießen aus dem Boden. Andere schließen. Langjährige Funktionen eingeführter Netzwerke entfallen, werden modifiziert oder durch neue ersetzt. Ein Buch, das sich auf solche technischen und funktionalen Details fokussiert, würde daher schnell an Aktualität verlieren. Ganz zu schweigen davon, dass die Auswahl aus den unzähligen Angeboten von Unternehmen zu Unternehmen, von Person zu Person, von Land zu Land sehr unterschiedlich ausfällt.

Die Grundprinzipien für erfolgreiches Agieren in sozialen Netzwerken sind eigentlich immer die gleichen. Wer das Netzwerken in der persönlichen Begegnung beherrscht, tut sich auch in sozialen Netzwerken leichter. Entscheidend sind Verhaltensweisen, die wir oben bereits ausführlich besprochen haben: Erst geben, dann nehmen. Sich fragen, was andere interessiert. Echten Austausch pflegen, statt sich in Selbstreferentiellem zu verlieren. Je interessanter andere das finden, was ein Unternehmen oder eine Person veröffentlicht, desto bereitwilliger werden sie andere darauf aufmerksam machen.

> Wer das Netzwerken in der persönlichen Begegnung beherrscht, tut sich auch in sozialen Netzwerken leichter. Die spezifischen Funktionen und Besonderheiten im Digitalen müssen dennoch von vielen Menschen erst erlernt werden.

In einer Zeit, in der soziale Netzwerke längst zum Medienkanon gehören, geht es mehr denn je um die grundlegenden Prinzipien. Dazu wiederum braucht jeder Kanal eine Teilstrategie: Wie legt man Social-Media-Profile und -Seiten sinnvollerweise so an, dass sie Empfängererwartungen wecken und bedienen? Die Antwort – oder zumindest eine mögliche Art und Weise, die Sache anzugehen – liegt im explizit erarbeiteten Kanalversprechen.

Lesetipp   !

Grabs, Anne/Bannour, Karim-Patrick/Vogl, Elisabeth: Follow me! Erfolgreiches Social Media Marketing mit Facebook, Instagram und Co., 5., aktualisierte Auflage (Rheinwerk 2018).

4.10   Kanalversprechen: Erwartungen wecken und erfüllen

In den Zeiten der Informationsüberflutung stellt die Aufmerksamkeit der Wunschempfänger ein immer wertvolleres Gut dar. Wer diese gewinnen will, muss es schaffen, den Nutzen eines Inhalts oder einer näheren Beschäftigung mit einem Thema auf den ersten Blick erkennbar zu machen, und der- oder diejenige muss dieses Versprechen dann auch einlösen: Dieses Prinzip, das für jede Kommunikationsform gilt, haben wir bereits unter verschiedenen Aspekten betrachtet. Hier will ich dessen besondere Bedeutung für das eigene Selbstverständnis ebenso wie für die öffentliche Kennzeichnung verschiedener Social-Media-Kanäle verdeutlichen. Bezeichnen wir dafür jedes Profil, jede Präsenz, die ein Unternehmen oder eine Organisation in sozialen Netzwerken betreibt, als jeweils einen einzelnen Kanal. Ein Kommunikationskanal kann aber ebenso gut auch eine Fernsehsendung sein oder ein Newsletter. Der Begriff bezeichnet einfach nur einen Weg, in einem bestimmten Umfeld über ein bestimmtes Medium mit anderen Menschen in Kontakt und Interaktion zu treten. Dabei ist schon klar: Es handelt sich nicht zwangsläufig um eine Einbahnstraßen-Kommunikation. Im Gegenteil, Interaktion sollte sogar die Regel darstellen.

Was findet also über einen solchen Kanal statt, etwa in einem sozialen Netzwerk? Unternehmen oder Einzelpersonen tragen hochwertige Inhalte zusammen und veröffentlichen sie in der passenden Form für ihre passenden Zielgruppen. Auf diese Weise entsteht ein Strom von Informationen. Es bilden sich Beziehungen. Doch der erste Schritt dazu ist immer die eigene Äußerung, die Aussendung, der Anstoß zur Interaktion. Geschieht dieser absichtsvoll und der eigenen Strategie folgend auf einem bestimmten Weg respektive in einem bestimmten Medium, dann kann man definieren, welchem Zweck dieser Kanal dient. Man kann explizit sagen, an wen er sich richtet, sowie die Frage beantworten, was die Empfänger oder, besser, Dialogpartner hier erwartet. Mit anderen Worten: Daraus, wie sich eine Präsenz auf den ersten Blick darstellt, leitet der Zielgruppenvertreter das Versprechen ab, das ihm dieser Kanal bietet. Die Frage ist allerdings, wie bewusst der Absender oder Kontoinhaber dieses Kanalversprechen für sich selbst formuliert hat, wie gut er es transportiert, wie gut daher Selbst- und Fremdbild tatsächlich übereinstimmen.

Erstaunlicherweise gehen die Eigen- und Fremdwahrnehmung in sozialen Netzwerken oft sehr stark auseinander. Der Absender macht es sich oft nicht ausreichend bewusst, wenn er etwas ganz anderes signalisiert als beabsichtigt. Das führt dann häufig dazu, dass der oder die Betreffende mit jeder Äußerung seine eigenen Kommunikationsziele immer weiter untergräbt. Beispiele dafür sind ungezieltes E-Mail-Marketing, lästige Event-Einladungen oder rein werbliche Postings in Social Media, die keinen erkennbaren Nutzwert für die Empfänger besitzen. Das Kanalversprechen, das die geplagten Empfänger ableiten, lautet dann nämlich beispielsweise leider: »Hallo, ich bin der nervige Vertriebler, der jede Visitenkarte, die er bekommt, sofort in seinen Newsletter-Verteiler einträgt, der niemals in sein Netzwerk einzahlt, aber immer versucht, bei anderen möglichst viel herauszuholen.« Der Absender isoliert sich selbst mehr und mehr. Andere blockieren sein Profil oder deabonnieren es zumindest. Ganz sicher aber empfehlen sie ihn nicht weiter.

Selbst wenn die Sache sowohl gut gemeint als auch gut gemacht ist, kommt es häufig vor, dass Sender ihr Kanalversprechen für sich selbst nicht hinreichend ausformuliert haben. Unternehmen oder Einzelpersonen tragen also hochwertige Inhalte zusammen und veröffentlichen sie sogar über die richtigen Kanäle für ihre passenden Zielgruppen. Aber da sie für sich selbst ihr Kanalversprechen nicht explizit formuliert haben, ist der Nutzen dennoch oft nicht auf den ersten Blick erkennbar. Das führt dazu, dass sie niemals die Reichweite erzielen, die sie ansonsten mit Leichtigkeit erreichen könnten. Selbstaussagen allein helfen natürlich nicht weiter. Der betreffende Kanal muss das Versprechen, wie gesagt, auch einlösen. Dazu hilft es, die Kanalversprechen für jedes einzelne Profil, für jede Seite, für jede einzelne Plattform, für jedes Angebot für sich selbst auszuformulieren. Wie geht man dabei sinnvollerweise vor? Im Folgenden entwickle ich eine Vorgehensweise in fünf Schritten.

Schritt 1: Kanäle festlegen

Mit der Festlegung der Kanäle haben wir uns im vorigen Abschnitt bereits beschäftigt. Beispiele sind: ein Twitter-Account, ein persönliches Facebook-Profil, eine Facebook-Seite, eine Facebook-Gruppe, ein LinkedIn-Unternehmensprofil, ein Instagram-Business-Account, ein Onlinemagazin zu einem bestimmten Thema. Letztlich setzt sich der Kommunikationsmix also aus einer Vielzahl von Wegen zusammen, die richtigen Empfänger zu erreichen, die wir bezüglich des Versprechens hier »Kanäle« nennen.

Schritt 2: Voraussetzungen für das Kanalversprechen erarbeiten

Im Rahmen der Kommunikationsstrategie haben wir erarbeitet, was und wie wir kommunizieren wollen. Wir wissen, wer unsere Zielgruppen und Gesprächspartner sind, welche Bedürfnisse sie haben und wo wir sie finden. Wir verfügen über eine eigene redaktionelle Plattform mit dem entsprechenden Medienmix darum herum. Lassen Sie uns jetzt prüfen, ob alle Kanäle wirklich das signalisieren, was unseren Absichten entspricht. Dazu ermitteln wir für jeden Kanal, entsprechend seinen Gesetzmäßigkeiten und der spezifischen Empfängergruppe, die Voraussetzungen für das Kanalversprechen. Konkret werden folgende Informationen gebraucht:

- Plattform/Medium
- Kanal-Bezeichnung
- Empfänger/Bezugsgruppe
- Eigenes Kommunikationsziel
- Thema/Inhalte
- Form
- angestrebter Empfängernutzen
- Bezug zur Gesamtkommunikation

Fragen, die hilfreich sind, um das eigene Kanalversprechen zu erarbeiten:
- Welche unserer Bezugsgruppen sind für uns besonders wichtig, welche weniger? (Priorisierung)
- Was brauchen diese Bezugsgruppen?
- Was suchen sie speziell über diesen Kanal?
- Welches sind die besonderen Gesetzmäßigkeiten/spezifischen Merkmale dieses Kanals?

- Welchen Nutzen bietet ihnen dieser Kanal (bezogen jeweils auf die Empfänger-gruppe)?
- Welche verschiedenen Aspekte hat dieser Empfängernutzen?
- Welches Erlebnis wird hier kreiert?
- Inwieweit trägt das, was wir hier kommunizieren, zu unseren eigenen Unternehmens- und Kommunikationszielen bei?
- Warum würde jeweils ein typischer Empfänger diesen Kanal weiterempfehlen? Was bringt ihn dazu, ihn dauerhaft zu abonnieren/ihm zu folgen?
- Wenn uns jemand nach dem Nutzen dieses Kanals fragt: Wie fassen wir das Versprechen kurz zusammen?

Die Kunst besteht nun darin, diese Fülle an Informationen auf den Punkt zu bringen, damit sich das Kanalversprechen ausformulieren und in Inhalte umsetzen lässt. So könnte das für verschiedenen Unternehmen oder Organisationen am Beispiel Twitter aussehen:

! **Beispiel: Kanalversprechen auf Twitter**

»Dies ist der Twitter-Account des Beratungsunternehmens XY mit Branchentipps, interessanten Neuigkeiten und Links zu hochwertigen eigenen Fachartikeln.«

»Hier liefert das Museum YZ Informationen über aktuelle Ausstellungen und Termine, stellt Kunstwerke vor und gibt Einblicke in die Arbeit hinter den Kulissen. Zielgruppe sind potentielle Ausstellungsbesucher, Kulturinteressierte, Sponsoren und Entscheider aus Kultur und Politik.«

»Wir scannen das Internet nach aktuellen Informationen zum Thema [beliebiges Thema einsetzen] und sammeln hier die Links zu Artikeln, die wir für interessant halten. Damit wollen wir Relevantes für alle diejenigen herausfiltern, die sich ebenfalls für dieses Thema interessieren.«

»Hier bietet das Unternehmen YZ seinen Kunden den direkten Draht zum Service-Team. Sie können Feedback geben, Dampf ablassen, vor allem aber erhalten Sie schnelle Hilfe bei akuten Störungen sowie Antworten auf Fragen zu Produkten und Dienstleistungen.«

»Fach- und Führungskräfte aus der IT-Branche erfahren über diesen Twitter-Account ausschließlich von neuen Jobangeboten in Deutschland und Europa.«

»Aktuelles Vertriebswissen in kurzen Sätzen auf den Punkt gebracht sowie Links zu ausführlichen Artikeln.«

Die Kurzbeschreibung ist ein wichtiger Teil des gesamten Kanalversprechens. Sie fasst zusammen, was beabsichtigt ist und was der gesamte Kanal signalisieren soll. Damit der Empfänger auf den ersten Blick seinen Nutzen erkennt, gehört aber noch mehr dazu.

Schritt 3: Kanalversprechen praktisch umsetzen

Das Kanalversprechen erkennt der Empfänger anhand verschiedener Elemente, die in unterschiedlichen Medien auch unterschiedlich ausfallen. Nehmen wir wieder Twitter als Beispiel. Hier manifestiert es sich im Wesentlichen in den folgenden Elementen:

- Kurz-Bio (= Kurzbeschreibung) und Link zur Website
- Titel- und Profilbild
- Inhalte, Aufbau und Tonalität der einzelnen Twitter-Nachrichten

Eine Selbstbeschreibung allein ist so viel wert wie die Aussage einer natürlichen Person über sich selbst. Es bringt nichts zu behaupten, man sei sympathisch und unterhaltsam, um dieses Bild bei anderen zu erzeugen. Sie müssen sich als sympathisch und unterhaltsam *erweisen*. Zuviel Selbstlob ist eher hinderlich als förderlich. Sachlichkeit in der Selbstbeschreibung, Nutzen in der Umsetzung: So löst man ein Kanalversprechen in den meisten Fällen am besten ein.

Hier habe ich einige Beispiele für Twitter-Kurzbeschreibungen (Kurz-Bios) zusammengestellt:

Beispiel: Kurzbeschreibungen auf Twitter   !

»Das Twitter-Team der DB antwortet auf alle servicerelevanten Fragen zum Personenverkehr von Mo-Fr 6-22 & Sa-So von 10-22 Uhr!« (@DB_Bahn)

»Hier twittert die Polizei Berlin nur zu bestimmten Anlässen. – Keine Notrufe – Keine Anzeigen – kein 24/7 Monitoring – In Notfällen 110 wählen.« (@PolizeiBerlin_E)

»Deutschlands Medien-Portal« (@MEEDIA)

»Hier twittert KOOB über Public Relations, CP, Kommunikationsdesign und die Branchen Energie, Bauen/Wohnen/Architektur, Food sowie News aus dem Ruhrgebiet.« (@KOOB_PR)

»Hier twittert das PRAKTIKA-Team. Wir versorgen euch mit neuen #Stellenangeboten und aktuellen Infos zu den Themen #Praktikum und #Karriere.« (@PRAKTIKA_de)

»700 Jahre europäische Kunstgeschichte im Städel Museum. We offer 700 years of art under one roof.« (@staedelmuseum)

Schritt 4: Kanalversprechen dauerhaft einlösen

Ein großer Teil des Kanalversprechens steht also nirgends explizit, auch nicht in der Selbstbeschreibung, sondern setzt sich in den Inhalten um. Diese werden auch vom Medium, sprich von der Form, bestimmt. So hat eine Foto-, Video- und Stories-Plattform wie Instagram andere Gesetzmäßigkeiten als eine Fanpage auf Facebook. In einem Blog finden sich andere Formen als bei Twitter. Businessnetzwerke wie XING oder LinkedIn bieten viele Mischformen von den Kontaktinformationen wie in einem Adressbuch über eine Mikroblogging-Funktion und Blog-Funktionen bis hin zu Gruppenbeiträgen oder Job-Angeboten.

Handelt es sich beispielsweise um einen auf Service ausgerichteten Account auf Twitter, so stellt auch die Reaktionsgeschwindigkeit einen wesentlichen Teil des Kanalversprechens dar, das unbedingt eingehalten werden muss. Das Tempo, das andere von Ihnen erwarten, wird auch hier wieder wesentlich vom ausgewählten Medium mitbestimmt. Twitter eignet sich besonders für einen Austausch in beinahe Echtzeit. Ein anderer Aspekt des Kanalversprechens besteht beispielsweise im stets souveränen, sachlichen, manchmal sogar humorvollen Ton, mit dem die Servicemitarbeiter selbst auf sehr aggressive, genervte Nachrichten reagieren.

Persönlichkeit, Unterhaltungswert, Ausstrahlung, Authentizität: Im ausformulierten Kanalversprechen aus der Kurzbeschreibung ebenso wie im verwirklichten Kanalversprechen, das sich aus den einzelnen Inhalten und Botschaften zusammensetzt, muss eines zum anderen passen. Erst dann zieht der Kanal wirklich diejenigen Empfänger an, die angesprochen werden sollen, und bindet sie dauerhaft.

Das Kanalversprechen muss sich idealerweise durchgehend verwirklichen, so dass derjenige, der die letzten fünf Twitter-Nachrichten eines Accounts liest oder auf die Facebook-Seite zum ersten Mal stößt, ein authentisches Bild gewinnt. Auch wenn naturgemäß nicht jedes Posting, nicht jeder Tweet, nicht jede Statusmeldung das gesamte Kanalversprechen abbildet, so fügen sich doch die einzelnen Teile zu einem Gesamtbild zusammen.

Um kontinuierlich zu prüfen, ob sich das Kanalversprechen dauerhaft in den Beiträgen spiegelt, könnten die folgenden Fragen hilfreich sein:
*   Welche meiner Bezugsgruppen erreiche ich speziell mit diesem Posting/dieser Nachricht/diesem Beitrag, Foto, Video …?
*   Schließe ich bestimmte Bezugsgruppen damit aus? (Dies kann im Sinne einer spitzen Zielgruppendefinition durchaus sinnvoll sein!)
*   Was ist der konkrete Nutzen dieses einzelnen Beitrags für die Empfänger?
*   Inwieweit löst dieser Beitrag mein Kanalversprechen bzw. Aspekte davon ein? Welche?
*   Inwieweit trägt dieser konkrete Beitrag zu unseren eigenen Unternehmens- und Kommunikationszielen bei?
*   Warum würde jeweils ein typischer Empfänger diesen Beitrag weiterverteilen? Warum würde er deswegen den Kanal dauerhaft abonnieren?

Schritt 5: Erfolg messen, Reaktionen überprüfen, nachregulieren
An der Resonanz der Nutzer, an vorher definierten Kennzahlen, also anhand von qualitativen und quantitativen Messwerten, muss der Erfolg des Kanalversprechens kontinuierlich überprüft werden: Verstehen die Empfänger wirklich, was gemeint ist? Bleiben sie? Interagieren sie? Ziehen sie andere an? – Ein Kanalversprechen ist nichts Statisches, sondern wandelt sich mit der eigenen Kommunikation und im Austausch

mit anderen. Die Erfolgskontrolle und die sich daraus ergebenden Kurskorrekturen sind Teil der jeweiligen Kanalstrategie innerhalb der Gesamtstrategie. Sie gehören in das Gesamtreporting hinein.

Wie lauten nun Ihre Kanalversprechen? Können Sie für alle Ihre (professionellen) Kanäle im Web und in der analogen Kommunikation das jeweilige Kanalversprechen formulieren? Nutzen Sie dafür die oben genannten Kriterien. Fragen Sie ausgewählte Empfänger. Gleichen Sie die verschiedenen Kanäle miteinander ab. Wenn Sie den so ermittelten Verbesserungsbedarf konsequent umsetzen, sollte sich die Zahl Ihrer Abonnenten, Leser, Follower erhöhen. Das qualitative Feedback sollte sich verbessern. Je mehr Klarheit Sie selbst gewinnen, desto klarer werden Sie kommunizieren und desto klarer werden Ihre Botschaften bei anderen ankommen.

4.11   *Community Building*: Sind *Tribes* die neuen Social Networks?

Eine Zeitlang schien es, als würde das neue »Web 2.0« alles auf den Kopf stellen, was bisher für Zielgruppenkommunikation, Erreichbarkeit oder Exklusivität galt: das ganze Internet eine einzige Netzgemeinde, in der jeder mit jedem direkt oder nur über wenige gemeinsame Kontakte vernetzt ist. Sogenannte Social-Media-Berater suggerierten Firmenkunden, die das nur zu gerne glauben wollten, dass sie mittels Twitter und Facebook nunmehr direkt, ohne Umwege, mit viel weniger Aufwand als zuvor direkt zahlungswillige Kunden und die relevanten Entscheider erreichen könnten. Erst nach einiger Zeit trauten sich die Ersten nachzufragen: »Reichweite schön und gut. Aber was nützen mir Fans in Massen, wenn ich doch nicht an die obersten Führungsebenen herankomme?«

Denn es stimmt zwar einerseits, dass digitale Medien es vielen Menschen heute sehr erleichtern, einen neuen Kontakt zu jemandem herzustellen, den er oder sie zu vordigitalen Zeiten niemals hätte direkt ansprechen können. Doch erstens ist Ansprechen-Können noch nicht gleichbedeutend damit, jemandem beispielsweise etwas zu verkaufen. Nutzt man die direkte Kontaktmöglichkeit für Kaltakquise, verdeckte Vorhaben oder allzu eigennützige Ansprache, ist man so schnell wieder abserviert, wie man den Kontakt hergestellt hat. Zudem gibt es auch in digitalen Zeiten durchaus noch exklusive Zirkel, zu denen nur ganz bestimmte Leute Zugang finden. Auch wenn Menschen heute sehr viel vorsichtiger sein müssen mit dem, was sie selbst in scheinbar geschützten Kreisen preisgeben, weil sich potentiell jede Äußerung über eine undichte Stelle sehr schnell auch in sozialen Netzwerken verbreiten kann: Ein Großteil der wirklich relevanten Diskussionen und Interaktionen findet unter Ausschluss der Öffentlichkeit statt.

Mehr noch: Nach der Anfangseuphorie über die neuen Möglichkeiten unbegrenzter Kommunikation beginnen die Menschen, sich im virtuellen Raum ihre Kuschelecken und elitären Clubs neu zu erschaffen. Etliche Fachleute gehen – wie eingangs beschrieben – sogar davon aus, dass die Entwicklung über kurz oder lang ganz weggehen wird von den großen sozialen Netzwerken hin zu den sogenannten *Tribes*.[80] Sie organisieren sich in geheimen Facebook-Gruppen oder noch eher in Messengern wie WhatsApp, die selbst von Menschen rege genutzt werden, die niemals soziale Netzwerke wie Facebook oder Twitter in Betracht ziehen.

»First give, then take« lautet eine der grundlegenden Regeln für das Netzwerken. Zugleich wächst in digitalen Zeiten die Erkenntnis, dass zwar die eigentliche Reichweite von Marken bei den relevanten Zielgruppen erst dann zunimmt, wenn sich um sie herum eine Community gebildet hat. Andererseits bilden sich wirklich unterstützende Communitys erst dann, wenn sich die Einzelkontakte in ihren Bedürfnissen und Erwartungen ernstgenommen und bedient fühlen.

Daraus ergibt sich einmal mehr die Erkenntnis, dass die Abkürzungen und Zeitersparnisse, welche Social-Media-Dashboards mit automatisierten Postings und standardisierten Inhalten anbieten, nur einen sehr begrenzten Teilbereich des *Community Buildings* übernehmen können. Mit viel Einbahnstraßen-Kommunikation und digitaler Dauerbeschallung erreicht man eben keine wertvollen Protagonisten, und man baut auch keine echten Beziehungen auf. Das gilt unabhängig von der absoluten Zahl der Stakeholder, die sich um eine Marke gruppieren. Vielmehr könnte man die einzelnen Mitglieder der eigenen Community in einem Modell aus konzentrischen Kreisen betrachten: Je wichtiger der Einzelne als Entscheider, potentieller Kunde, Multiplikator, Meinungsbildner, desto näher am innersten Kreis ist er einzuordnen.

Je größer dagegen eine relativ homogene Gruppe innerhalb der gesamten Stakeholder, desto besser kann man sie in ihren idealtypischen Bedürfnissen bedienen. Doch auch dies bedeutet nicht, dass man den Informations- und Unterhaltungs-Output maximal vereinfachen und automatisieren könnte.

4.12   Relevanz: Wie man Entscheider und Meinungsbildner erreicht

Publikums- und Endkunden-Kommunikation an große Gruppen ist für viele Unternehmensleiter und Kommunikationsentscheider ein willkommenes Argument dafür, dass

---

80   »Tribe« (engl.) = Stamm. Vgl. Bullas, Jeff: The Social Network Tribes, https://www.jeffbullas.com/2012/07/05/the-social-network-tribes-plus-infographic/

sich soziale Netzwerke nicht dazu eignen würden, Entscheider anzusprechen und zu erreichen. Viele von ihnen streiten dann selbst heute noch die Eignung der Social-Media-Kommunikation für den gesamten B2B-Bereich vollkommen ab. Tatsächlich bieten soziale Netzwerke sehr viele Möglichkeiten, Entscheider und Meinungsbildner zu erreichen, jedoch auch hier nicht über schnelle, billige Abkürzungen. Braucht es im Arbeitsleben Zeit und Engagement, um einen wichtigen Entscheider zu erreichen, so gilt das ebenso in der digitalen Welt. Allerdings ändern sich hier die Mechanismen gegenüber vordigitalen Zeiten ein wenig. Beispielsweise sollte man bedenken, dass die meisten Entscheider eine digitale Erreichbarkeit als selbstverständlich erachten. Es stellt sich also nicht mehr die Frage allein, ob und wie eine Firma im Web ihre Meinungsbildner erreicht, sondern inwiefern sie über deren Kommunikationswege informiert ist und sie auf den richtigen Wegen anspricht.

Überfrachten Sie digitale Medien nicht mit falschen Erwartungen.

Auch B2B-Entscheider sind Menschen, und wie in der physischen Begegnung, etwa am Rande einer Veranstaltung, mischen sich Persönliches und Berufliches. Die Chemie zwischen Geschäftspartnern spielt auch im Business eine entscheidende Rolle. Menschen neigen dazu, sich zu vernetzen und über die gemeinsame Identifikation mit Themen, Interessen, Hobbys auch berufliche Kontakte weiterzuführen.

Soziale Netzwerke wie Facebook sind, obgleich von bestimmten Funktionen und Algorithmen geprägt, letztlich nur Plattformen, auf denen sich Gruppen zusammenfinden. Wer in seinem virtuellen Umfeld auf Facebook bloß auf belanglose Inhalte trifft, hat schlicht und einfach sein Umfeld nicht sorgfältig genug gewählt. Er wäre mit jemandem zu vergleichen, der eine Jugenddisco aufsucht und sich dann wundert, dass keine potentiellen Geschäftspartner mit sechs- oder siebenstelligen Etats winken.

Dies führt also einmal mehr zu der Erkenntnis, dass digitale Kommunikation zu einem guten Teil aus persönlicher Kommunikation besteht. Das heißt, dass auch B2B-Kontakte dann besonders gut funktionieren, wenn sie über Persönlichkeiten stattfinden und nicht allein über mehr oder weniger anonyme Unternehmenspräsenzen. Unternehmen brauchen noch viel mehr, als es bisher der Fall ist, Protagonisten, die in der digitalen Welt mitmischen. Wer Entscheider erreichen will, muss sich selbst zeigen. Der twitternde Praktikant aus der Marketingabteilung wird wohl kaum mit seinen Kurznachrichten den CEO eines potentiellen neuen Großkunden anziehen. Ein Geschäftsführer, der selbst im Web sein Gesicht zeigt, ist dagegen ein glaubhafter Gesprächspartner für das C-Level auf der anderen Seite.

Einen Sonderfall der Meinungsbildner stellen die sogenannten Influencer dar, die gerade in den vergangenen beiden Jahren in das Blickfeld zunächst des Marketings und dann einer breiteren Öffentlich gelangt sind. Heute sind viele der Social-Media-

Influencer mit den Medien und Kanälen selbst überhaupt sichtbar geworden, die sie nunmehr gut bezahlt für die Produktplatzierung einsetzen. Eigens zu diesem Zweck gegründete Agenturen helfen ihnen bei der Vermarktung ihres Personenmarken-Wertes

Daher lässt sich der Begriff des Influencers auch nicht ohne Weiteres und für alle beschriebenen Fälle mit »Meinungsbildner« übersetzen. Denn oft geht es gar nicht mehr um Meinungen und (politische oder gesellschaftspolitische) Vorbildfunktionen, wie wir sie im klassischen Sinne verstehen. Die neuen Influencer nehmen vor allem Einfluss auf Lifestyle und Kaufentscheidungen. Gleichwohl stellen sie für viele Menschen, gerade für Jugendliche, echte Vorbilder und Orientierungsgrößen dar.

Da das Influencer-Marketing als Teildisziplin der *Paid Media* eine detaillierte und ausführliche Betrachtung verdient, möchte ich es hier dabei belassen und auf weiterführende Literatur verweisen.

! **Lesetipp**

Schimansky, Alexander (Hrsg): Die Macht der Meinungsführer: Von Celebrities bis zu Influencern (Frankfurter Allgemeine Buch (2019)) (darin auch: Hoffmann, Kerstin: Mitarbeiter als Influencer: die wahren Stars der Marke).

4.13   Reichweite: Wer kein Geld bringt, muss Empfehler werden

Viel zu häufig richtet sich die Onlinestrategie zu eingleisig auf bestimmte Empfänger aus, oft nur auf die angestrebten Endkunden. Natürlich sollten diese im Fokus bleiben, weil sie eine der Kernzielgruppen darstellen und letztlich für den angestrebten Umsatz sorgen. Doch Sichtbarkeit und Reichweite benötigen kritische Massen sowie eine Mindestzahl an Zugriffen und Empfehlern. Damit das Bild größer, damit es groß genug für die Kommunikationsziele eines Unternehmens wird, sollte sich der Blick auf diejenigen ausweiten, die niemals Ihre Kunden oder auch nur in direkten Kontakt mit Ihnen treten werden. Dennoch baut eine große Zahl dieser Menschen auf die eine oder andere Weise eine Beziehung zu Ihrem Unternehmen auf und trägt auf diese Weise mit zu der Reichweite bei, die Sie sich als Ziel gesetzt haben.

Diejenigen, die niemals zu direkten Kunden werden, bezahlen für den Nutzen, den sie mitnehmen, mit einer anderen Währung: der Aufmerksamkeit. Diese kann sich in Seitenzugriffen, Empfehlungen, Verlinkungen und etlichen weiteren Aspekten ausdrücken. Kurz gefasst: Wer nicht zum direkten Umsatz beiträgt, muss so angesprochen werden, dass er als Empfehler agiert. Dies kann nur gelingen, wenn Sie das Onlineerlebnis Ihrer verschiedenen Empfängergruppen im Blick haben und diesen einen möglichst großen Nutzen bieten. Es ist also ein Deal zum gegenseitigen Profit. Der User erhält, was er sich wünscht und gebrauchen kann, also etwa Informationen, Unterhaltung, Fachwissen und Erlebnisse. Zugleich lösen sich auch die eigentlichen Kunden vom reinen Kauferlebnis und werden über die unmittelbare Kaufbeziehung hinaus zum Teil der Community, als Markenbotschafter, wie Robert Rose beschreibt:

> »Es ist bereits offensichtlich, dass die Entwicklung des Marketings über das Ziel der bloßen Kundengenerierung hinausgehen wird – für die meisten Vertriebsorganisationen wird die Kundengenerierung einfach nur das Minimalziel darstellen. Die neue Marketing-Zielvorgabe wird es sein, Kunden weiterzuentwickeln – vom gänzlich unwissenden Kunden bis zum überzeugten Markenverfechter. Und inhaltsorientierte Erfahrungen werden den natürlichen Selektionsprozess bilden, der die Entwicklung des Kunden vorantreibt.«[81]

4.14 Crossmediales Storytelling: Geschichten für Ihre Erzählziele

»Crossmediales Storytelling« bedeutet, Geschichten über verschiedene Plattformen hinweg zu erzählen und weiterzuspinnen. In Kapitel 2.11 habe ich bereits meine Auffassung von Storytelling dargelegt. Ich bin der Ansicht, dass es eben nicht immer darum geht, Allegorien zu entwickeln oder Fakten in weitschweifige Geschichten umzuwandeln. Vielmehr kommt jede mediale Form, jedes Erzählte dann bei den Empfängern an, wenn es etwas auslöst und im Gedächtnis bleibt. Es braucht in sich eine dramaturgische Stringenz hat, in der das eine auf dem anderen aufbaut. Dann gelingt es, den Leser, Hörer oder Betrachter mitzuziehen und zu fesseln. Im Kopf des Gegenübers werden Bilder erzeugt und beispielsweise abstrakte Produkte mittels der Geschichten von Menschen greifbarer gemacht. Dazu sind die unterschiedlichsten medialen Formen möglich – Bild, Ton, Text, Bewegtbild –, die sich über verschiedene Medien und Plattformen hinweg ergänzen.

---

81 Rose, Robert: What's Next for Content Marketing? You, https://contentmarketinginstitute.com/2014/12/whats-next-content-marketing/

Originaltext: »It seems clear now that the evolution of marketing will move beyond the goal of simply creating a customer – in fact, creating a customer will simply be table stakes for most marketing organizations. The new objective for marketing will be to evolve customers, from unaware all the way to a brand-subscribing advocate. And content-driven experiences will be the natural-selection process that moves the customer along.« (Übersetzung aus dem Englischen von Peter Sass).

!   **Was das Storytelling braucht**[82]

Gesichter: Jede Geschichte braucht Protagonisten – sonst ist es keine Geschichte. Personenmarken und Markenbotschafter spielen also eine wichtigere Rolle als je zuvor. (Allerdings gibt es auch Geschichten, die ganz ohne menschliche Helden funktionieren.)

Roter Faden: Jede Geschichte hat einen Startpunkt und einen Endpunkt. Das gilt in der Literatur ebenso wie für die Unternehmenskommunikation.

Dramaturgie: Eine bloße Handlungsabfolge ist noch keine Geschichte. Erst durch den Plot, die Handlungszusammenhänge, wird aus der Abfolge von Ereignissen eine Story.

Erzählziel: Geschichten erzählt man nicht einfach so. Sie haben eine Moral, ein Erzählziel, ein erkenntnisleitendes Interesse. Sie tragen einen Nutzen für den Zuhörer, Leser oder Zuschauer in sich. In der Unternehmenskommunikation gibt es zugleich immer ein Konversionsziel, eine gewünschte nächste Handlung. Diese kann aus einer konkreten Aktion bestehen, etwa einer Weiterempfehlung oder einem Kauf, oder aus einer Meinungsänderung, einem Imagegewinn oder einer gestärkten persönlichen Bindung an die betreffende Marke.

Noch viel zu wenig denkt meiner Ansicht nach das Storytelling in digitalen Zeiten der Many-to-many-Kommunikation in Geschichten, die sich zwischen Menschen entwickeln, synchron, asynchron, diachronisch. Immer noch lassen sich spannende Geschichten erzählen, denen andere lauschen oder die sie sich anschauen. Doch zu wahrem Leben erwachen selbst diese erst, wenn andere sich auf sie beziehen, konträre Auffassungen darstellen oder sie weiterspinnen. Storytelling-Ansätze beziehen sich heute also auf die Community, für die sie gedacht sind. Dazu müssen sie die Bedürfnisse der User berücksichtigen und für diese einen Handlungsimpuls in sich tragen. *User Generated Content* spielt also eine immer größere Rolle in der integrierten Kommunikation, und auch bezüglich der selbst erzählten Geschichten sollten Unternehmen heute plattformübergreifend denken.

Unternehmensgeschichten auf der eigenen Website erzählen

»Gegründet neunzehnhundertirgendwas, dies sind die Geschäftsführer, und hier finden Sie die Produkte«: Websites, die auf solche sachlichen Aussagen reduziert sind, schaffen wenig Aufmerksamkeit und kaum Bindung. Wenn es jedoch gelingt, die sachlichen Fakten mit Bildern emotional anzureichern sowie sachlichen Bildern eine eigene Ästhetik zu verleihen, dann beginnt bereits das Storytelling. Je nach Branche bieten sich Bilder eher als erzählerische Analogien an – etwa symbolische Fotos von etwas ganz anderem, das aber zur Unternehmensstory passt. In anderen Firmen geben die Bilder aus dem Unternehmen, aus dessen Räumlichkeiten, von Produkten oder Events selbst etwas her, um die Story zu illustrieren.

---

82   Diese Überlegungen finden Sie auch in meinem Online-Magazin PR-Doktor unter https://www.kerstin-hoffmann.de/pr-doktor/storytelling-geschichten-produkte-unternehmen-b2b/

Doch wenn wir das Prinzip der Story noch stärker abstrahieren, dann hat jede Website ihre Story, ihre innere Logik. Dies ist der rote Faden, die Dramaturgie, welche den Besucher über die Website leitet.

Unternehmensgeschichten im Corporate Blog erzählen

Fachwissen darstellen und Produktnews zu veröffentlichen ist eine Sache. Kontinuierlich aus einem Unternehmen und der Welt darum herum so zu berichten, dass komplexe Erzählstränge entstehen, ist eine andere. Idealerweise gibt es im Kommunikationskonzept eine ausgeschriebene Kernstory des Unternehmens, auf die sich alle weiteren Geschichten beziehen. Je nachdem, wie komplex das Storytelling angelegt ist, können sich mehrere Stränge parallel entwickeln. Alle Mittel des direkten und indirekten Erzählens bieten sich an. Auf diese Weise gewinnen beispielsweise Charakterisierungen an Glaubhaftigkeit gegenüber reinen Selbstaussagen.

Erzählung und Dramaturgie innerhalb der einzelnen Stücke entwickeln

Im Grunde befasst sich gesamte Gebiet der Contentstrategie und auch im Speziellen des Content-Marketings damit, wie es gelingt, Inhalte zielgruppengerecht zu vermitteln.[83] Oft geht es dabei nicht um erzählte Geschichten im eigentlichen Sinne, sondern um die innere Dramaturgie in den jeweiligen einzelnen Stücken. In einer Bildunterschrift, in einer 140-Zeichen-Twitter-Nachricht, im Titel eines YouTube-Videos eine Story anklingen zu lassen, die sich dann im Kopf des Empfängers weiterentwickelt: Das entscheidet darüber, wie sich ein Inhalt weiterverbreitet, über Reichweite und Sichtbarkeit. Nicht jeder Geschichte ist mit einer plakativen Headline am besten gedient. Wer nur auf Zugriffszahlen schaut, vergisst, dass es darum geht, die Leser (Zuschauer, User) auch bis zum vorläufigen Ende der Geschichte zu halten. Storytelling bedeutet, in jeder Form eine Geschichte konsequent durchzuerzählen. Storytelling in digitalen Zeiten gelingt aber erst dann, wenn es zur Interaktion motiviert, wenn es Schnittstellen zu den Geschichten in der Community liefert, wenn es Reaktionen hervorruft. Dies bedeutet aber zugleich, dass gute Geschichten auch etwas wagen müssen, um zu polarisieren. Wer nur auf Zustimmung aus ist, hat in den Dialogen des digitalen Zeitalters wenig Chancen, sich mit den eigenen Inhalten zu behaupten.

Geschichten im Unternehmen und in der Community finden

Anhand von Protagonisten erhalten abstrakte Sachverhalte menschliche Gesichter. Geschichten finden sich im Unternehmen selbst. Die besten Storys rund um eine Marke finden sich jedoch häufig bei den Stakeholdern und nicht im rein selbstreferentiellen Erzählraum eines Unternehmens. Wenn Stakeholder zu Markenbotschaftern werden oder Geschichten rund um ein Unternehmen erzählen, dann wird es glaubhaft für alle anderen. Darüber hinaus holen sich große Unternehmen bekannte Testimoni-

---

83 Vgl. Eck, Klaus/Eichmeier, Doris: Die Content-Revolution im Unternehmen (Haufe 2014).

als hinzu, die ihre eigene Community mitbringen und die Unternehmensgeschichte anreichern. Die Geschichten im Netzwerk zu finden und diese mit den eigenen Unternehmensgeschichten zu verknüpfen, das stellt die eigentliche Aufgabe des Storytellings in digitalen Zeiten dar.

Die Community (weiter-)erzählen lassen

Menschen interessieren sich für Geschichten. Aber sie wollen vor allem auch selbst von sich erzählen. Storytelling im digitalen Zeitalter ist nicht nur *One to Many*, nicht nur Einbahnstraßen-Kommunikation. Lassen Sie Ihre Stakeholder Ihre Geschichten mitschreiben. So erfahren Sie zugleich mehr über Ihre Interessenten und finden die Geschichten, die Ihre Wunschempfänger interessieren. Mittels Interaktion in sozialen Netzwerken schaffen Sie über alle Medien hinweg einander verstärkende Mechanismen. Typische Beispiele für *User generated Content* sind beispielsweise Tweets zu einem Hashtag, eigene Videos oder Fotos auf Instagram, aber auch Postings und Kommentare etwa auf der Facebook-Pinnwand einer Unternehmens-Fanpage. Letztere können nur gelingen, wenn sich in Unternehmen das Bewusstsein durchsetzt, dass Diskussionen auch kontrovers sein dürfen und müssen. Ein Unternehmen, das Kritik aushält und offen damit umgeht, leistet in den meisten Fällen mehr für das eigene Image und erfährt viel mehr über die eigenen Stakeholder als eines, das noch den alten Paradigmen PR-gesteuerte Inhaltserstellung nachhängt.

!

5 typische Fehler im Storytelling – und wie man sie vermeidet

- **Fehler #1:** Geschichten erzählen, ohne sich zuvor auf strategische Ziele auszurichten. *So geht es besser:* Begreifen Sie die Geschichte nicht als Selbstzweck, sondern planen und erstellen Sie Inhalte immer im größeren Zusammenhang der Content-Marketing-Strategie. Eine Geschichte ist nicht im Sinne Ihrer professionellen Kommunikation interessant, nur weil es sich um eine Geschichte handelt. Die Erkenntnisse, die sich daraus gewinnen lassen, sollten wiederum auf Ihre Kommunikationsziele einzahlen. Es muss immer erkennbar sein, was die Story mit Ihrer Firma oder Ihren Produkten zu tun hat.
- **Fehler #2:** Weitschweifige Märchen erzählen, für die niemand Zeit hat. *So geht es besser:* Kommen Sie zum Punkt. Setzen Sie sich ein Erzählziel. Setzen Sie Symbole und Metaphern sparsam ein und im Hinblick auf das Erzählziel und die Kommunikationsziele.
- **Fehler #3:** Nur von sich selbst erzählen. *So geht es besser:* Gehen Sie vom Empfänger bzw. Gesprächspartner aus und behalten Sie den Blick auf dessen Bedürfnissen und Interessen. Erzählen Sie beispielsweise Geschichten, die mit den Problemstellungen und der Realität von Anwendern zu tun haben. Wenn Sie Geschichten aus dem eigenen Unternehmen erzählen, fragen Sie sich ebenfalls, inwieweit diese für den Leser oder die Zuschauer interessant sind.
- **Fehler #4:** Bemüht humorvoll auftreten, ohne dass das Erzählziel dies rechtfertigt. *So geht es besser:* Jedes Stilmittel ist nur so gut, wie es zum Erzählziel beiträgt. Das gilt nicht nur für Metaphern, sondern auch für Witze. Humorige Formen gehören zu den schwierigsten texterischen und auch – wenn wir an Videos denken – darstellerischen

Formen. Ironie im Speziellen ist gerade im Internet oft sehr schwer zu vermitteln und kann leicht missverstanden werden. Daher ist bei allen witzigen, parodistischen oder ironischen Formen besondere Vorsicht gefragt, und das Handwerkszeug sollte exzellent beherrscht werden.

- **Fehler #5:** Etwas so machen, weil alle es so machen.
  So geht es besser: Wenden Sie bestimmte Stilmittel nicht einfach an, weil ein Mitbewerber es ebenfalls so macht. Jedes Unternehmen sollte seinen ganz eigenen Stil entwickeln. Nur weil jemand anders mit einer bestimmten Form erfolgreich ist, heißt dies noch nicht, dass diese auch zu Ihrer Kommunikation passt. Seien Sie im Zweifel lieber Vorreiter mit dem Mut zum Ausprobieren als Nachmacher von schon allzu oft Gesehenem und Gehörtem.

Lesetipp   !

Hoffmann, Kerstin: Storytelling: Wie man die Geschichten hinter den Produkten entdeckt. 40+ Fragen für erfolgreiches Storytelling in B2B-Unternehmen. https://www.kerstin-hoffmann.de/pr-doktor/storytelling-geschichten-produkte-unternehmen-b2b/
Hoffmann, Kerstin: »Erfolgreiches Storytelling im B2B und in der produzierenden Industrie«. Kostenloses E-Book unter: https://www.kerstin-hoffmann.de/pr-doktor/e-book-storytelling/

4.15   Suchmaschinenoptimierung: Sichtbarkeit entscheidet über Erfolg

Suchmaschinenoptimierung, kurz SEO, ist eine eigene, sehr umfassende Disziplin innerhalb des Online-Marketings, die seit ihrem Entstehen ständig großen Veränderungen unterworfen ist. Sehr vereinfacht ausgedrückt könnte man sagen, dass sich Suchmaschinen in den Anfängen des Internets mittels des Vollstopfens von Seiten mit bestimmten Stichworten oder sehr vielen Backlinks austricksen ließen. *Linkbuilding*, also der Aufbau möglichst vieler Verweise anderer Seiten auf die eigene Website, hat heute an Bedeutung verloren. Die Google-Entwickler arbeiten ständig daran, die Suchalgorithmen immer weiter auch in der qualitativen Bewertung so zu verfeinern, dass sie *wie* Menschen beziehungsweise *für* Menschen finden. In vielen Branchen, gerade im Consumerbereich, gilt: Wie gut eine Website einer Unternehmung auffindbar ist oder nicht, entscheidet längst mit über den (wirtschaftlichen) Erfolg. In bestimmten Massenmärkten entscheidet ein Platz höher oder niedriger auf den Google-Ergebnisseiten über sehr hohe Beträge bei den Einkünften. Doch längst ist Google nicht mehr die einzige Plattform, auf der Suchmaschinenrelevanz erzeugt werden muss. Gesucht wird vielfach direkt auf YouTube (das allerdings zu Google gehört), auf Plattformen wie Pinterest oder Instagram per Stichwortsuche oder Hashtag, in Einkaufsportalen wie Amazon oder auf Hotelbuchungsportalen.

In den Literaturempfehlungen am Schluss dieses Kapitels finden Sie gute Quellen, um das Thema Suchmaschinenoptimierung zu vertiefen. An dieser Stelle zusammengefasst einige Grundregeln, auf die Sie in puncto SEO innerhalb Ihrer Content-Marketing-Strategie achten sollten.

Regel 1: Fallen Sie nicht auf zweifelhafte Angebote herein

Bis heute gibt es Anbieter, die gerade mittelständische Unternehmen überwiegend per Telefonakquise, aber auch mit Anzeigen und E-Mails ködern, und meist ein- und dasselbe versprechen: Dass mit einer einmaligen Maßnahme die Firmen-Website sozusagen für immer »auf Platz 1 bei Google« zu finden sei. Hierbei gibt es verschiedene Aspekte zu beachten.

Zum einen stimmt es zwar, dass man beim Aufbau und auch beim weiteren Betrieb einer Seite bestimmte grundlegende Mechanismen und technische Aspekte beachten muss (siehe dazu auch Regel 2). Doch einmalige strukturelle Vorkehrungen bilden nur die Voraussetzung für die weitere Suchmaschinenoptimierung. Moderne Content-Management-Systeme sind heutzutage bereits technisch so optimiert, dass hier vergleichsweise wenig Arbeit erforderlich ist. Zudem gibt es *den* Platz 1 bei Google überhaupt nicht. Es kommt immer darauf an, wer was wann, wo und wie oft sucht.

Ebenso verhält es sich mit dem heute immer noch häufig praktizierten Aufbau massenhafter Links. Im Gegenteil: Massenlinks von Seiten, die Google als unseriös bewertet, schaden oft mehr als sie nützen würden. Dennoch gelingt es einigen Anbietern immer noch, Geld mit solchen Backlinks zu verdienen. Fallen Sie nicht darauf herein!

Regel 2: Achten Sie auf Struktur und Keywords

Auch wenn ein modernes Content-Management-System von sich aus schon viele suchmaschinenoptimierte Merkmale aufweist, so gibt es dennoch eine ganze Reihe von handwerklichen Regeln, die man beim Aufbau einer Seite und bei der Erstellung von Content in suchmaschinentechnischer Hinsicht beachten muss. Google selbst leistet in eigenen Publikationen und in den Webmaster-Tools dazu Hilfestellung. Auch hier geht es also nicht darum, Suchmaschinen auszutricksen, sondern sie im Gegenteil so zu beliefern, dass sie mit den gefundenen Inhalten gut umgehen können. Dazu gehören in der *On-Page*-Optimierung, also Optimierung innerhalb der eigenen Webpräsenz, beispielsweise eine saubere Struktur und eine eindeutige Zuordnung. *Usability* ist ebenfalls ein wichtiges SEO-Thema. Auch die Zeit, die eine Website braucht, bis sie geladen ist, oder die mobile Verfügbarkeit entscheiden heute in großem Ausmaß darüber, für wie relevant Google die jeweilige Seite hält.

Auch nimmt ein suchmaschinenoptimiertes CMS nicht die Keyword-Recherche und den Einsatz der richtigen Keywords ab. Wer Inhalte für bestimmte Zielgruppen auffindbar machen will, muss wissen, wonach diese Zielgruppen suchen, um die richtigen Begriffe zu wählen. Hier lohnt es sich also, einen Spezialisten hinzuzuholen, sofern dieser nicht im eigenen Haus vorhanden ist.

Regel 3: Setzen Sie Reichweite nicht über alles

Auch wenn die Suchmaschinenoptimierung für die Auffindbarkeit der Website eine entscheidende Rolle spielt: Die Platzierung auf den Google-Ergebnisseiten sagt noch nichts darüber aus, ob die Suchenden auf Ihren Seiten auch das vorfinden, was sie erwarten beziehungsweise gebrauchen können. Wenn nicht Traffic – also möglichst viele Klicks – das Ziel einer Contentstrategie sind, dann müssen die aufgefundenen Inhalte die User überzeugen. Wer Empfehler sowie Kunden gewinnen will, muss dafür sorgen, dass die Richtigen das Angebot finden, dort verweilen und letztlich die gewünschte Handlung ausführen.

Hinzu kommt: Auch Google bewertet Inhalte nicht nur quantitativ, sondern auch qualitativ. Das bedeutet: Die Suchmaschine erkennt, wie gut eine gesamte Präsenz sich auf ein Thema fokussiert, wie userfreundlich Inhalte organisiert sind und ob ein Text für echte Leser geschrieben ist.

> Wer wertvolle Inhalte für die gewünschten Zielgruppen publiziert, betreibt damit schon ziemlich gute Suchmaschinenoptimierung.

Wer für Menschen publiziert, diesen abwechslungsreiche Inhalte in unterschiedlichen Formen darbietet und dabei einige technische Regeln beachtet, betreibt also damit allein schon Suchmaschinenoptimierung. Diese allgemeine Aussage allerdings enthebt Sie nicht der Notwendigkeit, sich mit dem Thema in Ihrem eigenen speziellen Fall genau auseinanderzusetzen und auch dauerhaft am Ball zu bleiben. Eine enge Verknüpfung mit der dauerhaften Erfolgsmessung, dem Monitoring, ist unerlässlich, auch was Kurskorrekturen und Änderungen angeht.

Lesetipp

Beilharz, Felix: Crashkurs Social.Local.Mobile-Marketing – inkl. Arbeitshilfen online (Haufe 2017).
Erlhofer, Sebastian: Suchmaschinen-Optimierung: Das umfassende Handbuch (Rheinwerk 2018).
Aufgesang: Online Marketing Blog, siehe https://www.sem-deutschland.de/blog/
Die besten Keyword-Tools zur Recherche von Suchbegriffen, t3n, siehe https://t3n.de/news/keyword-tools-besten-479112/

4.16 Monitoring und Erfolgsmessung: Daten erheben und bewerten

Jede Strategie braucht Messwerte. Nur so kann man kontrollieren, ob und in welchem Ausmaß sie den gewünschten Erfolg bringt beziehungsweise auf den richtigen Weg zu den gesetzten Zielen führt. Das gilt natürlich auch für die Unternehmenskommunikation. Gerade im digitalen Bereich kann man schon sehr früh anhand vieler Parameter messen, ob der eingeschlagene Weg richtig ist und die Maßnahmen Wirkung zeigen. Auf dem Weg zur Messung anhand eines übergeordneten *Key Performance Indicators* (KPI), etwa einer bestimmten Umsatz- beziehungsweise Gewinnsteigerung oder der Erschließung eines neuen Kundensegments, gibt es sehr viele, sehr feine Indikatoren für den Erfolg einer Gesamtstrategie und deren Teilmaßnahmen. Dazu muss man zunächst die KPI definieren sowie die Messmethoden festlegen.

Gerade in sozialen Netzwerken hängt die Erfolgsmessung sehr eng mit dem Gesamtmonitoring zusammen. Indem ich überwache, was, wie und wie oft über mein Unternehmen sowie über relevante andere Themen gesprochen wird, kann ich zum einen meine Contentstrategie weiter voranbringen. Ich erkenne, wo Krisen und Probleme drohen. Ich kann drohende Fehlentwicklungen absehen. Ebenso kann ich aber zugleich den Erfolg meiner eigenen aktiven Kommunikation messen. Dass Letzteres nicht rein quantitativ erfolgen kann, sollte einleuchten. Über ein initiales und dann dauerhaftes Monitoring, vor allem in Bezug auf die eigene Marke, haben wir bereits gesprochen. Hier geht es nun schwerpunktmäßig um die Erfolgsmessung, auch wenn diese natürlich vom Gesamtmonitoring und von der Marktbeobachtung nicht abzukoppeln ist.

Ein reines Social-Media-Monitoring ist sinnlos, wenn es sich nicht in die Gesamtstrategie einfügt und auf diese bezieht. Integrierte Kommunikation, die sich über verschiedene Medien und Bereiche erstreckt, kann nicht monokausal auf eines davon zurückgeführt werden. So können Entrüstungswellen im Web sich auf reale Missstände beziehen. Diskussionen in Printmedien können sich im Digitalen fortsetzen, und umgekehrt. Jedoch sind Onlinemedien hervorragend dazu geeignet, sehr viel schneller als über traditionelle Wege erste Indikatoren für Entwicklungen zu liefern. Steigende oder sinkende Zugriffszahlen im Corporate Blog sind schneller ermittelt als Presse-Clippings und Reaktionen auf Pressemitteilungen oder der *Return on Investment* einer Print-Werbekampagne. Entscheidend ist jedoch auch hier, nicht einen bestimmten Parameter zu verabsolutieren. Wie auch bei klassischen Medien bringt erst die Beobachtung über einen längeren Zeitraum wirklich valide Ergebnisse. Doch Trends zeichnen sich oft schon sehr frühzeitig ab.

Gutes Monitoring berücksichtigt immer sowohl harte als auch weiche Faktoren. Es ist immer einmal wieder zu lesen, dass der wahre ROI im Social Web in Menschlichkeit bestehe, weil es darum gehe, Beziehungen aufzubauen. Das stimmt einerseits, aber dies als Begründung dafür zu verwenden, kein Monitoring zu betreiben oder gar um die Behauptung zu stützen, man könne in der digitalen Kommunikation nicht »hart« messen, halte ich für verfehlt. Es stimmt: In sozialen Netzwerken geht es mehr denn je darum, mit Menschen in Beziehung zu treten. Jede gute Kommunikation hat seit jeher Beziehungen aufgebaut und gepflegt. In digitalen Zeiten hat sich in der Art und Weise noch einmal viel verändert; etwa in Bezug auf den Paradigmenwechsel von der One-to-many- zur Many-to-many-Kommunikation. Veränderte Vorzeichen und andere Werkzeuge schließen aber ein strategisches Handeln nicht aus, zu dem eben auch umfassendes Monitoring und Erfolgsmessung gehören.

Während das Konzept *top-down* angelegt ist, zeigen sich die Erfolge *bottom-up*.

Der Weg geht immer von den übergeordneten strategischen Zielen mit deren KPI zu den Teilstrategien und deren Messwerten. All dies muss zu Beginn der Strategie festgelegt werden. Modifikationen sind im weiteren Verlauf wahrscheinlich erforderlich. Dazu braucht es ein übergeordnetes Konzept sowie Teilkonzepte, die alle Werte abbilden und zueinander in Relation setzen. Während das Konzept *top-down* angelegt ist, also von den übergeordneten KPI zu den Teil-Zahlen, zeigen sich die Erfolge *bottom-up*, also vom Kleinen zum Großen. Zuerst steigen beispielsweise die *Social Shares* zu einem Blogbeitrag an. Dann wachsen die Zugriffszahlen auf der eigenen Plattform an. Dies führt wiederum zu einer größeren Zahl von Kontakten im Geschäftsleben. Aus Interessenten werden Kunden, und damit steigen die Umsatzzahlen. Dies ist eine sehr vereinfachte Darstellung eines Prozesses, aber sie zeigt, worum es geht.

Um ein umfassendes Bild zu gewinnen, muss man jedoch aus den vieler verschiedenen Messwerten auswählen und Prioritäten setzen. Eine typische Kennzahl ist etwa die Anzahl der Fans oder Follower in einem sozialen Netzwerk, ebenso wie deren Aktivitäten in Bezug auf die eigenen Aktivitäten. Man kann die Besucherzahlen auf der Website messen. Die Position in Suchmaschinen unter festgelegten Bedingungen ist ein weiterer *Key Performance Indicator*. Weitere entscheidende KPI sind beispielsweise die Zahl der gewonnenen Leads und dann natürlich Verkaufs- und schließlich Gewinnzahlen.[84]

Für die Erfolgsmessung muss jemand alle erhobenen Werte auf jeder Ebene jeweils qualitativ einordnen. So sind reine Zahlen wie etwa Twitter-Follower oder Fans einer Facebook-Seite wenig aussagekräftig, wenn durch diese weder Interaktion noch *Conversion* stattfindet – schon allein deswegen, weil sie mit einfachen Tricks schnell zu

---

84   Vgl. auch: Kopp, Olaf: Die digitale Marke/Autorität: Bedeutung für SEO & Online Marketing und Kennzahlen, https://www.sem-deutschland.de/seo-tipps/die-digitale-markeautoritaet-bedeutung-fuer-seo-online-marketing-merkmale-kennzahlen/

steigern sind; von Fan-Käufen, die nun gar nicht zu empfehlen sind, einmal ganz abgesehen. Entscheidend ist eben nicht, *wie viele* folgen, sondern vor allem, *wer*. Ein einfaches Beispiel für die Betrachtung, die über Zahlen hinausgeht, sind *Retweets* und Erwähnungen bei Twitter. In der Zahl sagen sie etwas über die Resonanz auf meine eigenen Aktivitäten aus. Indem ich sie quantitativ in Relation zu meinem Aufwand setze, habe ich einen von mehreren Messwerten, um den (Teil-)ROI zu ermitteln. Doch die Zahlen reichen dazu allein, wie gesagt, nicht aus. So könnte ich beispielsweise in einer Sentiment-Analyse unterscheiden, wie der Tenor dieser *Retweets* und *Mentions* ist, ob sie also überwiegend eher positiv, eher negativ oder neutral ausfallen. Zugleich erkenne ich auf diese Weise, welche meiner Botschaften besser als andere ankommen, mit welchen Formen und Inhalten ich in Relation zu den anderen die beste Resonanz erzeuge. Selbst für den als Beispiel genannten Teilbereich Twitter bleibt die Analyse hier nicht stehen. Häufig ist der für mich wirklich relevante KPI die *Conversion*: Wie viele User folgen meinem Link auf die eigene Website und führen die dort vorgesehene Handlung aus, etwa ein Kauf oder ein Newsletter-Abonnement.

Mittlerweile gibt es unzählige Anbieter von umfassenden Social-Media-Monitoring-Werkzeugen[85], die auch eine qualitative Bewertung erlauben. Die meisten davon sind kostenpflichtig wie etwa Buzzrank. Social-Media-Dashboards wie Hootsuite erlauben nicht nur Monitoring, sondern bieten auch Auswertungsmöglichkeiten an. Plattformen wie Facebook liefern selbst umfassende Statistiken. Doch auch diese muss man einordnen und bewerten können. Hinzu kommt: Selbst eine noch so umfassende einzelne Plattform kann immer nur einen Teil des Gesamtmonitorings ausmachen. Die detaillierteste Auswertung ist darüber hinaus wertlos, wenn nicht klar ist, welche Konsequenzen sich aus ihren Ergebnisse für das weitere eigene Vorgehen ergeben.

> **!   Lesetipp**
>
> MonitoringMatcher. Magazin rund um digitales Monitoring. Siehe https://www.monitoring-matcher.de

4.17   *Conversion*: Der Verkauf findet am *Point of Sale* statt

Es geht in der Kommunikation in digitalen Zeiten mehr denn je darum, echte Beziehungen zu und zwischen Menschen herzustellen. Es geht darum, kritische Massen zu erreichen, Aufmerksamkeit und Sichtbarkeit zu erzielen. Es stellt kein strategisches Unternehmensziel dar, möglichst viele Fans für ein Profil oder eine Fanpage zu gewinnen oder einfach nur möglichst viele User auf die eigene redaktionelle Plattform zu

---

85   Lincoln, John: The Big List: 80 Of The Hottest SEO, Social Media & Digital Analytics Tools For Marketers, https://marketingland.com/80-hottest-seo-social-media-digital-analytics-tools-marketers-112446

locken. Wenn das Ziel nicht Online-Verkauf ist, sind die Schnittstellen in die physische Welt letztlich entscheidend, damit sich die Unternehmens- und Umsatzziele verwirklichen. Es geht also darum, aus Beziehungen und Empfehlungen wirkliches Geschäft zu generieren. Dazu muss eine Teilgruppe der User als Kunden gewonnen werden. Ebenso lassen sich die Schnittstellen auch in der entgegengesetzten Richtung nutzen, um physische Begegnungen und Geschäftsbeziehungen in der digitalen Welt weiter zu pflegen und zu verstärken.

Vereinfacht dargestellt, verläuft der Kaufprozess im Content-Marketing folgendermaßen:

- Aus den Unternehmenszielen und dem Wissen im Unternehmen heraus entstehen Inhalte.
- Diese Inhalte werden so umgesetzt, dass sie einen erkennbaren Nutzen für eine bestimmte Bezugsgruppe bieten.
- Das führt dazu, dass die Bezugsgruppe die Inhalte weiter verteilt.
- Auf diese Weise entstehen Sichtbarkeit und Reichweite.
- Dadurch finden Interessenten über soziale Netzwerke zu den eigenen Seiten eines Unternehmens im Web.
- Wenn die Seiten und Inhalte sie überzeugen, wird ein Teil der Interessenten zu potentiellen Kunden.
- Diese potentiellen Kunden nehmen Kontakt mit dem Unternehmen auf.
- Wenn der Kontakt zum Unternehmen sie überzeugt, kaufen sie.
- Wenn sie mit dem Produkt und dem Service zufrieden sind, sprechen sie – auch in sozialen Netzwerken und auf Bewertungsplattformen – positiv über das Unternehmen und empfehlen es weiter.

An allen diesen strategisch wichtigen Punkten im Verkaufsprozess muss die jeweilige Kommunikation den Bedürfnissen der Empfänger entsprechen, damit sie nicht vorzeitig abspringen. Das beginnt beim ersten Kontakt mit einer Marke, und es hört nach dem eigentlichen Kaufvorgang noch lange nicht auf. Wie und warum, das haben wir in den vorigen Kapiteln ausführlich betrachtet. Doch der ganze Prozess führt nur dann zum eigentlichen Abschluss, er ist nur dann etwas wert, wenn an der Schnittstelle zum *Point of Sale* kein inhaltlicher Bruch entsteht. Denn was das Content-Marketing an Kaufinteresse auslöst, das muss dennoch beim Erstkontakt vom Vertrieb oder vom Verkaufspersonal erst noch in einen Kaufprozess umgewandelt werden.

Möglicherweise haben bereits viele Kaufinteressenten bei Ihnen angerufen, Ihnen gemailt oder Sie bei Facebook angeschrieben. Aber Sie haben sie gar nicht als solche erkannt. Oder Sie haben Kritiker abgewiegelt, aus denen, hätte man deren Feedback konstruktiv genutzt, loyale Community-Mitglieder und sogar Käufer hätten werden können. Nur wer das Vertriebshandwerk beherrscht, ist auch in der Lage zu erkennen, ob und wann jemand kaufen will. Dazu braucht man nicht unbedingt e n separates

Vertriebsteam. Aber wenn es um Content-Marketing und Handlungsimpulse geht, dann muss derjenige, der sich selbst überzeugt hat und nun kaufen will, auch auf kurzem Weg seinem Kaufwunsch nachkommen können. Daher sollte die Kontaktführung für Kaufinteressenten zielstrebig in den Vertriebsprozess leiten. Ob aus Erstkunden zufriedene Kunden werden und aus diesen Empfehler, die zu einem Teil der Community werden und wiederum Empfehlungen weitertragen: Darüber entscheidet die Kundenkommunikation ebenso wie die Qualität des eigentlichen Produktes. Die Kommunikation kann alleine nichts erreichen, was das eigentliche Angebot nicht zu leisten vermag.

Erkennen Sie alle Kaufinteressenten?

Im Übrigen darf natürlich der Fokus auf den Vertriebsweg nur einer von mehreren sein. Sie dürfen zugleich diejenigen Ihrer potentiellen Empfehler nicht vergessen, die andere Bedürfnisse haben als die direkten Käufer. Denn diese Multiplikatoren wollen es ebenso leicht haben, Ihren Content zu teilen, ohne sich unversehens in einem von ihnen gar nicht gewünschten Vertriebstrichter zu landen.

Klare Prozesse und gute Benutzerführung ermöglichen beides. Wenn es anfangs oder dauerhaft mit der einen oder anderen Seite nicht so gut klappt, dann kann dies verschiedene Ursachen haben. Im Folgenden habe ich die häufigsten aufgezählt.

4.18 Resonanz: Typische Defizite identifizieren und beheben

Sie haben sich mit allen Aspekten der Contentstrategie befasst und eine solche für Ihr Unternehmen auf den Weg gebracht. Doch obgleich Sie in einem eigenen Onlinemagazin, einem Corporate Blog hochwertiges Wissen rund um das eigene Fachgebiet teilen, bleibt die gewünschte Resonanz weitgehend aus? Dann sollten Sie sich auf Fehlersuche begeben. Denn oft starten Firmen sehr ambitioniert neue Onlinemagazine oder Corporate Blogs. Sie stellen regelmäßig Inhalte ein. Sie sind überzeugt, dass sie damit ihre Zielgruppe entsprechend deren Bedürfnissen abholen. Doch selbst nach geraumer Zeit bleiben die Auswirkungen auf Umsatz und Gewinn weit hinter den Erwartungen zurück. Eingesetzter Aufwand und Ertrag stehen auch nach einer großzügig bemessenen Phase der Anfangsinvestitionen in keiner wirtschaftlich vertretbaren Relation. Die Ursache liegt vielleicht in einem oder mehreren der folgenden Defizite in den verschiedenen Bereichen. So könnten Sie sie aufspüren und beheben:

Defizit 1: Die Leistung oder Positionierung stimmt nicht
Der Content kann noch so wertvoll und zielgruppengerecht aufbereitet sein, die Onlinepräsenzen noch so gut gepflegt: Wenn das Unternehmen in seinem Kerngeschäft nicht performt, wenn also die eigentliche Leistung nicht stimmt oder das Pro-

dukt mittelmäßig ist, dann kann die Kommunikation das auch nicht beheben. Doch meistens fehlt es tatsächlich nur an der klaren Positionierung, und der Prozess der bewussten Markenbildung wurde nicht gründlich genug vollzogen. Sprich: Das Produkt stimmt zwar, und die bereits vorhandenen Kunden sind mit der Beratung sehr zufrieden. Doch das lässt sich medial nicht gut genug erkennen. Inhalte, die beispielsweise etwas verkaufen sollen, kann nur jemand produzieren, der weiß, was genau er verkaufen will, an wen genau und mit welchem Kundennutzen. Arbeiten Sie an der Positionierung!

Defizit 2: Die Unternehmensstrategie ist nicht integriert

Selbst wenn sicher ist, dass die Unternehmensstrategie stimmt und wenn die Positionierung klar erkennbar durch alle Kommunikation hindurchscheint, kann es vorkommen, dass die Content-Marketing-Strategie keine erkennbaren Erfolge hervorbringt. Der Grund könnte darin liegen, dass sie nicht ausreichend an die Gesamtkommunikation angebunden ist, und zwar in zwei Richtungen: zum einen in Richtung soziale Netzwerke und Community. Denn Sichtbarkeit erzielt nur, wer erreicht, dass sich die Inhalte über die eigene Plattform hinaus verbreiten. Zum anderen könnten auch überzogene Erwartungen an die direkte Verkaufskraft der Inhalte herrschen. Das Content-Marketing dient in den meisten Fällen nicht primär der unmittelbaren Verkaufsförderung. Die Verkaufsprozesse stellen einen eigenen Bereich dar, in dem alles stimmen und aufeinander abgestimmt sein muss, beispielsweise die Benutzerführung vom ersten Kontakt bis zum Abschluss.

Defizit 3: Die Inhalte wirken nicht attraktiv genug

Oftmals herrscht gerade im B2B-Bereich die Ansicht vor, dass fachlich anspruchsvolle Inhalte sprachlich kompliziert umschrieben sein müssten. Tatsächlich wünschen sich User vor allem verständliche Inhalte. Nicht nur die Überschrift und der Teaser müssen dem Adressaten auf den ersten Blick signalisieren, dass sich hier Nützliches für ihn findet. Der weitere Beitrag, ob Text, Bild oder Ton, muss dieses Versprechen auch einlösen. Auch B2B-Themen können Geschichten erzählen und unterhalten.

Die Kunst des Textens ebenso wie des visuellen Erzählens besteht darin, den Leser, Zuschauer, User durch den Content zu führen und seine Aufmerksamkeit zu halten. Gleichzeitig wollen Sie im Content-Marketing nicht nur denjenigen mit umfassenden Informationen versorgen, der von sich aus bereit ist, viel Aufmerksamkeit zu investieren. Sie wollen auch denjenigen erreichen, der wenig Zeit hat und dem Sie das Gefühl vermitteln müssen, dass es sich lohnt, bis zum Schluss dabeizubleiben.

Defizit 4: Die Zielgruppe ist zu eng gefasst

Sie peilen nur direkte Kunden an? Dann greifen Sie wahrscheinlich zu kurz. Wenn sich Ihre hochwertigen Inhalte so weit verbreiten sollen, dass Sie damit eine kritische Masse erreichen, brauchen Sie viel mehr Empfehler unter Ihren Bezugsgruppen als nur potentielle Kunden. Das bedeutet aber auch, dass Ihre Inhalte auch jenen nützen müssen, die niemals in direkten Kontakt mit Ihnen kommen oder gar einen Auftrag erteilen werden.

Defizit 5: Der Bezug zum Portfolio ist zu unauffällig

Sie führen das garantiert umfassendste, nutzwertigste Themenportal zu Ihrem Fachgebiet? Sie bieten jede Menge hochwertige Inhalte, weit über ihr eigenes, abgegrenztes Portfolio hinaus? Aber der Leser sieht nirgends einen eindeutigen Hinweis auf das Unternehmen, das dahintersteht, und auf dessen Portfolio? Dann wird nicht so leicht jemand von selbst auf die Idee kommen nachzufragen. Zugegeben: Gerade in Contentstrategien von Unternehmen ist der Grat zwischen zu viel und zu wenig Eigenwerbung schmal. Diese Grenzbereiche gilt es stets aufs Neue auszuloten. Verabschieden Sie sich auch bitte von der Vorstellung, dass Sie es allen recht machen könnten. Fragen Sie lieber Vertreter Ihrer Hauptzielgruppen einmal persönlich, wie sie Art und Inhalt der Präsentation empfinden. Marktforschung und Erfolgsmessung sind an jedem Punkt unerlässlich.

Defizit 6: Die Eigenwerbung ist zu penetrant

Wie gesagt: Der Grat zwischen zu wenig und zu viel Werbung erweist sich als schmal. Sie sollten selbstbewusst auf Ihr Angebot hinweisen, aber die Werbebotschaften sollten nicht im Zentrum der Content-Marketing-Strategie stehen. Nochmals: Klassische Werbung ist nicht identisch mit Content-Marketing. Häufig findet Eigenwerbung besser beispielsweise in eigens gekennzeichneten Bereichen statt. So bleibt der eigentliche Beitrag reklamefrei, doch der Bezug zu Ihnen als Anbieter geht dennoch nicht verloren. Je nachdem, wie nah Sie Ihre Content-Plattform an die Unternehmenswebsite anbinden, ist ja ohnehin der Bezug zum kommerziellen Angebot deutlich sichtbar. Je unabhängiger jedoch ein Magazin erscheint, je weniger es als reine Firmen-News-Seite aufgebaut ist, als desto höherwertig wird es erfahrungsgemäß bei gleichem inhaltlichen Anspruch wahrgenommen. Wer wirklich gute Leistungen erbringt, hat es in den allermeisten Fällen nicht nötig, allzu plakativ Eigenwerbung im Corporate Blog und in sozialen Netzwerken zu betreiben. Wo eher informative und unterhaltsame Geschichten erwartet werden, schreckt dies eher ab, als dass es Kunden anziehen würde.

Defizit 7: Der *Call to action* ist nicht eindeutig genug

Es gilt als allgemeine und gemeinhin gut funktionierende Regel im Marketing, dass man dem Empfänger signalisieren muss, was er als nächstes tun soll, damit er diese Handlung auch tatsächlich ausführt. Inhalte sollen handlungsauslösend sein, und zwar in zuvor festgelegter Weise. Wenn die Handlungsaufforderung, der *Call to action*, zu unauffällig daherkommt, dann gelingt eben dies manchmal nicht. Im Corporate Blog sieht der *Call to action* allerdings anders aus als in einem Werbemailing. Der beste Handlungsimpuls liegt hier in der Qualität der Inhalte selbst. Wenn Ihr Fachwissen wirklich überzeugt, dann ist das oft schon Anreiz genug, sich damit auseinanderzusetzen und in eine Folgehandlung überzugehen. Dennoch können Sie aktiv darum bitten, einen Beitrag in sozialen Netzwerken zu teilen, wenn dieser gefallen hat. Ebenso werden Abbinder mit Kontaktdaten im richtigen Umfeld und im angemessenen Maß toleriert beziehungsweise dann auch gern zur Kontaktaufnahme genutzt.

Doch umgekehrt könnte Ihr *Call to action* auch zu plump ausgefallen sein und daher die Empfänger eher abstoßen als motivieren. Wenn Sie Ihr Wissen nur verschenken, um gleich eine Gegenleistung in Form eines Kaufs oder Auftrages einzufordern, ohne dass der User bereits seinen Nutzen darin erkennt, wird dies wahrscheinlich nicht so gut funktionieren.

Defizit 8: Der Vernetzungsgrad bleibt zu gering

Arbeit an der eigenen Content-Plattform bedeutet zugleich immer Arbeit an der eigenen Vernetzung. Der Austausch in der Community muss zur Produktion von Inhalten hinzukommen. Es reicht nicht aus, Beiträge oder Videos teilbar zu machen. Die eigene Reichweite sowie die Reichweite derjenigen, mit denen Sie sich über Ihre Profile und Seiten vernetzen, entscheiden wesentlich mit darüber, wie gut und von wie vielen Ihre Inhalte gefunden werden. Wenn aber der unternehmenseigene Twitter-Account ausschließlich auf eigene Publikationen verlinkt oder wenn auf der eigenen Facebook-Seite keinerlei Diskussionen stattfinden, dann hat das nichts mit echter Vernetzung zu tun.

Eine ideale Contentstrategie vernetzt alle Medien und Maßnahmen miteinander. Accounts in sozialen Netzwerken dienen nicht nur der Marktforschung und dem Monitoring, sondern vor allem dem Austausch. Es gibt eine Community, inklusive gut gepflegten Kontakten zu Multiplikatoren und Meinungsbildern. So etwas funktioniert nur in einem Umfeld, in dem alle Beteiligten auf die eine oder andere Weise zur Wertschöpfung in einem Netzwerk beitragen. Monofokale Ansätze, die sich allein auf eigene Inhalte beziehen, sind dagegen in den meisten Fällen zum Scheitern verurteilt, wenn sie nicht einer definierten Zielgruppe einen erkennbaren sehr hohen Nutzen liefern.

Defizit 9: Die Erfolgsmessung findet nicht konsequent statt

Zugegeben: Möglichst viel veröffentlichen und dann den Erfolg daran messen, wie viele Kunden irgendwann kommen, könnte natürlich auch so etwas wie eine Messmethode darstellen. Leider handelt es sich dabei aber um eine ziemlich undifferenzierte Vorgehensweise, die im Fall des Misserfolgs so gut wie keine Ansätze liefert, wo und was geändert werden sollte. Differenzierte Erhebungen dagegen zeigen die Richtung schon lange vorher an, bevor die Erfolge des Content-Marketings sich im Umsatz niederschlagen.

Als Sie mit Ihrer Contentstrategie begonnen haben, haben Sie da zugleich KPI definiert und Messparameter festgelegt? Verfolgen Sie die Statistiken Ihrer Website, haben Sie Alerts gesetzt und fragen Sie neue Kunden ausdrücklich, wie sie zu Ihnen gelangt sind? Können Sie Ihrer Statistik entnehmen, wer welchem externen Link gefolgt ist und was diejenigen sich anschauen? Wissen Sie, welche Inhalte besonders gut laufen? Kennen Sie die Suchwörter, über die Ihre Besucher zu Ihnen finden?

Nur wer von Anfang an umfassende qualitative und quantitative Mess- und Monitoring-Prozesse aufsetzt, gewinnt Anhaltspunkte dafür, wie und warum die eigene Strategie funktioniert, was gut ankommt, was sich am besten verbreitet, was die richtigen Interessenten anzieht. Auch persönliche, stichprobenartige Befragungen innerhalb Ihrer Kernzielgruppe sollten dazugehören. Auf diese Weise gelingt es, die Contentstrategie und das Content-Marketing weiterzuentwickeln und ständig zu verbessern.

Defizit 10: Das Durchhaltevermögen fehlt
Eine letzte Möglichkeit zu erklären, warum Ihre Content-Marketing-Strategie nicht aufgeht, könnte in den selbst gesetzten KPI liegen. Ein Corporate Blog erzielt in der Regel nicht schon wenige Monate, nachdem es gelauncht wurde, große Sichtbarkeit – es sei denn, Sie investieren sehr viel in *Paid Media*. Wer einen Markteintritt plant und dann erwartet, dass das gleichzeitig aufgesetzte Onlinemagazin die gesamte Verkaufsförderung an anderer Stelle ersetzt, liegt leider falsch. Content-Marketing ist nicht gleichbedeutend mit Direktvertrieb. Wenn große Marken als Beleg dafür ins Feld geführt werden, wie schnell mittels Content sehr viel Aufmerksamkeit erzielt werden kann, dann wird oft nur die Spitze des Eisbergs gesehen. Dahinter stecken in vielen Fällen wirklich großer Werbeaufwand, umfassende crossmedial angelegte Kampagnen und riesige Etats. Sehr schnell sehr viel Resonanz zu erzeugen kostet auch in digitalen Zeiten in den meisten Fällen immer noch viel Geld. Es hängt aber auch immer vom Zielmarkt ab, ob eine so hohe Durchdringung eines Gesamtmarktes überhaupt angestrebt werden sollte, erst recht in spezialisierten B2B-Bereichen.

Doch unabhängig von Branche und Marktsegmenten: Wer keine riesigen Summen ausgeben kann oder will, hat gar keine andere Möglichkeit, als auf Nachhaltigkeit zu setzen. Nachhaltige Digital- und eben auch Contentstrategien müssen auf Dauer angelegt sein, und wie jede komplexe Strategie erfordern sie einen langen Atem.

4.19   Ausblick: So klappt es mit Ihrer digitalen Kommunikationsstrategie

Die Einsichten in die Notwendigkeit einer digitalen Kommunikations- und Contentstrategie sind vorhanden. Eine solche Strategie ist erarbeitet worden. Es herrscht Klarheit darüber, welcher Weg eingeschlagen und welche Maßnahmen ergriffen werden sollen. Als mindestens so wichtig wie ein grundsätzliches Umdenken erweist sich aber die kontinuierliche Realisierung Ihrer Contentstrategie. Ein sehr großer Teil der gut strukturierten und ambitioniert gestarteten Kommunikationsprojekte scheitert an der Umsetzung auf Dauer. Die Anbieter bringen die Inhalte nicht wie geplant auf die Straße oder, wenn anfangs doch, dann schaffen sie es nicht, sie dort in kontinuierlicher Qualität zu halten. In sehr vielen Unternehmen zieht nach einer engagierten Einstiegsphase wieder die eingefahrene Alltagsroutine ein. Andere Prioritäten im Tagesgeschäft gewinnen wieder die Oberhand. Die Arbeit am und mit dem Content wird erst aufgeschoben und bleibt dann mehr und mehr ganz liegen. Teammitglieder, die Zusagen nicht einhalten können, entwickeln zwar ein schlechtes Gewissen, leiten daraus aber nicht unbedingt Handlungen ab. Wer die Verantwortung dafür trägt, Inhalte ins Netz und in die Welt zu bringen, fühlt sich zunehmend alleingelassen und hilflos. Am Ende bleibt dann doch wieder alles an der Kommunikationsabteilung hängen, und es wird noch gerade so viel getan, wie irgend nötig und möglich ist.

Warum geschieht das so häufig, und was gehört dazu, dass sich stattdessen dauerhafter Erfolg einstellt?

Führungsebene: Der digitale Wandel muss verinnerlicht sein

Solange der digitale Wandel und dessen Auswirkungen auf die Kommunikation noch nicht wirklich in den Führungsebenen der Unternehmen angekommen sind, fällt es schwer, in diesem Punkt wirklich ein Umdenken anzustoßen. Die Kommunikationsabteilung befindet sich fortwährend in der Rechtfertigung gegenüber der Unternehmensleitung, wenn sie das einmalig erhöhte Budget nun dauerhaft bewilligt bekommen will. Denn sie kann intern oft nur schwer verständlich machen, warum etwa das Corporate Blog nicht kurzfristig unmittelbar in Umsatzzahlen messbare hohe Gewinnzuwächse einspielt.

Alles, was wir in den vorigen Kapiteln besprochen haben, kann hier der Argumentation dienen. Vor allem hilft es zu zeigen, welche KPI lange vor den Umsatzzahlen detaillierte Erkenntnisse über Erfolg und Resonanz liefern. Aber dies gelingt nur dann, wenn eine grundsätzliche Offenheit im Unternehmen und speziell im Führungskreis vorhanden ist.

Mitarbeiterbeteiligung: Erfolgreich ist man nur im Team

Ein weiterer Hauptgrund für ausbleibenden Erfolg kann, genau andersherum, darin bestehen, dass die Führungsebene eine neue Kommunikationsstrategie zwar ambitioniert auf den Weg bringt, dass sie aber nicht alle Beteiligten von Anfang an mit einbindet. Oft erfahren die Verantwortlichen in den einzelnen Abteilungen erst nach der Konzeptionsphase, dass sie zu digitalen Netzwerkern, zu Content-Scouts und Geschichtenerzählern befördert wurden. Dabei hätten sie bereits in der Analysephase identifiziert und mit in die Strategieerarbeitung und Konzepterstellung zumindest punktuell mit eingebunden werden müssen.

So sehr es über den Erfolg entscheidet, wie weit der Chef den Paradigmenwechsel in der Kommunikation mitträgt und hinter dieser steht, so wichtig ist es zugleich, das Team dauerhaft zu motivieren und bei der Stange zu halten. Im Berufsalltag verschleift sich vieles, weil man nachlässig wird, weil die Mitarbeiter sowieso schon zu wenig Zeit haben – oder weil sie auch mit der Zeit vergessen, welchen Sinn das Ganze bietet. Daher muss die Erkenntnis, dass der gemeinsame Erfolg und damit letztlich auch der jeweils eigene Arbeitsplatz von der konsequenten Durchführung abhängen, dauerhaft präsent bleiben.

Ressourcen: Der Aufwand muss auf Dauer durchzuhalten sein

Einer der Hauptgründe für die eingangs genannte Problematik liegt wohl darin, dass das Bespielen eigener und fremder Plattformen innerhalb einer größeren digitalen Kommunikationsstrategie einen erheblichen Aufwand erzeugt. In vielen Unternehmen geschieht strukturell zu wenig, damit dies nicht zu einem dauerhaften, für alle Beteiligten sehr anstrengenden Kraftakt wird. Wissensträger etwa, die hauptberuflich beraten, nun aber auch noch im Firmenblog schreiben, müssen das irgendwie zusätzlich zu ihrer bisherigen Arbeit schaffen. Für eine Übergangsphase, solange die Anfangsmotivation anhält und alle Beteiligten die Vorteile sehr lebhaft im Blick behalten, kann das funktionieren. Es geht auch so lange noch gut, wie es für eine Übergangsphase zusätzliche Budgets auf der einen und personelle Freistellungen für diese Aufgaben auf der anderen Seite gibt. Entfällt dies alles, gelingt es oft dauerhaft nicht mehr, Quantität und Qualität zu halten. Daher ist es so entscheidend, in der Planungsphase alle bisherigen Maßnahmen zu analysieren und zu entscheiden, wo und wie die Budgets umgeschichtet werden müssen.

Es gibt keine Patentlösungen für ein idealtypisches Vorgehen, das in jedem Unternehmen absolut zuverlässig für den Erfolg einer einmal geplanten Strategie sorgen würde. Man muss immer im Einzelfall genau planen. Es braucht dazu eine fundierte Analyse. Es braucht das klare Bewusstsein dafür, dass kurzzeitig zusätzliche Ressourcen gefunden, aber auch auf Dauer Kapazitäten aufrechterhalten werden müssen. Man muss alle Beteiligten identifizieren und in ihrer Bedeutung für die Contentstrategie benennen, um sie von Anfang in ihren eigenen Bedürfnissen kennenzulernen und einzubinden.

Weiterentwicklung: Den Erfolg verstetigen und ausbauen

Das Monitoring, die detaillierte quantitative und qualitative Messung anhand der zuvor definierten KPI entscheidet mit über den Erfolg einer Content-(Marketing-)Strategie innerhalb der übergeordneten Kommunikationsstrategie. Daran erweist sich in Bezug auf die Gesamtstrategie des Unternehmens, was besonders gut funktioniert, was ausgebaut werden sollte und wo nachzuregulieren ist. Wachsende Resonanz wirkt sich auf die weitere eigene Vorgehensweise aus. Die Dokumentation darüber muss für alle Beteiligten verfügbar und nachvollziehbar sein.

Zehn Schritte zu Relevanz, Reichweite und dauerhafter Sichtbarkeit Ihres Unternehmens

Auf der Basis all dessen, was wir in den vorigen Kapiteln besprochen haben, fasse ich zum Abschluss noch einmal die wichtigsten Schritte für Contentstrategie und Content-Marketing zusammen: Auf welche Weise gelangen Sie mit den richtigen Inhalten in den richtigen Medien an die richtigen Empfänger? Wie führen Sie diese über Ihre Medienpräsenzen zu Ihrem Unternehmen – zum persönlichen Kontakt, zur Weiterempfehlung, zu Leads, zum Auftrag, zu den strategischen Zielen, die Sie sich vorgenommen haben?

Schritt 1: Benenne sie

An wen richtet sich das Angebot Ihres Unternehmens? Wer sind im Hinblick auf die strategischen Unternehmensziele Ihre gewünschten Empfänger – als Multiplikatoren, Meinungsbildner, Empfehler und Kunden?

Schritt 2: Spüre sie auf

Wo finden Sie diese Empfänger – in welchen Medien, auf welchen Plattformen, bei welchen Veranstaltungen …?

Schritt 3: Lerne sie kennen

Welche Ängste haben Ihre Zielgruppen? Was sind ihre Wünsche? Welche Bedürfnisse haben sie? Wie ticken sie persönlich, und was spricht sie in welcher Form besonders an? – Content-Marketing lebt mindestens ebenso viel vom Zuhören wie vom Aussenden.

Schritt 4: Mach sie neugierig

Bedürfnisse erkennen ist das eine. Dieses Wissen so umzusetzen, dass andere motiviert sind, Ihren Hinweisen zu folgen, ist das andere. Wie gut dies gelingt, entscheidet (mit) über Zugriffszahlen und Verbreitung.

Schritt 5: Mach sie glücklich

Der informative Gehalt eines Inhalts entscheidet nicht allein über dessen Erfolg beim Empfänger. Die richtige Art und Weise der Darbietung, Ästhetik und Userfreundlichkeit sowie ein klar erkennbarer Nutzen sorgen für dankbare Empfänger.

Schritt 6: Mach sie reich

Alles außer belanglos: Gute Inhalte schaffen echte Werte für alle Beteiligten, weil diese sie in irgendeiner Weise weiterbringen. Dazu müssen Sie etwas weggeben, was für die Community wirklich wertvoll ist: substanziellen Rat etwa und fundierte Informationen. Jeder, der Ihnen Aufmerksamkeit schenkt, sollte danach selbst in irgendeiner Form bereichert sein.

Schritt 7: Mach, dass sie es weitersagen

Wer kein Geld bringt, also nicht zum Kreis der direkten Kunden gehört, muss sich von den Inhalten so angesprochen fühlen, dass er oder sie zum Empfehler wird. Allein deswegen ist Content-Marketing kein Vertriebstrichter. Wer echten Nutzen aus Ihren Inhalten für sich und andere erkennt, erzählt dies gerne weiter.

Schritt 8: Mach sie nicht zu satt

Wer seine Zielgruppe mit Inhalten überschüttet, unterbindet jeden Handlungsimpuls. Die Inhalte, die Sie verbreiten, und Ihr gesamter Auftritt in den Medien sollen Lust auf mehr machen: auf weitere Veröffentlichungen, auf den Austausch mit den Protagonisten in Ihrer Firma, auf die Produkte oder Dienstleistungen.

Schritt 9: Mach, dass sie DICH wollen

Guter Content ist nicht alles. Es geht auch darum, wie und wo er in welcher Form präsentiert wird. Dazu gehört die eigene, unverwechselbare Markenpositionierung.

Schritt 10: Mach, dass sie bleiben

Entwickeln Sie Ihre Strategie weiter, in dem Maße, in dem Ihre Sichtbarkeit zunimmt und Ihre Community wächst. Aus Nutzern werden immer mehr Multiplikatoren. Aus glücklichen Kunden werden Markenapostel. Digitale Inhalte binden Kunden und Fürsprecher, halten sie auf Dauer bei der Stange und bieten ihnen eine umfassende Empfehlungsunterstützung. Pflegen Sie Ihre Community. Evaluieren Sie Reaktionen und Erfolge. Entwickeln Sie Ihre Contentstrategie kontinuierlich weiter.

… und was noch? – Ein kurzes Fazit

E-Commerce, App-Design, Internet der Dinge, Cloud-Computing, Crowdsourcing oder künstliche Intelligenz im Marketing: Viele Aspekte und technische Details habe ich in diesem Buch allenfalls am Rande angesprochen, obgleich sie jeweils mindestens ein eigenes Kapitel verdient hätten. Für etliche davon braucht man allerdings ein ganzes Buch, um der Thematik nur annähernd gerecht zu werden. So konnte ich nicht zugleich auch noch einen kompletten Ratgeber Onlinepressearbeit schreiben. Gestaltung und Design sind ebenfalls Themen, die eine ausführliche Betrachtung gelohnt, aber den Rahmen gesprengt hätten.

In weiteren hochspezialisierten Bereichen will ich weiterhin lieber anderen das Wort überlassen. Ich weiß gerade genug über die Spezialdisziplinen an der Schnittstelle zu Kommunikationsstrategie und Content-Marketing, um mir nicht anzumaßen, mich hier fachlich zu profilieren. Solche Bücher sollen daher die entsprechenden Fachleute schreiben, soweit sie das nicht ohnehin schon getan haben. In diesen Fällen finden Sie entsprechende Hinweise in den Literaturhinweisen hier im Buch sowie auf der Buch-Website.

Beim Schreiben dieses Buches ist mir mehr als je zuvor klargeworden, wie viel das Themengebiet umfasst, aus dem ich mir bewusst nur einen Ausschnitt ausgesucht hatte. Man kann ihm gar nicht annähernd gerecht werden, geschweige denn es erschöpfend ausloten. Ich wünsche mir, dass es mit diesem Buch zumindest gelingt, zur sehr regen allgemeinen Diskussion beizutragen. Ich bin glücklich, wenn ich einige Denkanstöße gegeben und den einen oder anderen Leser dazu angeregt habe, tiefer einzusteigen. Hoffentlich ist der eine oder andere praktische Tipp dabei, der Ihnen hilft, für sich und in Ihrem Unternehmen etwas zu verändern und zu verbessern. Sollte das gelungen sein, dann freue ich mich über Ihr Feedback; ebenso natürlich auch über jede andere Rückmeldung, Kritik und Ergänzung.

Auf der Buch-Website finden Sie verschiedene Möglichkeiten, mit mir direkten Kontakt aufzunehmen – per Kontaktformular oder über soziale Netzwerke: https://web-oder-stirb.de

Danksagung

Zu diesem Buch haben sehr viele auf die eine oder andere Weise beigetragen, und dafür bin ich sehr dankbar.

Ohne Dirk Liebich, Technologie-Vordenker und Machine-Learning-Experte, wäre dieses Buch gar nicht erst entstanden. Dirk hat mich bereits für die erste Auflage von »Web oder stirb!« in die verschiedenen Bereiche und Aspekte der digitalen Transformation eingeführt. Er hat mir zudem die Augen dafür geöffnet, was ich eigentlich selbst in meiner eigenen Beratungsarbeit in Bezug auf den medialen Wandel tue und worauf es dabei besonders ankommt. Auch für die Neuauflage dieses Buchs waren sein Wissen, vor allem im Bereich KI und Machine Learning, und seine Bereitschaft, dieses mit mir zu teilen, eine unverzichtbare Quelle.

Boris Karnikowski hat mir dabei geholfen, Titel und Konzept des Buchprojektes auszuarbeiten, und er hat für mich den Kontakt zum wunderbaren Team vom Haufe-Verlag mit dem Lektor Peter Böke hergestellt. Die Neuauflage ist das dritte Projekt, das ich mit dem Haufe-Team und Peter realisiert habe, und ich habe hier wirklich ein Zuhause als Autorin gefunden. Ihnen allen danke ich ebenfalls von ganzem Herzen.

Mein Mann, Ulrich Heister, ist auch mein Bürogenosse, Sparringspartner und wertschätzender Kritiker. Zudem sorgt er selbst in den intensivsten Phasen des Schreibens und zugleich Arbeitens dafür, dass ich an die frische Luft komme und Mahlzeiten zu mir nehme. Danke, Uli!

Zuletzt und vor allem bedanke ich mich bei meinem Netzwerk, das mir mit interessanten Links, Artikeln, Kommentaren und Feedback alles das gibt, was ich brauche, um in meiner Arbeit voranzukommen. Über dieses seltsame, großartige Internet habe ich im Kollegenkreis gute Freunde fürs Leben gefunden. Viele von ihnen habe ich in diesem Buch erwähnt, zitiert und verlinkt. Vielen weiteren kann ich leider nicht einzeln meinen Dank aussprechen. Ich hoffe aber, dass dieses Buch wiederum etwas in den gemeinsamen Diskurs einbringt.

Literaturverzeichnis

Ein Literaturverzeichnis mit Hyperlinks zu den Büchern, Websites und Online-Artikeln finden Sie auf der Buch-Website. Dort sind auch die Lesetipps aus dem Buch zusammengestellt und mit Hyperlinks versehen.

1. Bücher

Adams, Douglas: Lachs im Zweifel – Zum letzten Mal per Anhalter durch die Galaxis (Heyne 2003).

Atchinson, Annabelle et al.: Social Business. Von Communities und Collaboration (Frankfurter Allgemeine Buch 2014).

Beilharz, Felix: Social Media Marketing im B2B (O‹Reilly 2014).

Beilharz, Felix: Crashkurs Social.Local.Mobile-Marketing – inkl. Arbeitshilfen online (Haufe 2017).

Bock, Andreas H.: Kundenservice im Social Web (O‹Reilly 2012).

Brandes-Visbeck, Christiane/Thielecke, Susanne: Fit for New Work. Redline Verlag, 2018.

Dueck, Gunter: Das Neue und seine Feinde (Campus 2013).

Czysch, Stephan/Illner, Benedikt/Wojcik, Dominik: Technisches SEO – Mit nachhaltiger Suchmaschinenoptimierung zum Erfolg (O‹Reilly 2015).

Eck, Klaus/Eichmeier, Doris: Die Content-Revolution im Unternehmen (Haufe 2014).

Eisenegger, Mark (Hrsg.): Personalisierung der Organisationskommunikation: Theoretische Zugänge, Empirie und Praxis (German Edition) (VS Verlag für Sozialwissenschaften 2009).

Erlhofer, Sebastian: Suchmaschinen-Optimierung: Das umfassende Handbuch (Rheinwerk Verlag 2018).

Fortmann, Harald R./Koloczek, Barbara (Hrsg.): Arbeitswelt der Zukunft: Trends Arbeitsraum Menschen Kompetenzen (Springer Gabler 2019).

Frenzel, Karolina/Müller, Michael/Sottong, Hermann: Storytelling. Das Praxisbuch (Hanser 2006).

Friedrich, Martin: Social Media Marketingerfolg messen und analysieren (Wiley-VCH 2012).

Grabs, Anne/Bannour, Karim-Patrick/Vogl, Elisabeth: Follow me! Erfolgreiches Social Media Marketing mit Facebook, Instagram und Co., 5., aktualisierte Auflage (Rheinwerk 2018).

Harmanus, Ben/Weller, Robert: Content-Design: Durch Gestaltung die Conversion beeinflussen (Hanser 2017).

Heller, Christian: Post-Privacy (Beck 2011).

Hoffmann, Kerstin: Prinzip kostenlos. Wissen verschenken – Aufmerksamkeit steigern – Kunden gewinnen (Wiley-VCH 2012).

Hoffmann, Kerstin: Prinzip kostenlos. Wissen verschenken – Aufmerksamkeit steigern – Kunden gewinnen, 2. erweiterte und aktualisierte Neuauflage (Wiley-VCH 2017).

Hoffmann, Kerstin: »Lotsen in der Informationsflut. Erfolgreiche Kommunikationsstrategien mit starken Markenbotschaftern aus dem Unternehmen« (Haufe 2017).

Hoffmann, Kerstin: Mitarbeiter als Influencer: die wahren Stars der Marke, in: Schimansky, Alexander (Hrsg): Die Macht der Meinungsführer: Von Celebrities bis zu Influencern. (Frankfurter Allgemeine Buch 2019).

Keuper, Frank et al. (Hrsg): Digitalisierung und Innovation: Planung – Entstehung – Entwicklungsperspektiven (Springer Gabler 2013).

Kriegler, Wolf Reiner: Praxishandbuch Employer Branding (Haufe 2018).

Leopold, Meike/Eichstädt, Björn (Hrsg.): Erste Hilfe für Social Media Manager (dpunkt.verlag 2014).

Leopold, Meike: Corporate Blogs (O‹Reilly 2013).

Leopold, Meike: Content Marketing mit Corporate Blogs (Haufe 2019).

Löffler, Miriam: Think Content! (Galileo Computing 2014).

Mann, Thomas: Der Zauberberg (Fischer Taschenbuch Verlag 1967).

Passig, Kathrin/Lobo, Sascha: Internet. Segen oder Fluch (Rowohlt 2012).

Pein, Vivian: Der Social Media Manager. Handbuch für Ausbildung und Beruf (Galileo Computing 2014).

Puttenat, Daniela: Praxishandbuch Krisenkommunikation (Gabler 2009).

PricewaterhouseCoopers AG WPG (Hrsg.): Industrie 4.0 Chancen und Herausforderungen der vierten industriellen Revolution (PwC 2014).

Roskos, Matias: Social Media Communities (Wiley-VCH 2012).

Schick, Siegfried: Interne Unternehmenskommunikation (Schäffer Poeschel 2010).

Schimansky, Alexander (Hrsg): Die Macht der Meinungsführer: Von Celebrities bis zu Influencern. (Frankfurter Allgemeine Buch (2019).

Solis, Brian: The End of Business as usual (Wiley-VCH 2011).

Sterne, Jim: Social Media Monitoring (mitp 2011).

Stumpf, Marcus/Wehmeier Stefan (Hrsg.): Kommunikation in Change und Risk (Springer 2014).

Trost, Armin: Talent Relationship Management: Personalgewinnung in Zeiten des Fachkräftemangels (Springer 2012).

Wallraff, Günter: Der Aufmacher: Der Mann, der bei Bild Hans Esser war (KiWi 1977).

Westerman, George: Leading Digital: Turning Technology into Business Transformation (Harvard Business School Press 2014).

Zerfaß, Ansgar/Pleil, Thomas (Hrsg.): Handbuch Online-PR (UVK 2012).

Ziegler, Cai-Nicolas/Lambertin, Julian: Social Media und der ROI. Erfolgsplanung und -kontrolle (O‹Reilly 2013).

2. Hyperlinks*

Allfacebook.de: Auswertung: Organische Reichweite bei deutschen Facebook-Seiten bricht massiv ein, in: allfacebook.de, 28.4.2014, https://allfacebook.de/zahlen_fakten/organische-reichweite-bricht-ein

ARD/ZDF-Onlinestudie 2018,https://www.ard-zdf-onlinestudie.dehttps://www.ard-zdf-onlinestudie.de/ardzdf-onlinestudie-2018/onlinevideo/

Basic, Robert: Der persönliche Pressesprecher, in: basic, 19.7.2011, https://www.robertbasic.de/2011/07/der-persoenliche-pressesprecher/

Beck, Matthew Bryan: »The Future of Social Media Is Mobile Tribes«, https://readwrite.com/2014/04/18/social-media-future-mobile-tribes

Berens: Warum Content Marketing Hype, aber noch nicht Realität ist, in: stories4brands, 12.2.2014, https://stories4brands.com/2014/02/12/warum-content-marketing-hype-aber-noch-nicht-realitat-ist/

Berliner Verkehrsbetriebe, Kampagne #weilwirdichlieben, https://www.bvg.de/weilwirdichlieben

Beuter, Jana: CEO-Kommunikation: Symbiose von Mann und Marke, in PR-Blogger, 30. März 2012, https://pr-blogger.de/2012/03/30/ceo-kommunikation-symbiose-von-mann-und-marke/

Brandt, Mathias: Internet für viele Deutsche tatsächlich Neuland, in: statista, 10.10.2014, https://de.statista.com/infografik/2811/internetkenntnisse-in-europa/

Brandwatch Report. Update Agenturen im Social Web /2014. Wie sichtbar sind deutsche Agenturen im Social Web, PDF, https://www.brandwatch.com/de/wp-content/uploads/2014/12/Brandwatch-Agenturreport-2014-Update.pdf

Bullas, Jeff: The Social Network Tribes – Plus Infographic, in: jeffbullas.com, https://www.jeffbullas.com/2012/07/05/the-social-network-tribes-plus-infographic/

Coy, Wolfgang, in: »Die Turing Galaxis. Computer als Medien«, zitiert nach einem Vortrag von Prof. Dr. Peter Kruse: »Wandel der Arbeitswelt«, https://www.youtube.com/watch?v=dst1kDHJqAc&feature=youtu.be

De Meres, Jason: Social Media Now Drives 31% Of All Referral Traffic, in: Forbes, https://www.forbes.com/sites/jaysondemers/2015/02/03/social-media-now-drives-31-of-all-referral-traffic/2/

De Swaan Arons, Marc et al.: The Ultimate Marketing Machine, in Harvard Business Review, Juli 2014, https://hbr.org/2014/07/the-ultimate-marketing-machine

Digitale Agenda 2014 – 2017, https://www.digitale-agenda.de

Digitale Transformation und ihre Auswirkung auf die Führung im Mittelstand, Studie von InterSearch Executive Consultants GmbH & Co. KG, Hamburg 2014; Zusammenfassung unter dem folgenden Link: https://www.presseportal.de/pm/108219/2929138/intersearch_executive_consultants_gmbh_co_kg/

Gunter Dueck: Der Menschheit etwas mitteilen, damit die Welt besser wird, in: PR-Doktor, https://www.kerstin-hoffmann.de/pr-doktor/wissen-teilen-interview-gunter-dueck/

Eck, Klaus: Blogparade: Content-Marketing und Corporate Blogs 2015, in PR-Blogger, 11. Dezember 2014, https://pr-blogger.de/2014/12/11/blogparade-content-marketing-und-corporate-blogs-2015-cmcb14/

Fedossov, Alexander: Targeting: Zielgruppen im Netz ansprechen, in: Wollmilchsau, 3.2.2015, https://www.wollmilchsau.de/targeting-zielgruppen-im-netz-ansprechen/

Fitzgerald, Michael et al.: Embracing Digital Technology, PDF, https://www.capgemini-consulting.com/resource-file-access/resource/pdf/embracing_digital_technology_a_new_strategic_imperative.pdf

Gebel, André: »Der Chef will was Virales: Wie große Ideen klein werde«, in W&V, 14. November 2014, https://www.wuv.de/agenturen/der_chef_will_was_virales_wie_grosse_ideen_klein_werden

Gietl, Jürgen: Achtung, Indifferenz: Mehrheit der Kunden sind Marken egal!, in: Absatzwirtschaft.de, 19. Dezember 2014, https://www.absatzwirtschaft.de/achtung-indifferenz-mehrheit-der-kunden-sind-marken-egal-41137/

Goodall, Daniel: Owned, bought and earned media, in All That Is Good, 20.5. 2009, https://danielgoodall.wordpress.com/2009/03/02/owned-bought-and-earned-media/

Härting, Niko: Wer an Daten spart, spart an Kommunikation, Fortschritt und Wachstum, in: CRonline, Portal zum IT-Recht, 28.1.2014, https://www.cr-online.de/blog/2014/01/28/wer-an-daten-spart-spart-an-kommunikation-fortschritt-und-wachstum/

Herbold, Astrid: Die Stimmung des Netzes erfassen, in: Zeit Online, 28.10.2012, https://www.zeit.de/digital/internet/2012-10/stimmung-analyse-social-media

Hoffmann, Kerstin: Jörg Ehmer: »Die Tür ist erst einen Spalt aufgestoßen!«, in: PR-Doktor, https://www.kerstin-hoffmann.de/pr-doktor/2015/01/27/joerg-ehmer-ceo-blogger/

Hoffmann, Kerstin: Sichern Sie Ihre digitalen Unternehmenswerte!, in: PR-Doktor, https://www.kerstin-hoffmann.de/pr-doktor/2013/03/06/sichern-sie-ihre-digitalen-unternehmenswerte/

Hoffmann, Kerstin: Wie man Facebook-Gruppen erfolgreich in der B2B-Kommunikation einsetzt, in: PR-Doktor, https://www.kerstin-hoffmann.de/pr-doktor/facebook-gruppen-b2b-kommunikation/

Hoffmann, Kerstin: Shitstorm und Krisen-PR 2019: Aktuelle Fragen & Antworten aus der Beratungspraxis – ein umfassender Ratgeber, in: PR-Doktor, https://www.kerstin-hoffmann.de/pr-doktor/shitstorm-krisen-pr-vorbeugung-fragen-antworten-ratgeber/

Hoffmann, Kerstin: Influencer, Markenbotschafter und Lotsen in der Informationsflut – ein Update, in: PR-Doktor, https://www.kerstin-hoffmann.de/pr-doktor/influencer-markenbotschafter-und-lotsen-in-der-informationsflut-ein-update/

Hoffmann, Kerstin: »Erfolgreiches Storytelling im B2B und in der produzierenden Industrie« (kostenloses E-Book), https://www.kerstin-hoffmann.de/pr-doktor/e-book-storytelling/

Hoffmann, Kerstin: Content-Ampel: https://www.kerstin-hoffmann.de/content-ampel/

Hoffmann, Kerstin: Storytelling: Wie man die Geschichten hinter den Produkten entdeckt, in: PR-Doktor, https://www.kerstin-hoffmann.de/pr-doktor/storytelling-geschichten-produkte-unternehmen-b2b/

Hutter, Thomas: Facebook: Änderungen im News Feed Algorithmus – Link Page Post erhalten mehr Reichweite, in: Hutter Consult GmbH, 21.1.2014, https://www.thomashutter.com/index.php/2014/01/facebook-aenderungen-im-news-feed-algorithmus-link-page-post-erhalten-mehr-reichweite/

Jorberg, Thomas: Banken, wie wir sie kennen, wird es in 10 Jahren nicht mehr geben, in: IT-Finanzmagazin, https://www.it-finanzmagazin.de/banken-wie-wir-sie-kennen-wird-es-in-10-jahren-nicht-mehr-geben-9382/

Kirchner, Jan: Befördert vom Algorithmus?, in: Wollmilchsau, 26.11.2014, https://www.wollmilchsau.de/befoerdert-vom-algorithmus/

Knaus, Uwe: »Unsere Mitarbeiter-Blogger waren und sind die glaubwürdigsten Markenbot-schafter« in: PR-Doktor, https://www.kerstin-hoffmann.de/pr-doktor/uwe-knaus-zehn-jahre-daimler-blog-mitarbeiter-markenbotschafter/

Knüwer, Thomas: Coca-Colas Content-Strategie: der nächste Schritt, https://www.indiskreti-onehrensache.de/2012/11/coca-cola-content-strategie/

König, Andrea: Was macht ein Chief Digital Officer?, in: CIO, 29. Oktober 2014, https://www.cio.de/strategien/2974360/

Kopp, Olaf: Die digitale Marke/Autorität: Bedeutung für SEO & Online Marketing und Kenn-zahlen (inkl. Brand Monitoring Dashboard), in: Aufgesang Blog, https://www.sem-deutschland.de/seo-tipps/die-digitale-markeautoritaet-bedeutung-fuer-seo-online-marketing-merkmale-kennzahlen/

Kubitz, Eric: Die ganze Wahrheit über die WDF*IDF-Analyse, in onpage.org, https://de.onpage.org/blog/die-ganze-wahrheit-ueber-die-wdfidf-analyse

Kuhn, Daniel: Ditto-Gründer David Rose: In Zukunft keine Werbung mehr, in: Netzpiloten.de, 12. Dezember 2014, https://www.netzpiloten.de/ditto-gruender-david-rose-hofft-dass-wir-zukunft-keine-werbung-mehr-zu-gesicht-bekommen/

Liebich, Dirk: Künstliche Intelligenz und Machine Learning in Kommunikation, Marketing und Vertrieb, in: PR-Doktor, https://www.kerstin-hoffmann.de/pr-doktor/kuenstliche-intelligenz-machine-learning-marketing-kommunikation/

Lincoln, John: The Big List: 80 Of The Hottest SEO, Social Media & Digital Analytics Tools For Marketers, in: Marketingland, 13. Januar 2015, https://marketingland.com/80-hottest-seo-social-media-digital-analytics-tools-marketers-112446

Linke, Marco W.: Das Google Panda Update – in Deutschland, in: Designers Inn, https://desig-ners-inn.de/seo/google-panda-update/

Meiritz, Anett: Internet-Agenda der Bundesregierung: Drei Minister, eine Enttäuschung, in: Spiegel Online, 23. Juli 2015, https://www.spiegel.de/politik/deutschland/digitale-agenda-erster-gesetzentwurf-ist-eine-enttaeuschung-a-982503.html

Miksa, Tim: Kollaboration: Auswege aus der E-Mail-Falle, in: PR-Doktor, https://www.kerstin-hoffmann.de/pr-doktor/2014/09/10/e-mail-kollaboration-interne-kommunikation/

Miller, Jason: The New Era of the Hybrid Marketer, in: Content Marketing Institute, 20.1.2015, https://contentmarketinginstitute.com/2015/01/era-hybrid-marketer/

MonitoringMatcher: https://www.monitoringmatcher.de/anbieter/social-media-monito-ring/

Pleil, Thomas: Im Spiegel von Cluetrain: Das Problem der Online-Verkäufer, in: Das Textdepot, https://thomaspleil.wordpress.com/2015/01/15/cluetrain-problem-online-verkaufen

PR-COM: Whitepaper Die Blogs deutscher Unternehmen im B2B-Umfeld (2014), https://www.pr-com.de/sites/pr-com.de/files/u16/WP%20IT%20blog%20award%202014.pdf

Philipp A. Rauschnabel, Nadine Kammerlander, and Björn S. Ivens: «Collaborative Brand At-tacks in Social Media: Exploring the Antecedents, Characteristics, and Consequences of a new Form of Brand Crises«, 2016, https://www.philipprauschnabel.com/wp-content/uploads/2016/09/rauschnabel-et-al-CBA-brand-attacks-paper-JMTP.pdf

Rose, Robert: What‹s Next for Content Marketing? You., in: Content Marketing Institute, https://contentmarketinginstitute.com/2014/12/whats-next-content-marketing/

Sattelberger, Thomas: »Führung heute! Nur noch auf Abruf?«, in: XING-Klartext »Neue Führung«, Oktober 2014, https://spielraum.xing.com/2014/10/fuehrung-heute-nur-noch-auf-abruf/

Schindler Deutschland: Senkrechtstarter. Das Blog zur vertikalen Mobilität, https://senkrechtstarter-blog.de/

Schindler, Marie-Christine: Newsroom, https://www.mcschindler.com/tag/newsroom/

Searls, Doc/Weinberger, David: New Clues, https://cluetrain.com/newclues/

Spiegel online: Betriebe suchen händeringend Fachkräfte, https://www.spiegel.de/wirtschaft/soziales/arbeitsmarkt-betriebe-suchen-haenderingend-fachkraefte-a-1235685.html

Statista.com, Datenvolumen des Internet-Traffics über mobile Endgeräte weltweit in den Jahren 2014 bis 2016 sowie eine Prognose bis 2021 (in Exabyte pro Monat), https://de.statista.com/statistik/daten/studie/172511/umfrage/prognose---entwicklung-mobiler-datenverkehr/

StefanPfeiffer.Blog: Das Ende von Social Business … wie wir es kennen, in: Digital Naiv, 17. Dezember 2014, https://digitalnaiv.com/2014/12/17/de-das-ende-von-social-business-wie-wir-es-kennen/

Sistrix: Google Penguin Update, in Sistrix, https://www.sistrix.de/frag-sistrix/google-algorithmus-aenderungen/google-penguin-update/

Social Media ABC: Liste von CEO-Blogs, https://social-media-abc.de/index.php?title=CEO-Blog

t3n, Keyword-Tools zur Recherche von Suchbegriffen, https://t3n.de/news/keyword-tools-besten-479112/

Upload Magazin Nr. 42, Themenschwerpunkt: Unternehmensblogs, https://upload-magazin.de/blog/tag/upload-magazin-42/

Wagner, Thomas: »Warum klassische Werbung noch lange nicht am Ende ist«, in: W&V, 11.11.2014, https://www.wuv.de/medien/warum_klassische_werbung_noch_lange_nicht_am_ende_ist

WirtschaftsWoche: »Das leise Sterben der Volks- und Raiffeisenbanken«, https://www.wiwo.de/unternehmen/banken/weniger-als-tausend-das-leise-sterben-der-volks-und-raiffeisenbanken/23156814.html

Wittenbrink, Heinz: Masterstudium Contentstrategie: Vorschlag für ein Curriculum, in Lost and Found, 15. Juli 2013, https://wittenbrink.net/lostandfound/2013/07/masterstudium-contentstrategie-vorschlag-fuer-ein-curriculum/

Zendesk: The omnichannel customer service gap (PDF), https://d16cvnquvjw7pr.cloudfront.net/resources/whitepapers/Omnichannel-Customer-Service-Gap.pdf

Zero Moment of Truth, in: Think with Google, https://www.thinkwithgoogle.com/marketing-resources/micro-moments/zero-moment-truth/

*Die genannten Hyperlinks wurden zuletzt am 15. Februar 2019 aufgerufen.

Stichwortverzeichnis

Die Autorin

Dr. Kerstin Hoffmann ist eine in Deutschland sehr bekannte Vortragsrednerin, Kommunikations- und Strategieberaterin und Buchautorin. Ihr »PR-Doktor« (https://pr-doktor.de) zählt zu den führenden deutschen Branchenmagazinen. Sie berät Unternehmen, Organisationen und Persönlichkeiten des öffentlichen Lebens in Kommunikations- sowie Contentstrategien und begleitet sie auch bei deren Umsetzung. Dazu zählen beispielsweise die Planung und Erstellung von Inhalten, die sich an den Bedürfnissen der Empfänger orientieren, sowie das *Community Building* in sozialen Netzwerken. Kerstin Hoffmann arbeitet bereits seit mehr als zwanzig Jahren im Bereich PR und Unternehmenskommunikation, hat Journalismus gelernt, Geisteswissenschaften studiert und in Germanistik promoviert. Mehr über Kerstin Hoffmann erfahren Sie auf ihrer Website: https://www.kerstin-hoffmann.de